AF252900

SUR LE

TRADESCANTIA VIRGINICA L.

AU POINT DE VUE DE L'ORGANISATION GÉNÉRALE DES MONOCOTYLÉES
ET DU TYPE COMMÉLINÉES EN PARTICULIER

PAR

A. GRAVIS

PROFESSEUR A L'UNIVERSITÉ DE LIÉGE

BRUXELLES

HAYEZ, IMPRIMEUR DE L'ACADÉMIE ROYALE DES SCIENCES
DES LETTRES ET DES BEAUX-ARTS DE BELGIQUE
RUE DE LOUVAIN, 112

—

1898

RECHERCHES ANATOMIQUES ET PHYSIOLOGIQUES

SUR LE

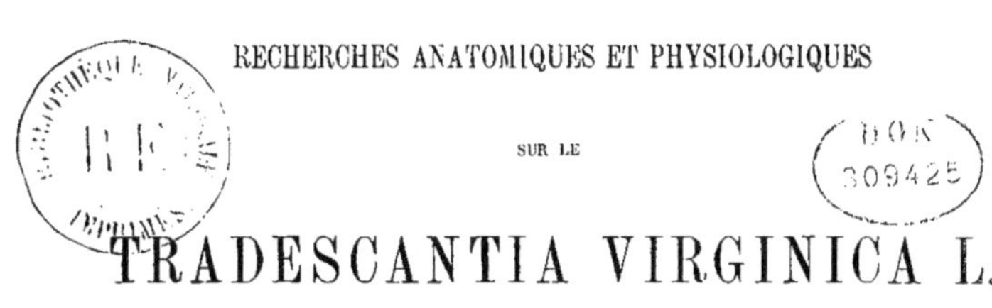

TRADESCANTIA VIRGINICA L.

AU POINT DE VUE DE L'ORGANISATION GÉNÉRALE DES MONOCOTYLÉES ET DU TYPE COMMÉLINÉES EN PARTICULIER

(Extrait du tome LVII
des *Mémoires couronnés et Mémoires des savants étrangers*, publiés par l'Académie royale
des sciences, des lettres et des beaux-arts de Belgique. — 1898.)

RECHERCHES ANATOMIQUES ET PHYSIOLOGIQUES

SUR LE

TRADESCANTIA VIRGINICA L.

AU POINT DE VUE DE L'ORGANISATION GÉNÉRALE DES MONOCOTYLÉES
ET DU TYPE COMMÉLINÉES EN PARTICULIER

PAR

A. GRAVIS

PROFESSEUR A L'UNIVERSITÉ DE LIÉGE

BRUXELLES

HAYEZ, IMPRIMEUR DE L'ACADÉMIE ROYALE DES SCIENCES
DES LETTRES ET DES BEAUX-ARTS DE BELGIQUE

RUE DE LOUVAIN, 112

1898

INTRODUCTION

J. — L'histoire de l'anatomie comparée des végétaux nous apprend que les progrès les plus importants ont été réalisés par des recherches faites sur les Monocotylées. Au lieu de s'attacher presque uniquement à l'étude des arbres dicotylés, à l'exemple de ses prédécesseurs et de ses contemporains, Moldenhawer (123), dès 1812, prit comme point de départ de ses travaux une Monocotylée à croissance rapide et à grandes cellules : le Maïs. C'est dans cette plante qu'il put constater que les fibres unies aux vaisseaux forment des faisceaux constituant des unités nettement définies au sein des autres tissus. Cette notion fondamentale, si heureusement mise en lumière, reléguait à l'arrière-plan les données incomplètes des anciens relativement à la moelle, au bois et à l'écorce; elle expliquait le développement d'une tige dicotylée par la structure et la position de faisceaux primitivement isolés, mais bientôt réunis par les couches concentriques du bois et du liber. Ainsi fut définitivement renversée la théorie erronée de l'accroissement du corps ligneux aux dépens des couches intérieures du liber.

S'engageant résolument dans la voie féconde ouverte par Moldenhawer, Mohl (124) reconnut que l'organisation essentielle des faisceaux est identique chez toutes les Phanérogames. Son admirable ouvrage, consacré à l'anatomie des Palmiers, marque l'une des dates les plus importantes de l'avancement de la science botanique.

M. Russow (143) soumit les cryptogames vasculaires à des recherches analogues et s'efforça de préciser les traits caractéristiques de leur organisation. Les beaux travaux de Nägeli (131) sur la classification génétique des tissus et le parcours des faisceaux, de M. Van Tieghem (188) sur la structure primaire des racines, de de Bary (3) sur l'anatomie comparée, contribuèrent également à développer la connaissance de faits nombreux et précis qui furent enfin coordonnés et synthétisés d'une façon remarquable par M. C.-Eg. Bertrand (4), dans sa théorie du faisceau.

II. — Antérieurement à la découverte des faisceaux libéro-ligneux, les botanistes s'étaient préoccupés déjà de la caractéristique anatomique de la tige chez les Monocotylées et chez les Dicotylées. Ce problème, en effet, présente une importance d'autant plus considérable que ces deux classes constituent une division naturelle reconnue depuis longtemps et unanimement admise; on pourrait même ajouter la seule vraiment naturelle trouvée jusqu'ici dans le groupe des Phanérogames angiospermes. Malheureusement les anciens anatomistes considéraient la structure des arbres dicotylés comme l'expression la plus parfaite de l'organisation végétale. Partant de cette structure, ils ne purent comprendre celle des Monocotylées, d'autant plus que la structure primaire de la tige dicotylée elle-même était alors complètement méconnue. Il est permis de penser que bien des erreurs eussent été évitées si, dès le début, on s'était habitué à considérer des plantes plus simples, telles que les Monocotylées ou les Dicotylées herbacées.

Quoi qu'il en soit, à Daubenton et à Desfontaines (29) revient le mérite de la première tentative d'une comparaison anatomique entre le Chêne et le Dattier, pris comme types respectifs des deux classes. Leurs idées sur l'opposition complète de ces deux types furent immédiatement accueillies avec faveur : elles furent d'ailleurs vulgarisées par l'autorité de A.-P. de Candolle (11), qui crut pouvoir diviser les Phanérogames en Endogènes et Exogènes. La théorie de l'endogénie des Monocotylées n'était cependant édifiée que sur des observations très sommaires et sur une interprétation inexacte de la consistance du tronc des Palmiers. Aussi fut-elle l'objet de vives discussions entre Mirbel (115 à 120), Dutrochet (37, 38) et Gaudichaud (55, 56).

Dans son grand ouvrage consacré à l'anatomie des Palmiers, Mohl (124) fit une magistrale exposition de l'organisation de ces végétaux. Il démontra, en outre, que les faisceaux d'une tige, chez les Dicotylées aussi bien que chez les Monocotylées, ne sont que le prolongement de ceux qui existent dans les feuilles. L'étude attentive du parcours des faisceaux et de leur composition histologique, aux divers points de leur trajet, le conduisit à une réfutation de la théorie de l'endogénie. Toutefois, les travaux de Meneghini (113), de Lestiboudois (100) et de Nägeli (131) eurent pour résultat de corriger ce que présentait de trop schématique le parcours des faisceaux décrit par Mohl.

Schleiden (164), à son tour, établit la distinction importante des faisceaux ouverts et des faisceaux fermés. L'existence d'un anneau d'accroissement et l'épaississement du tronc des Aloïnées soulevèrent de nouvelles controverses entre Unger (185), Karsten (90), Schacht (161, 162), Mohl (127), Nägeli (131), Schleiden (164), Sanio (156) et Millardet (114). L'histo-taxie fit l'objet des nombreuses recherches que Duval-Jouve (39 à 41) entreprit dans diverses familles. M. Van Tieghem (186) s'occupa plus spécialement de l'anatomie des Aroïdées, des Typhacées et des Pandanées. M. Schwendener (166) découvrit les lois qui régissent la répartition des tissus de soutien. MM. Kny (92), Laux (95) et Möbius (122) firent connaître les caractères que présentent certains faisceaux, notamment dans les rhizomes. M. Mangin (110) décrivit les particularités résultant de l'origine et de l'insertion des racines adventives dans la tige. Dans bien d'autres travaux encore, les Monocotylées fournirent l'occasion d'observations intéressantes.

III. — Dès que l'organisation des Monocotylées fut connue dans ses grandes lignes, l'idée vint naturellement de rechercher les modifications dont cette organisation est susceptible.

En 1875 et 1876, M. Falkenberg (50, 51) soumit à l'analyse les familles les plus diverses : il conclut à l'existence de trois types caractérisés par le degré de différenciation du cylindre central et le parcours des faisceaux. Le premier comprend les plantes aquatiques, le deuxième les Palmiers et la plupart des Monocotylées, le troisième enfin ne renferme que le *Tradescantia* ainsi que les parties aériennes de *Lilium*, *Tulipa* et de quelques autres genres.

Vers la même époque, Guillaud (69) a distingué six types basés principalement sur la composition histologique de la zone intermédiaire. Cet auteur s'est attaché presque uniquement à l'étude des rhizomes et a exclu de ses recherches les Monocotylées à accroissement illimité. Son quatrième type est constitué par le *Tradescantia virginica*.

De Bary, enfin, dans son célèbre traité d'anatomie comparée (3), admit, à côté du type Palmier, un type Comméliné et des Monocotylées anomales, telles que les espèces submergées et les Dioscorées.

IV. — Depuis lors, le type structural des Commélinées a été généralement opposé à celui des Palmiers, bien que les caractères distinctifs du premier fussent diversement appréciés par les auteurs. En reprenant l'étude du *Tradescantia virginica,* j'ai pensé concourir à la solution d'un problème qui se rattache à l'une des questions les plus importantes de l'anatomie végétale. Les progrès récents de la technique micrographique et des méthodes d'investigation permettent d'espérer de cette étude quelques résultats nouveaux.

On peut, en effet, appliquer à l'anatomie des Monocotylées les réflexions de Sachs (155) à propos de la théorie cellulaire : le développement des sciences inductives exige, dit-il, une période de temps plus ou moins longue durant laquelle on constate l'éclosion hâtive de théories générales fondées sur des observations incomplètes et erronées. Il est permis, semble-t-il, d'ajouter que toute conception synthétique réclame le concours de nombreux et patients travaux analytiques entrepris par des chercheurs qui, malgré leur zèle, ne peuvent, à un moment donné, qu'entrevoir une faible partie de la réalité. Ainsi s'explique le retour périodique de certaines questions générales dont la solution présente toujours un caractère plus ou moins provisoire.

Je me suis efforcé d'élucider la structure des organes végétatifs du *T. virginica* considérés dans toute leur étendue à l'état adulte, et à reconstituer l'histoire de leur développement. Pour cela, il a fallu comparer entre eux un grand nombre d'individus d'âge différent et de vigueur différente, de façon à éliminer certaines dispositions contingentes. D'ailleurs le *T. virginica* n'a pas été envisagé d'une façon exclusive : d'autres espèces de Commélinées ont fourni des matériaux choisis comme terme de comparaison en vue d'une vérification ou d'une généralisation jugée nécessaire dès maintenant. Toutefois, je me suis placé uniquement au point de vue de l'anatomie générale, c'est-à-dire au point de vue de ce qu'on pourrait appeler l'architecture de la plante. Il n'est donc pas question, pour le moment, de la recherche de caractères systématiques : je compte aborder ce genre d'études dans un travail ultérieur, consacré à la famille des Commélinées tout entière, peut-être même aux familles voisines.

V. — Partant de l'ovule, j'ai décrit la formation et la structure définitive du spermoderme, de l'albumen et de l'embryon dans la graine ; puis l'hypocotyle et le cotylédon pendant la germination et le développement de la plantule; les catégories de faisceaux, leur nombre, leur parcours dans les tiges et les feuilles adultes, ainsi que dans les sommets végétatifs ; l'histologie et l'histogenèse des tiges, des feuilles et des racines ; la phyllotaxie, l'insertion des bourgeons et la production des racines adventives dans leurs rapports avec la structure dorsiventrale; enfin les inflorescences et leur mode de ramification. Cet ensemble m'a permis d'entreprendre une discussion complète du type Comméliné comparé à celui des autres Monocotylées.

Au cours de ces études essentiellement morphologiques, je n'ai pas cru devoir négliger diverses questions de physiologie anatomique. C'est ainsi que j'ai été amené à m'occuper du rôle du spermoderme ; de la résistance des graines à la germination ; de la végétation des plantules dans l'eau et de la courbure du cotylédon ; du rôle de la lacune ligneuse ; de la fonction aquifère du parenchyme interfasciculaire, de l'épiderme et de l'hypoderme ; de l'effet utile du mucilage ; de la turgescence des cellules; du mécanisme de l'ouverture et de la fermeture des stomates. Je ne me dissimule pas, cependant, combien mes observations et mes expériences dans cette direction offrent de lacunes : je ne pouvais prétendre élucider, dans un travail comme celui-ci, tous les points relatifs à la physiologie d'une plante.

Outre l'intérêt qui s'attache aux problèmes de l'anatomie comparée des Monocotylées, on jugera peut-être qu'il est utile de considérer parfois un même végétal à tous les points de vue que l'on envisage d'ordinaire isolément en scrutant des sujets spéciaux. On pourra, de cette façon, mieux saisir les rapports existant entre ces divers points de vue et les subordonner en quelque sorte comme les parties d'un même tout.

VI. — La rédaction de recherches touchant à des sujets si divers présentait de sérieuses difficultés. Pour surmonter ces difficultés dans la mesure du possible, les matières ont été groupées méthodiquement et chacune d'elles a été subdivisée en deux sections, la première contenant la description des faits observés, la seconde réunissant l'exposé historique et la discussion des résultats nouveaux comparés à ceux de mes devanciers. J'ai cru utile aussi de donner un « Résumé » assez complet à la fin de ce mémoire et de grouper sous le titre « Conclusions » les principaux résultats obtenus.

Parmi ceux-ci, il convient peut-être de signaler plus particulièrement ceux relatifs à la constitution du spermoderme et à la structure de l'hypocotyle; les phénomènes qui accompagnent la germination; les faits nouveaux concernant le parcours des faisceaux et la signification anatomique des diaphragmes nodaux; la présence de quatre histogènes dans le sommet végétatif de la tige, et l'existence de trois histogènes dans les feuilles naissantes; l'apparition éphémère d'une zone cambiale dans les faisceaux; la dorsiventralité des tiges; les observations sur l'accroissement intercalaire; les expériences sur la circulation de l'eau à travers les lacunes ligneuses; enfin le fonctionnement des tissus aquifères, des stomates et de leurs cellules annexes.

RECHERCHES ANATOMIQUES ET PHYSIOLOGIQUES

SUR LE

TRADESCANTIA VIRGINICA L.

AU POINT DE VUE DE L'ORGANISATION GÉNÉRALE DES MONOCOTYLÉES
ET DU TYPE COMMÉLINÉES EN PARTICULIER

CHAPITRE PREMIER.

LA GRAINE.

§ 1. — LES STADES DU DÉVELOPPEMENT DE LA GRAINE.

Pour bien interpréter les diverses parties de la graine, il convient de considérer d'abord l'ovule et de suivre les transformations dont il est le siège. Nous considérerons donc les quatre stades suivants :

STADE I : *L'ovule dans la fleur épanouie.* L'ovule est orthotrope, son axe hilo-micropylien mesure environ $0^{mm},5$; deux téguments, nucelle épais, sac embryonnaire petit (fig. 1, coupe transversale d'un ovule ; fig. 2, coupe longitudinale suivant son petit diamètre).

STADE II : *L'ovule peu après la fécondation* (fig. 3, coupe orientée comme celle de la fig. 2). A quelque distance du micropyle, les téguments épaissis vers l'intérieur étranglent le nucelle et le sac embryonnaire. Cet étranglement circulaire limite une portion des téguments en forme de calotte au-dessus de l'embryon. On a donné à cette calotte, qui se détache pendant la germination, le nom d'opercule micropylaire ou d'embryotège.

STADE III : *État jeune de la graine* (fig. 4, coupe orientée comme celles des fig. 2 et 3). Le sac embryonnaire se dilate et refoule le nucelle.

STADE IV : *La graine mûre* (fig. 5, coupe orientée comme celles des fig. 2, 3 et 4). L'axe hilo-micropylien mesure à peu près 2 millimètres de longueur ; le nucelle résorbé n'est plus représenté que par la ligne pointillée de la figure 5 ; l'albumen (*Alb.*) est volumineux, l'embryon petit.

Décrivons, à ces divers stades, la structure du spermoderme, de l'albumen et de l'embryon.

2

§ 2. — Le spermoderme.

Il se compose de la primine, de la secondine et du nucelle.

I. — *La primine.*

Au stade I, la primine de l'ovule comprend quatre assises de cellules,
savoir : un épiderme externe (*Ép. e. P.*), un épiderme interne (*Ép. i. P.*)
et deux assises de tissu fondamental (*Tf. P.*) (fig. 6).

Au stade II, les cellules de l'Ép. i. P. seules ont conservé une grande
vitalité : elles sont petites et à parois minces. Quelques-unes de ces cellules,
de distance en distance, se sont cloisonnées tangentiellement en faisant
hernie dans les méats qui se sont formés dans le Tf. P. (fig. 7). Toutes
contiennent un protoplasme dense et un noyau relativement volumineux
(fig. 8, cellules vues de profil; fig. 9, vues de face).

Au stade III (fig. 10), le noyau des cellules de l'Ép. i. P. se fragmente
en 5 à 10 noyaux (fig. 12, cellules vues de profil; fig. 13, vues de face).
En proliférant, comme il a été dit au stade précédent, l'Ép. i. P. a produit
au sein du Tf. P. des cellules spéciales, tantôt isolées, tantôt en petits
groupes ; leur membrane sclérifiée est maintenant garnie de grosses bandes
d'épaississement réticulées (fig. 11, fortement grossie).

Au stade IV (graine mûre), on retrouve encore l'Ép. e. P. et les deux
couches du Tf. P. Ce sont de grandes cellules vides, à membrane mince,
blanche, se colorant immédiatement en bleu par le chlorure de zinc iodé.
Elles sont très friables et se brisent souvent lorsqu'on pratique des coupes;
pour bien les observer, il faut recourir à l'inclusion dans la celloïdine
(fig. 17) (*).

Les cellules réticulées et sclérifiées provenant de la prolifération de
l'Ép. i. P., au contraire, se colorent en jaune par le chlorure de zinc iodé.

(*) Dans les figures 17, 18 et 19, la primine, la secondine et le nucelle se sont partiellement décollés sous l'effort du rasoir, ce qui les a rendus plus distincts.

L'Ép. i. P. s'est profondément modifié et est devenu très résistant. Vues de face, les cellules de cet épiderme interne sont polygonales et ont de 4 à 8 côtés; la figure 21 les montre vues par leur face externe; la figure 22, par leur face interne. Leur section est à peu près carrée ou rectangulaire dans les coupes longitudinales de la graine (fig. 18), comme aussi dans les coupes transversales de la graine (fig. 19) (*). Les cloisons appliquées contre la secondine sont épaisses et d'un brun foncé; les autres sont minces et d'un brun clair (fig. 20). Aux points où elles se rencontrent, les cloisons radiales forment des épaississements triangulaires de coloration brune, très marqués à la face externe (fig. 21).

La membrane des cellules de l'Ép. i. P. ne se colore pas par le chlorure de zinc iodé seul; elle demeure inaltérée dans l'acide sulfurique; elle ne prend aucune coloration par l'acide chlorhydrique et la phloroglucine; elle ne se colore pas par l'hématoxyline; l'eau de Javelle la blanchit; la potasse concentrée et bouillante la gonfle un peu; l'acide fluorhydrique produit le même effet. Après l'action très prolongée de l'eau de Javelle ou de la potasse concentrée, ou encore après l'action immédiate de l'acide fluorhydrique, le chlorure de zinc iodé donne tout de suite une coloration bleue. Ces colorations indiquent que la membrane des cellules de l'Ép. i. P. est formée par de la cellulose légèrement imprégnée de silice et d'une matière colorante brune.

La cavité des cellules de l'Ép. i. P. (fig. 20, 21 et 22) est presque entièrement remplie par un corps solide, qui peut facilement être extrait en dissociant au moyen de deux aiguilles des fragments de spermoderme après macération de Schutze, ou mieux après un séjour de quelques heures dans l'eau de Javelle. Ce corps solide se présente alors sous la forme d'une petite masse à facettes nombreuses. La face interne (qui était tournée vers l'intérieur de la graine) est une surface polygonale légèrement convexe, à 5, 6, 7, plus rarement 4 ou 8 côtés; son plus grand diamètre mesure généralement 30 μ (fig. 24). La face externe, beaucoup plus petite, est un polygone possédant

---

(*) Par coupe transversale de la graine (fig. 1 et 19), il faut entendre celle qui est perpendiculaire à l'axe hilo-micropylien, lequel est très court dans le *Tradescantia*. La coupe perpendiculaire au grand axe de la graine est en réalité une coupe longitudinale, comme toutes celles représentées par les figures 2 à 7, 10, 17 et 18.

le même nombre de côtés (fig. 23). Les faces latérales sont courbées en dedans et limitées par des arêtes très légèrement tronquées (fig. 25). Ce corps solide est creusé de petites cavités arrondies, vides maintenant, mais qui logeaient autrefois les noyaux provenant de la fragmentation du noyau primitif (*). Ces petites cavités, voisines des faces latérales, sont généralement en même nombre que ces faces; parfois cependant elles sont un peu plus nombreuses, et deux cavités correspondent à une face latérale plus étendue que les autres (fig. 22). Le corps solide dont il s'agit étant transparent, on peut apercevoir la face polygonale externe, les arêtes latérales tronquées et les cavités arrondies, lorsqu'on examine l'objet par sa face interne en modifiant la mise au point.

La substance qui constitue le contenu solide des cellules de l'Ép. i. P. possède les caractères suivants : elle est incolore, parfaitement transparente et extrêmement dure, à cassures anguleuses; elle ne gonfle pas dans l'eau, même bouillante; elle est insoluble dans la potasse à 10 °/₀ à froid; insoluble dans l'eau de Javelle et dans l'oxyde de cuivre ammoniacal; elle ne s'altère aucunement dans l'acide sulfurique concentré, ni par l'ébullition dans l'acide nitrique additionné de chlorate de potasse; l'iode, le chlorure de zinc iodé, l'hématoxyline, le carmin, la safranine, la fuchsine, la coralline, le violet dahlia, le vert de méthyle ne lui communiquent aucune coloration, même après l'action de la potasse à froid, de l'eau de Javelle ou de la macération de Schutze. L'acide chlorhydrique et la phloroglucine ne donnent pas de coloration; l'ébullition dans la potasse concentrée amène la dissolution complète (fig. 26); l'acide fluorhydrique détermine une dissolution instantanée, mais laisse dans les cellules un faible résidu colorable par l'hématoxyline, non colorable par le chlorure de zinc iodé. Ce résidu flotte dans la

(*) Il est intéressant du suivre la succession des états intermédiaires entre le stade III et le stade IV. Les noyaux multiples issus de fragmentation, comme il a été dit plus haut, se disposent en rosace autour d'une pelote protoplasmique granuleuse (fig. 14 et 15). Il y a un ou deux noyaux en face de chacune des faces latérales des cellules. A ce moment, les noyaux se colorent encore vivement par les matières colorantes. Bientôt après, ils se résorbent rapidement, ainsi que le protoplasme. Dans la figure 16, on voit ce qui reste des noyaux logé dans les cavités creusées dans le corps solide en face de chacune des faces latérales.

cellule et peut se déplacer (fig. 27). Par l'incinération sur une lame de platine, avec ou sans acide sulfurique, la substance étudiée résiste, mais présente intérieurement une légère teinte brune ou noire; enfin la substance est inactive sur la lumière polarisée.

Ces réactions montrent clairement que le contenu solide des cellules de l'Ép. i. P. consiste en une matière organique très peu abondante, imprégnée d'une forte quantité de silice gélatineuse qui lui donne une grande dureté et une résistance surprenante à tous les réactifs, sauf à la potasse concentrée bouillante et à l'acide fluorhydrique. C'est la matière organique qui demeure comme résidu après l'action de l'acide fluorhydrique et qui se carbonise lors de l'incinération. La solubilité complète du contenu cellulaire dans la potasse bouillante semble indiquer que la matière organique emprisonnée dans la silice est de nature azotée; c'est probablement le dernier reste du protoplasme et des noyaux des cellules (*).

II. — *La secondine.*

Au stade I, la secondine de l'ovule comprend seulement deux assises de cellules, soit deux épidermes sans tissu fondamental interposé (fig. 6, Ép. e. S. et Ép. i. S.). Vues de face, les cellules de l'Ép. e. S. sont déjà assez allongées et les cloisons latérales sont fortement ondulées (fig. 28). Les cellules de l'Ép. i. S. ne présentent pas cet aspect.

Au stade II, les cellules de la secondine se sont allongées et aplaties partout, excepté dans l'opercule micropylaire (fig. 7).

Au stade III, ces mêmes cellules, plus allongées encore, se reconnaissent plus difficilement (fig. 10).

(*) Toutes les réactions indiquées ci-dessus ont été répétées plusieurs fois, tant sur des coupes que sur des lambeaux d'Ép. i. P. isolés par l'eau de Javelle. Les lambeaux isolés sont préférables aux coupes, parce que, dans ces dernières, les cellules déchirées laissent souvent tomber leur contenu solide : on pourrait croire alors que ce contenu a été dissous par le réactif employé. On peut obtenir, en grande quantité et à l'état pur, le contenu siliceux de l'Ép. i. P. en grattant la surface de graines laissées durant vingt-quatre heures dans l'eau de Javelle, puis en traitant par une goutte d'acide sulfurique concentré les débris de primine ainsi détachés.

Dans la graine mûre (stade IV), la secondine constitue une enveloppe cartilagineuse, très résistante, d'une coloration brune très foncée. Les coupes longitudinales de la graine ne permettent pas de reconnaître sa structure (fig. 18, dans laquelle la lame cartilagineuse représentant la secondine s'est partiellement détachée de la primine, d'une part, et des débris du nucelle, d'autre part). Dans les coupes transversales, au contraire (celles perpendiculaires à l'axe si court de la graine), les deux assises de la secondine se retrouvent parfaitement (fig. 19). Les cellules de l'Ép. e. S. possèdent, sous une cuticule brune, une paroi jaune-brun fortement épaissie, avec de fines stries concentriques. Leur cavité cellulaire est très réduite et aplatie (fig. 19). Les cellules de l'Ép. i. S. alternent avec les précédentes, montrent une cavité rectangulaire et des parois modérément épaissies.

Examiné de face, un lambeau de secondine isolée de la graine mûre montre, à sa surface, des alvéoles polygonales qu'on prendrait facilement pour une assise cellulaire distincte. Ces alvéoles ne sont, en réalité, que les empreintes laissées par les cellules de l'Ép. i. P. contre lesquelles la secondine était fortement pressée. Un lambeau semblable, décoloré par un séjour prolongé dans l'eau de Javelle, permet de reconnaître la forme exacte des cellules. Celles de l'Ép. e. S. sont à contours très sinueux et allongées dans le sens de l'axe de la graine (fig. 29). Celles de l'Ép. i. S. sont beaucoup plus longues encore et à contours sans ondulations; leur noyau est reconnaissable (fig. 30) (*).

III. — *Le nucelle.*

Dans l'ovule, le nucelle est épais (fig. 2 et 6); ce n'est qu'à partir du stade III qu'il se laisse refouler par le sac embryonnaire (fig. 4). Dans la graine mûre, il est distendu et réduit à l'état d'une mince lame sans structure. Au-dessus du hile, cependant, les cellules du nucelle peu écrasées forment encore plusieurs couches facilement reconnaissables (fig. 5, où elles sont indiquées par des traits interrompus).

(*) Lorsque des morceaux de spermoderme de graines mûres ont séjourné dans l'eau de Javelle durant trois ou quatre jours, on peut, dans une goutte d'eau et au moyen de deux aiguilles, séparer très nettement trois feuillets : la secondine, l'Ép. i. P. et le reste de la primine. Toutes ces parties sont devenues transparentes.

HISTORIQUE.

A ma connaissance, les téguments séminaux des Commélinées n'ont fait, jusqu'ici, l'objet d'aucune recherche.

Pour comparer le spermoderme du *T. virginica* à celui des Monocotylées qui ont été étudiées à ce point de vue, il convient encore de partir de l'ovule. Chez la plupart des Monocotylées, l'ovule possède deux téguments : la primine se compose d'un épiderme externe, d'un tissu fondamental et d'un épiderme interne. Le Tf. comprend une ou plusieurs assises cellulaires; d'après **M. Brandza** (7), le Tf. pourrait manquer et les deux épidermes se trouveraient alors en contact (*) : tel serait le cas pour le *Juncus bulbosus* et l'*Anthurium Scherrezianum*. La secondine se compose ordinairement de deux assises cellulaires, c'est-à-dire de deux épidermes accolés; d'après M. Brandza, il n'y aurait qu'une seule assise dans le *Crocus sativus* et le *Gladiolus byzantinus*.

Lors de la transformation de l'ovule en graine, les téguments se diversifient : les cellules de l'Ép. e. P. sont toujours reconnaissables; celles de l'Ép. i. P. sont tantôt différenciées, tantôt au contraire elles ressemblent au Tf. C'est ce dernier cas qui a fait dire à M. Brandza (7, p. 15) que « l'absence de l'épiderme interne est très générale chez les Amaryllidées ». Quant aux cellules de la secondine, elles sont rarement bien visibles dans la graine mûre : ordinairement elles sont écrasées et constituent une mince lame cornée. Peut-être même peuvent elles disparaître entièrement dans certaines Liliacées, Amaryllidées et Aroïdées que M. Brandza range avec **M. Godfrin** (59) dans la catégorie des graines à un seul tégument.

A ce propos, il faut faire remarquer que le nombre des graines réduites à un seul tégument par la destruction de la secondine est probablement beaucoup moindre qu'on ne le pense. En 1872, M. **Le Monnier** (97, p. 243) écrivait : « Sauf le cas des Euphorbiacées, qui doit être complètement mis à part, je n'ai point rencontré de graines où la présence de la secondine

(*) On sait que certaines feuilles dépourvues de parenchyme, comme celle de l'*Elodea canadensis*, sont réduites, en dehors des nervures, à deux assises de cellules qui sont généralement considérées comme les deux épidermes en contact. M. H. Douliot (**33**) en a donné la preuve en décrivant le développement histologique de ces feuilles.

fût évidente à la maturité. » M. Godfrin (59, p. 107) admettait aussi que « dans les téguments séminaux à deux ou trois couches, c'est-à-dire dans la plupart des cas, la secondine et le nucelle ont complètement disparu ». Depuis lors, de nombreux exemples de secondine persistante ont été trouvés dans diverses familles, notamment par M. **Jumelle** (88) dans les Rosacées et les Rutacées, et par M. Brandza (7) dans les Juncées, les Iridées, dans certaines Aroïdées et Liliacées, ainsi que dans bon nombre de Dicotylées. Il est probable qu'une observation plus minutieuse, jointe aux progrès de la technique, permettra de retrouver les deux téguments dans la plupart des cas. Pour reconnaître la structure cellulaire d'une secondine réduite à l'état dit « de lame cornée », il sera nécessaire de pratiquer les coupes perpendiculairement à la direction de l'étirement des cellules. Le *T. virginica* en est une preuve : la secondine, qui paraît amorphe dans les coupes longitudinales de la graine (fig. 18), révèle d'une façon précise sa structure dans les coupes transversales (fig. 19). Il est à observer que la direction de l'étirement des cellules de la secondine n'est pas constante dans toutes les espèces. Ces considérations s'appliquent sans doute aussi à d'autres portions de spermoderme transformées en lame cornée et ordinairement décrites comme amorphes.

La seule méthode qui permette d'homologuer exactement les téguments de la graine à ceux de l'ovule consiste à suivre le développement histologique, comme M. **Guignard** (67) l'a fait avec tant de succès pour un grand nombre de graines dites exalbuminées. L'étude de la nervation de la graine, à laquelle M. Le Monnier (97) voulait se borner, n'est pas un guide suffisant, comme l'expérience l'a démontré. D'autre part, on sait, depuis assez longtemps déjà, que le testa, c'est-à-dire la partie dure du spermoderme, est d'origine variable : il correspond à l'Ép. e. P. ou à l'Ép. i. P. dont les cellules sont remplies par une substance dure, ou bien aux cellules sclérifiées du Tf.; parfois même aux éléments durcis de la secondine. Plusieurs de ces modifications peuvent d'ailleurs se présenter simultanément.

Les détails histologiques résultant de la différenciation des cellules des spermodermes sont si nombreux qu'ils peuvent fournir des caractères précis pour la diagnose, ainsi que pour la recherche des falsifications. De nombreux travaux ont été faits dans cette voie : il suffira de citer le précieux livre de **M. Harz** (78). Malheureusement, dans les ouvrages de ce genre, les auteurs se sont bornés à désigner les diverses couches par des numéros, par des lettres ou par des noms tels que « assise protectrice, couche sclérifiée, couche colorée, couche gélifiable, lame cornée, cellules en U, cellules en palissades, etc. »

Il est vivement désirable qu'on renonce à ce genre de désignation qui ne permet pas d'homologuer les parties constitutives d'une graine à celles d'une autre. Au contraire, en prenant l'ovule comme point de départ, on trouve naturellement des termes comparables morphologiquement : primine et secondine qu'on peut subdiviser en épidermes et tissu fondamental. Des qualificatifs peuvent être ajoutés à ces noms pour indiquer la manière d'être de chacune de ces parties dans les cas spéciaux : Ép. e. P. cutinisé, ou sclérifié, ou coloré..., Tf. parenchymateux, ou sclérifié, ou écrasé, etc.... **M. Bertrand** a déjà fait usage de cette nomenclature rationnelle dans son *Traité de botanique* (5, p. 23).

Pour le *T. virginica*, l'application des idées qui viennent d'être énoncées a conduit à des résultats d'une grande précision. Le spermoderme de cette plante, tout en offrant des traits généraux communs à beaucoup de Monocotylées, se distingue principalement par la structure si bizarre de son Ép. i. P. : contenu cellulaire siliceux et production de cellules réticulées, sclérifiées, proéminant dans le Tf. P. Ces deux caractères sont, je pense, sans exemple en dehors de la famille des Commélinées.

Il convient encore de faire remarquer, à cette occasion, que l'Ép. i. P. chez les Monocotylées est assez souvent le siège de différenciations très spéciales, telles que épaississement des parois chez l'*Anthurium Scherrezerianum* d'après **M. Brandza** (7, pl. I, fig. 13); épaississement des parois et cristaux d'oxalate de chaux chez le *Tamus communis* d'après M. Bertrand (5, fig. 20); parois minces et cavité cellulaire remplie de grains solides anguleux dans le *Dioscorea sinuata* d'après mes observations. Des concrétions siliceuses n'ont été signalées jusqu'ici que dans certaines cellules spéciales des organes végétatifs de plusieurs Orchidées, Marantacées, Palmiers, Bambusées (141) et Podostémonées (16) : ces concrétions sont mamelonnées et non pas à facettes comme dans le *Tradescantia*.

3

§ 3. — L'ALBUMEN.

Le développement de l'albumen suit le cours habituel. Au stade III (fig. 4), on trouve une couche de cellules tapissant la paroi du sac embryonnaire considérablement dilaté. Ces cellules se divisent ensuite et remplissent entièrement la cavité du sac. A ce moment, les cellules de l'albumen sont limitées par des cloisons nettement reconnaissables, quoique très minces. Leur protoplasme contient un ou plusieurs noyaux. Ceux-ci sont fréquemment rapprochés et en voie de fusionnement, comme M. Strasburger l'a figuré pour le *Corydalis cava* (178, pl. III, fig. 61 à 63). L'apparition de l'amidon se fait un peu après.

Dans la graine mûre, l'albumen, très abondant, est dur et fragile. Sa surface est légèrement ruminée (coupe transversale fig. 42, coupe longitudinale fig. 43). Les rugosités de la surface de la graine ne proviennent pas, comme on pourrait le penser, des cellules réticulées et sclérifiées décrites à propos du spermoderme; elles proviennent des circonvolutions de la paroi du sac embryonnaire sur lesquelles tout le spermoderme est moulé.

L'albumen mûr se compose de deux sortes de cellules : les unes à contenu protéique, les autres à contenu amylacé (fig. 44 : les cellules à contenu protéique sont celles dans lesquelles le contenu est figuré).

Les cellules a contenu protéique se trouvent à la périphérie et forment une couche discontinue sous le spermoderme auquel elles adhèrent souvent après décortication de la graine (fig. 31, cellules *in situ* adhérentes à un fragment de spermoderme vu par sa face interne : on aperçoit en dessous d'elles les longues cellules de l'Ép. i. S.). Les cellules à contenu protéique sont arrondies ou polygonales, un peu aplaties et bombées vers l'intérieur de la graine; membrane cellulosique; contenu granuleux, azoté, noyau assez volumineux; toutes ces parties se colorent par l'hématoxyline alunée; diamètre $0^{mm},03$ à $0^{mm},06$ (fig. 32, cellules vues de face; fig. 33, cellules vues de profil dans une coupe transversale de la graine).

Les cellules a contenu amylacé forment la masse principale de l'albumen. Dans la glycérine, on ne peut distinguer que le protoplasme et l'amidon; la membrane cellulaire et le noyau restent invisibles. L'aspect de la coupe ne se modifie pas dans l'eau : ce liquide ne provoque d'ailleurs aucune gélification ni formation de mucilage. Il est nécessaire d'étudier successivement toutes les parties de la cellule au moyen de réactifs appropriés.

Le *protoplasme,* très abondant, forme de nombreuses lames anastomosées enveloppant les enclaves amylacées (fig. 34, représentant une coupe de l'albumen dans l'eau). Le protoplasme manifeste, d'une façon intense, toutes les réactions caractéristiques par l'iode, le réactif de Millon, l'acide nitrique et la potasse, l'acide sulfurique et le sucre, le sulfate de cuivre et la potasse. Il se colore vivement par le carmin acétique, ainsi que par l'éosine. Il ne se dissout ni dans l'ammoniaque, ni dans l'acide acétique glacial. Il résiste à la potasse et à l'eau de Javelle, mais se présente alors sous l'aspect d'un réseau à mailles de diverses grandeurs (fig. 35). Le même aspect se produit lorsqu'une coupe est chauffée dans l'eau et provient de ce que l'amidon est devenu transparent.

Un *noyau* existe dans chaque cellule. Dans la graine sèche, il est ratatiné, à contours très irréguliers et comme comprimé par les grains d'amidon voisins. Il se colore fortement par le vert de méthyle acétique et par l'hématoxyline alunée, qui ne colorent pas le protoplasme. Ainsi coloré, il devient très apparent dans le baume de Canada qui éclaircit fortement la préparation (fig. 37). Lorsque les coupes ont été laissées pendant plusieurs jours dans l'eau et colorées ensuite, le noyau reprend l'aspect qu'il présentait peu de temps avant la maturité : il est alors vésiculeux, de grande taille et contient plusieurs nucléoles (fig. 38).

L'*amidon,* très abondant, forme des grains polyédriques de 4 à 5 μ de diamètre, rarement isolés, ordinairement groupés soit en petit nombre, soit plus souvent en nombre considérable constituant alors des grains composés, arrondis, dont le diamètre peut atteindre 35 μ (fig. 34, grains d'amidon au sein du protoplasme; fig. 40, grains d'amidon isolés). Lors de la transformation de cet amidon en empois, par la chaleur, par la potasse ou par l'eau de javelle, la coupe se dilate et gonfle énormément : le protoplasme apparait comme un gigantesque réseau dont les mailles distendues, de grandeur très inégale, sont remplies d'empois (fig. 35). L'acide sulfurique dilué (*), l'alcool nitrique (**), l'eau salée chlorhydrique (***)

(*) Acide sulfurique, 2 vol., eau 1 vol.
(**) 2 vol. d'alcool à 35 °/₀, additionnés de 1 vol. d'acide nitrique.
(***) Eau salée à 10 °/₀, additionnée de quelques gouttes d'acide chlorhydrique.

permettent de détruire l'amidon sans déformer le protoplasme (fig. 36).

La *membrane cellulaire*, excessivement mince, n'est pas cellulosique : elle ne se colore pas par le chlorure de zinc iodé, ni par l'acide sulfurique et l'iode. Elle est d'ailleurs très difficile à apercevoir et visible seulement après destruction des grains d'amidon et éclaircissement du protoplasme. Ces deux circonstances ne sont guère réalisées que par l'emploi de l'hydrate de chloral et sous une chaleur modérée (fig. 39). Il suffit d'ajouter de l'eau à la préparation, ou un réactif quelconque, pour faire réapparaître fortement le protoplasme et même l'empois d'amidon devenus troubles, ce qui rend immédiatement les membranes cellulaires invisibles.

HISTORIQUE.

L'albumen des Commélinées n'a pas attiré l'attention des anatomistes. L'étude que j'en ai faite confirme cette règle, énoncée par M. **Godfrin** (60, p. 151) : « Les albumens amylacés ont toujours les membranes minces ». Dans le *T. virginica*, les membranes cellulaires de l'albumen sont si minces qu'il est très difficile de les apercevoir; d'ailleurs, elles ne sont pas consolidées par un dépôt de cellulose. Par contre, le protoplasme est très abondant et dense; le noyau, volumineux, est ratatiné.

A la périphérie de l'albumen, il y a une couche discontinue de cellules qui se distinguent par la nature de leur membrane (cellulosique) et de leur contenu (protéique). Ces cellules ressemblent complètement à celles qui forment une couche continue à la surface de l'albumen des Graminées, des Polygonées, de l'*Arum italicum*, des *Luzula*, etc. D'après M. **Guignard** (67), « une assise protéique » persiste dans une foule de graines, même de celles qui sont généralement considérées comme exalbuminées (Crucifères, Papilionacées, etc.). Les expériences de M. **Haberlandt** (73) et celles de M. **Grüss** (66) tendent à démontrer que cette assise joue un rôle particulier dans la digestion des réserves de la graine.

La surface de l'albumen du *Tradescantia* est légèrement ruminée : d'après M. **Voigt** (201), cette disposition est beaucoup plus marquée dans les graines de certains Palmiers, Myristicacées, Anonacées, etc.

§ 4. — L'EMBRYON.

Dans la graine mûre, l'embryon est droit et antitrope : hypocotyle court et épais, recouvert par l'opercule micropylaire ; cotylédon étranglé à sa base par une saillie interne et circulaire du spermoderme (fig. 43); suspenseur nul; fente cotylédonaire (*) petite et presque refermée. Isolé dans l'eau (fig. 44), l'embryon mesure $0^{mm},52$ de longueur et $0^{mm},45$ dans sa plus grande largeur.

Des coupes longitudinales bien orientées et des coupes transversales successives ont été obtenues au microtome après inclusion d'embryons dans la celloïdine ou dans la paraffine.

COUPES LONGITUDINALES. — Deux sont principalement à considérer :

I. — La coupe longitudinale suivant le plan de symétrie de l'embryon (passant par la fente cotylédonaire, par conséquent) montre les régions suivantes (fig. 45) :

1° L'*hypocotyle* (*Hp.*), contenant un cylindre central (avec une file axiale de cellules superposées), un parenchyme cortical et un épiderme;

2° La *région radiculaire* (*Rc.*), contenant le sommet végétatif de la racine principale. Ce sommet est formé de trois histogènes : celui du faisceau, celui du parenchyme cortical (une seule initiale marquée *i*) et celui de la coiffe. Celle-ci, sans rapport avec l'épiderme, est uniformément recouverte par l'épiderme;

3° La *région gemmulaire*, occupée par le sommet végétatif de la tige principale (*Tg.*) : méristème et dermatogène. La première feuille dirige déjà son sommet vers la fente cotylédonaire;

4° Le *cotylédon* avec la fente cotylédonaire.

II. — La coupe longitudinale perpendiculaire au plan de symétrie (fig. 46) montre la même structure « mutatis mutandis ». Il y a cependant

(*) Avec quelques auteurs, je crois préférable de nommer *fente cotylédonaire* ce qu'on désigne généralement par le terme *fente gemmulaire* : cette fente, en effet, appartient non à la gemmule, mais au cotylédon aussi bien que la *gaine cotylédonaire*, le *pétiole cotylédonaire*, etc.

ici deux initiales (marquées *i*) dans l'histogène du parenchyme cortical de la radicule.

Coupes transversales. — Un embryon isolé a fourni 48 coupes successives d'une épaisseur de 10 μ environ. Les coupes nᵒˢ 6, 15, 25 et 33 correspondent aux quatre régions déjà mentionnées :

1º L'*hypocotyle* (fig. 48) possède un cylindre central, un parenchyme cortical dont les éléments les plus profonds se cloisonnent en direction centripète, et un épiderme. Le cylindre central, limité par un péricycle, renferme une cellule axiale hexagonale autour de laquelle on peut distinguer six secteurs, savoir : trois secteurs larges (dont un médian postérieur et deux latéraux), contenant chacun un ilot générateur (L, M, L); trois secteurs étroits alternant avec les précédents;

2º La *région radiculaire* (fig. 47) contient : un faisceau, un parenchyme cortical centripète, une assise appartenant à la coiffe, le tout recouvert par l'épiderme. Le faisceau est constitué par une cellule axiale hexagonale entourée de six cellules, puis d'un péricycle;

3º La *région gemmulaire* (fig. 49) montre l'insertion circulaire du cotylédon, le méristème de la tige et de la première feuille. Deux faisceaux procambiaux se rendent dans le cotylédon;

4º Le *cotylédon* (fig. 50) possède, en effet, deux faisceaux procambiaux situés l'un à droite, l'autre à gauche du plan de symétrie.

HISTORIQUE.

Mirbel a figuré assez sommairement l'embryon extrait de la graine du *Tradescantia erecta* (*) (117, pl. 1). Des dessins semblables se trouvent dans divers traités généraux de botanique.

De Jussieu (89), **Hanstein** (77), **Fleischer** (53), **Hegelmaier** (79), **Hofmeister** (83), **Clarke** (20) se sont occupés de l'embryon de quelques Commélinées ou d'autres familles voisines.

M. de Solms-Laubach (173) a fait une étude plus approfondie du

---

(*) Aujourd'hui *Tinantia fugax* Scheidw. var. *erecta*.

développement de l'embryon du *Tinantia erecta* (*) et de l'*Heterachtia pulchella*. Ces deux espèces diffèrent du *Tradescantia virginica* par l'existence
d'une sorte de bouchon (Gewebszapfen) cylindrique qui pend de la voûte du
cotylédon et remplit la cavité circonscrite par la feuille [1]. Une autre différence est que les sommets végétatifs des radicelles existent déjà dans
l'embryon du *Tinantia* et dans celui de l'*Heterachtia*, tandis que ces sommets
n'apparaissent que pendant la germination du *Tradescantia*. Quant à la
racine principale embryonnaire, M. de Solms-Laubach lui accorde deux
groupes d'initiales : un plérome cylindrique et une assise d'où sortiront le
dermatogène et le périblème. Le tout est enveloppé de plusieurs couches
cellulaires sans différenciation, qui, d'après l'auteur, seront traversées lors
de la germination par la racine en voie d'allongement et qui, pour lui,
représentent donc ce qui a été appelé « la gaine radiculaire » chez les
Graminées.

M. C. **Flahault** (52, p. 33) admet également que l'extrémité radiculaire
de l'embryon du *Commelina tuberosa* est caché sous une gaine homogène
de parenchyme tout à fait comparable, dit-il, à la gaine radiculaire des
Graminées.

MM. **Van Tieghem** et **Douliot** (195, p. 572) distinguent deux parties
dans la masse de cellules qui recouvrent les initiales de l'écorce de la racine
embryonnaire des Commélinées. Pour eux, la partie interne appartient à
la racine, tandis que la partie externe seule constitue la gaine radiculaire.
Celle-ci est ainsi réduite à trois assises dans les *Commelina* et à une seule
assise dans le *Tinantia*.

Dans la dernière édition de son *Traité de botanique*, M. **Van Tieghem**
(194, p. 781) dit que la racine terminale (= racine principale) des Graminées, des Commélinées, des *Canna* et de quelques Dicotylées est endogène, tandis que celle des autres plantes est exogène.

D'après nos observations sur le *Tradescantia virginica*, la gaine radiculaire, dans cette plante, est réduite à l'épiderme de l'embryon. Dans les
figures 45 et 46, en effet, on voit l'épiderme du cotylédon et de l'hypoco-

(*) Même observation qu'à la page précédente.

tyle se continuer intégralement par-dessus l'extrémité radiculaire, de façon à couvrir la coiffe de la racine principale. De plus, au moment de la germination, l'épiderme est exfolié (fig. 67) et l'ensemble des cellules qui recouvrent les initiales du parenchyme cortical est poussé en avant par le développement de la racine principale : cet ensemble constitue réellement la coiffe de la racine embryonnaire et non pas une gaine radiculaire qui serait traversée par la racine à l'époque de la germination.

La comparaison de nos figures 45 et 46 avec celles représentant la racine principale embryonnaire de diverses Monocotylées étudiées par les auteurs, conduit encore aux remarques suivantes :

Dans l'embryon de *Tinantia* figuré par M. de Solms-Laubach (173, pl. IV, fig. 17) et surtout dans celui de *Commelina* représenté par M. Flahault (52, pl. I, fig. 2), les initiales de la coiffe alternent avec celles du parenchyme cortical. Dans notre *Tradescantia* (fig. 45 et 46), au contraire, ces mêmes initiales sont presque superposées, ce qui semble indiquer qu'elles sont unies par un lien génétique. Dans le *Zephyranthes* (52, fig. 6) et dans le *Canna* (52, fig. 11), d'après M. Flahault, la disposition des initiales ressemble beaucoup à celle du *Tradescantia*. Le développement embryonnaire de l'*Alisma* et de l'*Allium* étudié par J. Hanstein (77, pl. VIII, fig. 15, et pl. XI, fig. 7) prouve d'ailleurs que les initiales de la coiffe et celles du parenchyme cortical dérivent réellement de cellules mères communes. Il n'est donc pas surprenant que ces initiales puissent conserver pendant quelque temps leur position primitive et rester superposées.

La série axiale de cellules superposées dans le cylindre central de l'hypocotyle du *Tradescantia* se retrouve dans divers embryons tels que *Tinantia* (173, fig. 17), *Commelina*, *Calla*, *Zephyranthes* (52, fig. 2, 4, 6), *Allium*, *Funkia* (77, pl. XI, fig. 5, et pl. XII, fig. 14), tandis qu'elle n'existe pas dans l'embryon de l'*Alisma* (77, pl. IX, fig. 19), si toutefois la coupe figurée était bien médiane.

CHAPITRE II.

L'HYPOCOTYLE ET LE COTYLÉDON.

§ 1. — LES STADES DU DÉVELOPPEMENT DES PLANTULES.

Pendant le cours du développement de l'appareil végétatif, depuis la germination jusqu'au début de la deuxième année, nous choisirons dix stades principaux :

Stade I (fig. 51^a et 51^b) : Début de la germination; l'opercule micropylaire est soulevé. L'embryon extrait de la graine mesure 1 millimètre de longueur; le cotylédon s'est allongé en un *pétiole* légèrement incliné et se termine en un *suçoir* arrondi appliqué contre l'albumen.

Stade II (fig. 52^a et 52^b) : L'embryon mesure 2 millimètres environ de longueur. Son pétiole cotylédonaire est coudé à angle droit.

Stade III (fig. 53) : La racine principale s'est allongée; sa base, renflée, porte quelques papilles; son sommet est protégé par une coiffe nettement reconnaissable.

Stade IV (fig. 54) : La portion du cotylédon sous la fente cotylédonaire (*) s'est élevée comme un cône au-dessus de la gemmule.

Stade V (fig. 55) : Le cotylédon montre distinctement trois régions : la *gaine cotylédonaire* entourant la gemmule et s'ouvrant en haut par la fente cotylédonaire élargie d'où émerge le sommet de la feuille [1]; le *pétiole cotylédonaire* cylindrique; le *suçoir cotylédonaire* hémisphérique qui reste emprisonné dans la graine. Trois radicelles apparaissent à la limite de l'hypocotyle et de la racine principale.

Stade VI (fig. 56) : La feuille [1] est sortie de la gaine cotylédonaire; les trois radicelles se sont allongées.

(*) Voir la note au bas de la page 21.

Stade VII (fig. 57) : Les deux premières feuilles se sont développées; le spermoderme, vide, s'est détaché; le cotylédon est réduit à sa gaine déchirée.

Stade VIII (fig. 58) : Le cotylédon est entièrement détruit; les cinq premières feuilles sont épanouies; plusieurs racines adventives vigoureuses sont nées au nœud cotylédonaire et au nœud [1] de la tige principale.

Stade IX (fig. 59) : Plantules à la fin de l'été de la première année : l'hypocotyle, la racine principale et les radicelles se retrouvent au milieu des fortes racines adventives. Les dernières traces du cotylédon ont disparu. La tige principale mesure de 8 à 15 centimètres de longueur et se termine par une inflorescence; elle porte de 5 à 8 feuilles, les deux dernières feuilles étant rapprochées l'une de l'autre sous l'inflorescence. Le bourgeon axillaire du nœud [1] s'est développé en une pousse garnie déjà de plusieurs longues feuilles; le nœud cotylédonaire ne porte pas de bourgeon; les autres nœuds produisent des bourgeons latents. Exceptionnellement, le bourgeon axillaire du nœud [3] se développe en une tige feuillée et florifère dès la première saison.

Stade X (fig. 60) : Pendant le premier hiver, la tige principale qui a fructifié meurt et se détruit presque entièrement. La pousse axillaire du nœud [1] constitue la tige de remplacement. L'hypocotyle et la racine principale disparaissent après la première ou la deuxième année de végétation.

_ Dans nos régions, les plantules vigoureuses fleurissent seules la première année; dans les autres plantules néanmoins, la tige principale meurt en hiver et fait place à la tige de remplacement, comme il vient d'être dit.

. Il est à remarquer que la longueur de l'hypocotyle est extrèmement variable. Lorsque les graines germent à la surface d'un sol bien éclairé, l'entrenœud hypocotylé demeure très court et n'est pour ainsi dire pas visible extérieurement (fig. 55, 56 et 57). Lorsque, au contraire, les graines sont plus ou moins profondément enterrées, l'entrenœud hypocotylé s'allonge toujours de façon à arriver à la surface du sol. Dans les conditions normales d'éclairage, l'hypocotyle ne sort pas du sol; l'entrenœud [1] de la tige principale étant toujours très court et presque nul, la pousse de remplacement, qui se produit au nœud [1], s'enracine facilement au début de la deuxième année.

Dans le cas d'un éclairage trop faible, l'hypocotyle sort de terre et devient partiellement aérien. Dans une armoire obscure, l'hypocotyle s'allonge énormément dans l'air et peut atteindre 60 millimètres de longueur, bien que la graine soit simplement posée à la surface de la terre (fig. 63). Nous verrons plus loin, au § 4 de ce chapitre, que dans certaines conditions expérimentales l'hypocotyle peut s'allonger bien davantage encore.

L'observation a montré que le développement histologique n'est pas lié au degré d'allongement de l'hypocotyle, mais à l'apparition de membres nouveaux, tels que les feuilles et les radicelles. Les plantules représentées par les figures 61, 62 et 63 sont arrivées au même stade de développement que celle de la figure 55 (stade V) : leur structure est sensiblement la même, bien que leur hypocotyle soit très inégalement allongé. Toutefois les hypocotyles les plus longs présentent, dans certains de leurs tissus, des déchirures qui doivent les faire exclure pour l'étude de la structure normale.

79 plantules ont été étudiées au moyen de coupes successives microtomiques transversales ou longitudinales après inclusion. Pour chacun des dix stades indiqués ci-dessus, la structure a été observée dans plusieurs individus de façon à éliminer les particularités individuelles résultant de causes accidentelles. Ces précautions étaient nécessaires pour reconstituer le plan général de l'organisation des plantules parce que, dans l'état de nos connaissances, ce plan d'organisation ne pouvait se déduire de l'examen de quelques coupes d'un individu quelconque.

Nous ne nous occuperons, dans ce chapitre, que de l'hypocotyle et du cotylédon; la tige principale, les premières feuilles, la racine principale et les radicelles seront décrites en même temps que les parties correspondantes de la plante adulte, afin d'éviter les redites et de faciliter la comparaison des membres.

§ 2. — L'HYPOCOTYLE.

L'hypocotyle comprend trois régions : *l'entrenœud,* plus ou moins long selon les circonstances, *la base* au contact de la racine principale et des trois premières radicelles, *le sommet* ou nœud d'insertion du cotylédon.

I. — *Entrenœud de l'hypocotyle.*

La structure de cet entrenœud ayant été reconnue la même dans toute sa longueur, il suffira de faire connaître le développement histologique à un seul niveau, vers le milieu de l'hypocotyle, en choisissant des plantules courtes.

Au stade III de la germination (fig. 90), on trouve un cylindre central (*) en voie de différenciation : deux pôles ligneux marqués chacun par une trachée; trois pôles libériens indiqués chacun par une ou deux cellules grillagées; des cloisonnements tangentiels dans les trois régions comprises entre le centre de la coupe et les pôles libériens; un péricycle. Autour du cylindre central, un parenchyme avec endoderme et épiderme. Le plan de symétrie de la plantule passe entre les deux pôles ligneux et par l'un des pôles libériens; ce dernier est postérieur (**).

Au stade IV (fig. 91), chaque pôle ligneux possède deux trachées apparues en ordre centripète; les cloisonnements tangentiels, plus nombreux, dessinent trois arcs de cambium.

Au stade V (fig. 92), les pôles ligneux centripètes comprennent trois trachées; trois autres pôles ligneux centrifuges (L, M, L) existent maintenant en face des trois pôles libériens. Les flèches indiquent dans quel sens se fait la différenciation ligneuse.

(*) J'emploie le terme « cylindre central » parce que ce massif central n'est pas un « faisceau », mais résulte de la réunion de plusieurs faisceaux, comme il sera bientôt établi.

(**) Le cotylédon étant antérieur, c'est-à-dire en avant de l'observateur supposé au centre de l'hypocotyle. Les organes antérieurs seront donc toujours vers le haut de la planche; les organes postérieurs, vers le bas.

Dès le stade VI (fig. 93), le cylindre central complètement différencié se
compose de : deux pôles ligneux centripètes, l'un à droite, l'autre à gauche
du plan de symétrie; trois faisceaux libéro-ligneux, dont un médian postérieur et deux latéraux (L, M, L). Chacun de ces trois faisceaux se compose
d'un massif ligneux à développement centrifuge, d'une zone cambiale et d'un
massif libérien. Une cellule non différenciée occupe le centre de la coupe,
d'autres sont situées entre les faisceaux, d'autres encore forment le péricycle.
Toutes ces cellules non différenciées possèdent une membrane mince, du
protoplasme et un noyau; elles représentent le tissu fondamental du cylindre
central. L'endoderme est muni de plissements sur les cloisons radiales,
comme on peut le vérifier sur une coupe longitudinale tangentielle (fig. 97).
Les cellules de cet endoderme conservent longtemps un noyau et une utricule
protoplasmique qui se plasmolyse par l'action de l'alcool, mais qui reste fixée
aux plissements des cloisons radiales (fig. 98). Le parenchyme externe
comprend de cinq à sept assises de cellules amylifères. L'épiderme est
sans stomates.

Cette structure est définitive : on la retrouve dans les plantules plus
âgées, mais elle est ordinairement rendue plus ou moins méconnaissable par
suite de l'allongement de l'hypocotyle. Ainsi dans une plantule telle que celle
de la figure 64, on n'observe pas les trachées polaires des faisceaux L, M, L
et l'on ne retrouve que des débris de trachées à l'un des pôles centripètes
(fig. 94). Cet aspect est celui qui s'observe le plus souvent. Dans une
plantule à hypocotyle plus long encore (fig. 62), toute la région centrale est
déchirée dans toute la longueur de l'hypocotyle (fig. 95). Enfin, un hypocotyle exceptionnellement vigoureux (fig. 68) nous montre trois faisceaux
libéro-ligneux L, M, L sans trachée polaire reconnaissable, deux lacunes
avec débris de trachées à la place des pôles centripètes, un véritable tissu
fondamental méatique au centre et entre les faisceaux (fig. 96).

Le développement histologique de l'hypocotyle et sa structure définitive,
lorsqu'elle n'est pas défigurée par un allongement trop considérable,
démontrent donc que le cylindre central résulte du rapprochement de
trois faisceaux unipolaires à développement ligneux centrifuge (L, M, L) et
de deux pôles ligneux centripètes, le tout entremêlé de quelques cellules

non différenciées représentant un tissu fondamental. Il arrive même, lorsque le cylindre central est un peu plus large que d'habitude, qu'il existe des méats entre les cellules du tissu fondamental, comme dans la figure 96.

Des coupes longitudinales faites dans le plan perpendiculaire au plan de symétrie des plantules permettent de retrouver les trachées polaires. Au stade III (fig. 80, dessin d'ensemble; fig. 84, trachées grossies davantage), on voit, à chacun des pôles centripètes, une trachée qui s'étend de la base au sommet de l'hypocotyle. Cette trachée mesure $0^{mm},15$ de longueur; ses anneaux d'épaississement se touchent les uns les autres. Les deux trachées de l'hypocotyle sont en contact en bas avec deux des pôles de la racine (Rc.) et en haut avec les faisceaux cotylédonaires (Cot.).

Un peu plus tard (fig. 85), une trachée semblable mesure $0^{mm},37$ et ses anneaux d'épaississement commencent à se séparer les uns des autres.

A mesure que l'hypocotyle s'allonge, les trachées polaires s'étirent de plus en plus. Dans un hypocotyle modérément allongé, les trachées polaires mesurant 6 millimètres de longueur, les anneaux d'épaississement se trouvent écartés les uns des autres par un intervalle de $0^{mm},12$ à $0^{mm},15$ (fig. 86). On conçoit que des trachées ainsi étirées ne puissent que bien difficilement s'observer sur des coupes transversales minces, puisque le microtome pratique de onze à quatorze coupes dans l'intervalle des anneaux !

Lorsque l'hypocotyle s'allonge au point d'atteindre une longueur de 30 à 60 millimètres, les trachées polaires, déchirées, ne peuvent plus se présenter que de loin en loin, sous la forme de débris à peine reconnaissables, même dans les coupes longitudinales (*).

(*) Dans les figures 79 et 80, toutes les trachées différenciées de la plantule sont exactement représentées. Dans les figures 81, 82 et 83, les trachées ne sont représentées que dans le cotylédon et les feuilles.

II. — *Base de l'hypocotyle.*

Dans les plantules, l'hypocotyle est nettement limité à sa base : son épiderme lisse est brusquement remplacé par l'assise pilifère de la racine principale ; cette dernière est assez fortement renflée à cet endroit. Une coupe longitudinale radiale, à la base d'un hypocotyle, montre bien l'origine endogène de l'assise pilifère sous l'épiderme exfolié de l'hypocotyle (fig. 99).

Au stade III, la structure de la racine principale est complètement différenciée : elle consiste en un faisceau à trois pôles ligneux et à trois pôles libériens. L'un des pôles ligneux est antérieur, les deux autres sont latéro-postérieurs. A ce même stade III (fig. 53), la trachée polaire antérieure de la racine s'arrête précisément au niveau du contact de l'assise pilifère avec l'épiderme : elle s'y termine en pointe libre. Les deux trachées polaires latérales de la racine, au contraire, font suite aux deux trachées polaires du bois centripète de l'hypocotyle. C'est ce que montrent très bien les coupes transversales successives et aussi une coupe longitudinale épaisse pratiquée dans le plan perpendiculaire au plan de symétrie d'une plantule (fig. 84 et 85).

A partir du stade V (fig. 55), les trois faisceaux L, M, L différenciés alternent avec les pôles centripètes et sont en contact avec eux ; en d'autres termes, tous les éléments ligneux se touchent comme dans la figure 93.

Après la naissance de trois radicelles en face des trois pôles ligneux de la racine, les trachées deviennent plus nombreuses et plus serrées à la base de l'hypocotyle. Ainsi s'établit une union intime entre les tissus conducteurs de la racine principale et des radicelles, et ceux de l'hypocotyle (fig. 112).

III. — *Sommet de l'hypocotyle.*

Dans les plantules jeunes, on constate facilement que les trachées des deux pôles ligneux centripètes s'arrêtent au sommet de l'hypocotyle, au niveau où apparaissent deux faisceaux unipolaires destinés à sortir dans les cotylédons. Ces faisceaux cotylédonaires sont situés l'un à droite, l'autre à gauche du plan de symétrie de la plantule, entre le faisceau M et les faisceaux L. Dès leur origine, les faisceaux cotylédonaires sont en contact avec les pôles ligneux centripètes de l'hypocotyle.

Chacun des faisceaux cotylédonaires se compose : 1° d'un petit massif ligneux à développement centrifuge dont les trachées touchent celles des pôles centripètes ; 2° d'un petit massif libérien formé par la réunion de deux branches détachées du liber des faisceaux M et L voisins (fig. 114).

Sitôt constitués, les faisceaux cotylédonaires se dirigent obliquement dans le cotylédon.

Dans les plantules plus âgées (stade VIII), lorsque le cotylédon est détruit et que de grosses racines adventives se sont développées au nœud cotylédonaire, les faisceaux qui se rendaient au cotylédon se retrouvent difficilement au milieu des masses ligneuses qui servent d'insertion aux racines adventives. Quant aux faisceaux L, M, L, ils traversent le nœud cotylédonaire pour se rendre dans la feuille [1]. Dans l'aisselle du cotylédon, il ne se produit pas de bourgeon axillaire.

HISTORIQUE.

Le travail le plus étendu sur la structure des hypocotyles est celui de M. **Gérard** (57). L'interprétation que cet auteur a donnée de cette structure a été admise par plusieurs anatomistes, notamment par M. **Van Tieghem** (194, p. 780, et 193). Elle consiste principalement à supposer que les massifs ligneux, en passant de la racine à la tige, se tordent de 180°. Cette torsion expliquerait comment le développement du bois, qui est centripète dans la racine, est centrifuge dans la tige.

Malheureusement, les termes « passage » et « torsion » ne sont que des expressions figurées. En réalité, les éléments ligneux de la racine ne pénètrent pas dans la tige et ne se tordent pas. Ils se terminent vers le haut, comme les éléments ligneux de la tige se terminent vers le bas ; de plus, il y a contact entre les premiers et les seconds sur une étendue variable. C'est cette *substitution* et ce *contact* qui a donné l'illusion d'un *passage* et d'une *torsion*.

Dans un travail sur l'anatomie de l'*Urtica dioïca* (65, p. 116), j'ai montré que « les états transitoires entre les structures types de la racine et de la tige » décrits par M. Gérard ne sont que la conséquence de la mise en rapport de ces deux organes, c'est-à-dire de leur contact, de leurs adhérences intimes. C'est d'ailleurs dans cet ordre d'idées que l'hypocotyle a été compris par **Nägeli** (131) et par M. **Bertrand** (5), qu'il a été décrit dans plusieurs familles de Dicotylées par MM. **Dodel** (32), **Vuillemin** (205) et **Lignier** (103).

Plus récemment, M. **Dangeard** (24) a formulé des critiques fondées à l'adresse de la théorie du passage et de la torsion. Ce botaniste distingue d'abord dans la tigelle (= hypocotyle) trois parties : la racine, les faisceaux cotylédonaires et les faisceaux foliaires. Puis, cherchant comment se fait le « raccord » des tissus conducteurs, il constate que les faisceaux cotylédonaires « descendent verticalement et viennent *s'unir* plus ou moins bas à la partie interne du faisceau correspondant de la racine : il en résulte une disposition en forme de T ou de V... », mais cette forme n'implique nullement une torsion de 180° (*).

Ces généralités nous permettent de mieux saisir l'organisation du *Tradescantia*. Il y a lieu de distinguer, dans l'hypocotyle de cette plante, un double contact ligneux :

1° Le contact des trachées des deux faisceaux cotylédonaires avec celles de deux des pôles centripètes de la racine; ce contact s'établit de bonne heure et dans le haut de l'hypocotyle, c'est-à-dire dans le nœud cotylédonaire même (fig. 114);

2° Le contact des trachées des trois faisceaux de la feuille [1] (faisceaux L, M, L) avec celles des trois pôles centripètes de la racine; ce contact s'établit plus tard et dans le bas de l'hypocotyle (fig. 112).

Quant au liber, celui des faisceaux cotylédonaires se rattache, dans le nœud cotylédonaire, au liber des faisceaux M et L voisins; le liber des faisceaux de la feuille [1] se continue directement par celui de la racine.

(*) Je ne puis ici pousser plus avant l'examen du travail de M. Dangeard, consacré uniquement aux plantules dicotylées.

L'organisation de l'hypocotyle se modifie avec l'âge et révèle l'existence de deux phases physiologiques principales. Dès le début de la germination, les tissus conducteurs se raccordent de façon à assurer le transport dans le cotylédon de l'eau absorbée par la racine, ainsi que le transport des substances plastiques du cotylédon vers la racine qui croit. Plus tard, les tissus conducteurs de la première feuille se raccordent à leur tour avec ceux de la racine principale et des radicelles. A ces modifications normales, il faut ajouter celles qui proviennent de l'allongement exagéré de l'entrenœud hypocotylé, dont les coupes sont alors plus ou moins défigurées par suite de l'étirement et même de la destruction des trachées initiales.

Il faut tenir compte de ces changements et des difficultés qui en résultent pour l'étude des plantules. Ces remarques montrent bien l'importance qu'il y a à observer les stades les plus jeunes de la germination, puisque des éléments caractéristiques comme les trachées polaires, facilement reconnaissables dans ces stades très jeunes, peuvent disparaître dans la suite. Elles doivent inspirer la plus grande circonspection dans l'étude des régions qui, comme les hypocotyles de la plupart des plantes, sont le siège d'un accroissement intercalaire considérable. Aussi ne peut-on se défendre de certains doutes en présence des travaux des auteurs qui se sont bornés à quelques coupes, faites à la main, dans des plantules relativement âgées. Pour éviter les causes d'erreur, il faudra donc rechercher des stades suffisamment jeunes et les comparer à des plantules plus âgées. Il faudra aussi choisir de préférence les individus à entrenœud hypocotylé court. Je ne puis donc partager l'opinion de M. Gérard, qui pense que la plantule « est ordinairement en état convenable lorsqu'elle a développé deux à trois feuilles au-dessus des cotylédons » (57, p. 402).

Dans la famille des Commélinées, une seule espèce, le *Commelina tuberosa*, a fait l'objet des recherches de M. Gérard. La description que cet anatomiste en donne (57, p. 407) ne pouvant que difficilement être comparée à celle qui a été faite ci-dessus pour le *Tradescantia virginica*, j'ai cru devoir reprendre l'étude du *Commelina*. En voici le résultat.

La racine principale du *Commelina tuberosa* renferme un faisceau quadripolaire : des quatre pôles ligneux centripètes, l'antérieur et le postérieur s'arrêtent à la base de l'hypocotyle, les deux latéraux remontent jusqu'au nœud cotylédonaire (*). L'hypocotyle contient, en outre, dans toute sa longueur quatre faisceaux destinés à la feuille [1] : ce sont des faisceaux unipolaires disposés en carré et séparés par du tissu fondamental. Au niveau de l'insertion du cotylédon, enfin, on constate deux faisceaux cotylédonaires.

Le premier contact s'établit de bonne heure, en haut de l'hypocotyle, entre les deux faisceaux cotylédonaires et les deux pôles ligneux centripètes. Le deuxième contact s'opère un peu plus tard, à la base de l'hypocotyle, entre les quatre faisceaux unipolaires de la feuille [1] et le faisceau quadripolaire de la racine. Il y a quatre radicelles.

Les *Commelina communis, C. clandestina, Heterachtia pulchella* et *Tinantia fugax* possèdent la même organisation. La seule différence entre ces hypocotyles et celui du *Tradescantia virginica* consiste en ce qu'ils sont construits sur le type 4 au lieu du type 3. Mais dans aucun d'eux, il ne peut être question du passage des trachées de la racine dans la tige, ni de torsion de 180°.

L'hypocotyle semble présenter, dans les Commélinées, une allure très spéciale et très constante, malgré les différences notables de vigueur des plantules et le nombre variable des faisceaux. Ce résultat est certainement plus encourageant que celui formulé par M. Gérard en ces termes : « Il n'y a aucun caractère de famille à tirer de l'étude du collet, il y a seulement une certaine constance dans l'espèce » (57, p. 426).

Il me reste à rappeler quelques particularités histologiques et biologiques intéressantes de l'hypocotyle du *T. virginica*.

Le pôle ligneux centripète antérieur de la racine principale ne pénètre pas dans l'hypocotyle : Il se termine en pointe libre à la base de ce membre

---

(*) Ces deux pôles ligneux latéraux de l'hypocotyle sont formés chacun de deux à quatre trachées étroites à développement centripète. Dans les plantules dont la première feuille est déjà développée, elles sont ordinairement étirées et plus ou moins méconnaissables, comme dans le *Tradescantia* d'ailleurs. C'est ce qui explique qu'elles ont passé inaperçues jusqu'ici.

(fig. 84 et 85); plus tard l'insertion d'une radicelle sur la pointe libre masque en partie cette disposition. Dans les Commélinées à quatre pôles ligneux, le pôle postérieur se comporte de même.

M. Lignier a décrit un fait semblable dans le *Gustavia Leopoldi* (**107**, pp. 399 à 402) : « Une partie, dit-il, des nombreux pôles ligneux de la racine principale se termine supérieurement *en pointe libre* et sans s'insérer sur les faisceaux cotylédonaires. C'est là une nouvelle preuve à l'appui de l'opinion d'après laquelle la racine principale ne serait pas la continuation inférieure de l'axe hypocotylé, mais bien une racine *insérée dans* l'extrémité inférieure de cet axe » (*).

Lors de la différenciation des faisceaux unipolaires L, M, L, les pôles libériens se caractérisent avant les pôles ligneux correspondants. Ainsi dès le stade III (fig. 90), une cellule grillagée marque le pôle libérien de chacun de ces trois faisceaux, tandis qu'une trachée apparaît à leur pôle ligneux vers le stade V seulement (fig. 92). Des faits semblables sont connus dans les tiges et les racines de plantes les plus diverses. Il suffira de citer à titre d'exemples les observations d'histogenèse faites par **Sanio** dans le *Peperomia* (**157**, pl. VII et VIII), par M. **Lignier** dans le *Melaleuca* (**103**, p. 387), par M. **Nihoul** dans le *Ranunculus* (**133**), par M. **Lesage** dans diverses racines (**99**), par M. **Dangeard** dans diverses tiges (**24**, p. 117), etc... On a souvent l'habitude de décrire le bois avant le liber, mais cela n'implique pas que le premier de ces tissus se différencie avant le second.

Une chose beaucoup plus remarquable est certainement la zone cambiale que renferme chacun des faisceaux foliaires L, M, L. Cette zone génératrice est aussi nette et aussi reconnaissable que celle qu'on peut observer dans

---

(*) Dans les plantules des Commélinées, dans celles du *Gustavia Leopoldi* et probablement d'un certain nombre d'autres plantes, les massifs ligneux centripètes se terminent les uns *contre les faisceaux cotylédonaires*, les autres *en pointe libre tournée vers le haut*. Il est évidemment impossible d'appliquer à ces derniers la théorie du passage et de la torsion. Cette simple remarque devrait déjà faire rejeter complètement la théorie dont il s'agit, puisque tous les massifs ligneux centripètes d'une racine sont bien certainement de même nature.

les faisceaux des plantules dicotylées jeunes, par exemple de l'*Urtica dioïca* (65, pl. I, fig. 5). Quoique très éphémère, son existence dans le *Tradescantia* pourrait bien avoir une signification importante comme caractère phyllétique chez les Monocotylées. Nous constaterons également une zone cambiale éphémère dans les faisceaux des tiges et des feuilles de notre *Tradescantia*.

Une autre particularité est offerte par l'endoderme de l'hypocotyle dont le contenu protoplasmique montre, en se plasmolysant, l'aspect représenté par la figure 98. La même disposition a été signalée par Caspary dans l'endoderme de la racine de Ficaire : il y a trouvé parfois le protoplasme bruni, rétracté et étendu sous forme de ruban entre les parois ondulées (17). M. **Strasburger** s'est également occupé de ce phénomène au point de vue des caractères fonctionnels de l'endoderme des racines d'Aroïdées (179, p. 410).

La lumière exerce énergiquement son action retardatrice sur l'accroissement intercalaire de l'hypocotyle. La longueur de ce membre, qui est presque nulle en pleine lumière, peut atteindre 60 millimètres dans l'obscurité complète. Cet allongement considérable se fait avec une intensité telle que les trachées et même le tissu fondamental sont déchirés et qu'il se produit soit deux petites lacunes latérales, soit une seule grande lacune centrale. Le même phénomène s'est produit dans des plantules de *Brassica* dont les cotylédons m'ont paru se faner par manque d'eau, bien que les racines fussent tenues dans un sol très humide : l'hypocotyle était extrêmement allongé et tous ses éléments ligneux, déchirés, étaient incapables de remplir leur fonction conductrice.

§ 3. — LE COTYLÉDON.

I. — *Caractères extérieurs.*

Le cotylédon comprend trois régions : la gaine, le pétiole et le suçoir.

Dans la graine, le pétiole est très court, surmonte la gaine et se termine par le suçoir (fig. 44 et 46). L'axe du cotylédon coïncide avec l'axe de l'embryon tout entier.

Dès le début de la germination, le pétiole s'allonge et s'incline (stade I, fig. 51); la gaine s'accroît plus rapidement d'un côté et rejette le pétiole de l'autre côté (stades II et III, fig. 52 et 53). Aussitôt après, la gaine, à l'endroit de sa courbure, devient le siège d'un accroissement intercalaire considérable : elle s'élève au-dessus de la gemmule en forme de cône, la fente cotylédonaire (*) se trouvant près du sommet de ce cône (stades IV, V et VI, fig. 54, 55 et 56).

Lorsque son développement est terminé (fig. 100), la gaine est cylindrique et montre, près de son sommet, la fente cotylédonaire considérablement agrandie pour livrer passage aux premières feuilles; le pétiole cotylédonaire semble alors inséré sur le côté de la gaine, ou même près de la base de cet organe. Dans les figures 101 et 102, la gaine a été fendue longitudinalement suivant la ligne médiane postérieure (**), de façon à pouvoir être étalée (les parties incisées sont indiquées en traits interrompus). Dans ces préparations, une partie du pétiole est vu par transparence à travers la gaine.

La longueur de la gaine et celle du pétiole cotylédonaires sont très variables selon les circonstances dans lesquelles la germination s'est faite. L'allongement devient considérable lorsque la graine a été profondément enterrée ou bien lorsqu'elle a germé à la surface du sol dans l'obscurité

(*) Voir la note au bas de la page 21.

(**) D'après la position supposée à l'observateur comme il a été dit en note au bas de la page 28.

(fig. 62, 63). Quant au suçoir, il demeure à peu près hémisphérique et reste emprisonné dans le spermoderme qu'il ne remplit jamais entièrement (fig. 107 et 84).

Si l'on considère un grand nombre de plantules en les orientant toutes de la même manière (l'hypocotyle verticalement, le cotylédon en avant et la feuille[1] en arrière d'un observateur supposé dans l'axe de la plantule), on constate que le pétiole cotylédonaire et la graine se trouvent tantôt à droite, tantôt à gauche. Sur 322 plantules ainsi considérées, j'en ai trouvé 163 d'une sorte et 159 de l'autre. Il y a donc des plantules à cotylédon courbé à droite, d'autres à cotylédon courbé à gauche; leur nombre est sensiblement égal. Les figures 101 et 102 représentent deux cotylédons étalés vus, l'un et l'autre, par leur face interne; les figures 116 et 120 représentent la coupe tranversale, au niveau de la gaine et du pétiole cotylédonaires, dans deux plantules orientées l'une comme l'autre. Le pétiole est à droite dans les figures 101 et 116; il est à gauche dans les figures 102 et 120.

II. — *Structure.*

Dans les plantules en germination, ce sont les faisceaux cotylédonaires qui se différencient les premiers : on voit déjà leurs trachées caractérisées dès le stade II (fig. 52 et 79), alors qu'aucune trachée n'est encore visible dans l'hypocotyle et dans la racine principale.

La gaine du cotylédon a une insertion circulaire (fig. 115); elle contient deux faisceaux unipolaires, à bois centrifuge et à orientation normale (bois interne, liber externe); tissu fondamental limité par deux épidermes, l'externe garni de stomates.

Dans le pétiole, les deux faisceaux présentent les mêmes caractères, sauf qu'ils sont rapprochés en face l'un de l'autre (fig. 103); l'épiderme est muni de rares stomates dépourvus de cellules annexes (fig. 105). La coupe longitudinale du pétiole (comme celle de l'hypocotyle) montre l'étirement des trachées initiales annelées (fig. 104). On y remarque aussi, dans certaines cellules longues et étroites, des noyaux qui mesurent jusqu'à $0^{mm},13$ de longueur sur $0^{mm},003$ de largeur. Lorsque l'allongement du pétiole est plus considérable encore (fig. 63), les éléments ligneux des faisceaux sont presque complètement détruits (fig. 106).

Dans la moitié inférieure du suçoir, les deux faisceaux cotylédonaires se retrouvent disposés de la même manière que dans le pétiole. Dans la moitié supérieure, les trachées et les éléments libériens se dispersent (fig. 108). Les cellules épidermiques du suçoir sont allongées, perpendiculairement à la surface, en grosses papilles à sommet arrondi (fig. 109) : elles contiennent une épaisse couche protoplasmique pariétale, un noyau et du suc cellulaire. Leur fonction est d'absorber les produits de la digestion de l'albumen.

Parcours des faisceaux. — Considérons d'abord une plantule portant la graine du côté droit (fig. 101 et 110).

Le faisceau cotylédonaire gauche sortant de l'hypocotyle s'élève dans la gaine du côté gauche; arrivé tout en haut, en avant de la fente cotylédonaire, il se recourbe et descend du côté droit de la gaine. Le faisceau cotylédonaire droit s'élève du côté droit, mais bientôt il s'incurve pour pénétrer dans le pétiole avec le faisceau gauche descendant. Les deux faisceaux poursuivent parallèlement leur trajet jusque dans le suçoir où ils s'éteignent en dispersant leurs éléments (fig. 108). Le sommet organique du cotylédon est le suçoir lui-même et non la pointe plus ou moins effilée qui surmonte la gaine près de la fente cotylédonaire.

Les trois parties du cotylédon sont donc traversées par deux faisceaux continus d'un bout à l'autre, sans ramification ni anastomose. Ces deux faisceaux sont équivalents, mais celui de gauche fait le tour de la gaine hypertrophiée, ce qui allonge beaucoup son trajet.

Une plantule portant la graine du côté gauche offre une disposition inverse.

Résumé de la structure des plantules.

Pour résumer la structure des plantules du *T. virginica,* il suffira d'attirer l'attention sur les figures suivantes :

1° Coupes longitudinales épaisses orientées de façon à montrer l'ensemble de l'organisation aux stades II et III (fig. 79 et 80), puis au stade VI (fig. 82 et 83). La figure 82 provient d'une plantule à hypocotyle très court, la suivante d'une plantule à hypocotyle plus long (*).

2° Coupes transversales aux niveaux les plus caractéristiques d'une
plantule arrivée au stade VI. Celle-ci est représentée par la figure 110 ; on
y a indiqué les niveaux correspondant aux neuf coupes suivantes :

Fig. 111. Racine principale : faisceau tripolaire. — Trois radicelles
sont également visibles à ce niveau.

Fig. 112. Base de l'hypocotyle : faisceau tripolaire; trois faisceaux unipolaires (L, M, L) alternants avec les pôles ligneux centripètes de la racine ;
insertion des trois radicelles en face des mêmes pôles ligneux centripètes.

Fig. 113. Milieu de l'hypocotyle : deux pôles ligneux centripètes
seulement; trois faisceaux L, M, L à bois centrifuge. — Le pétiole cotylédonaire rencontré à ce niveau contient deux faisceaux unipolaires.

Fig. 114. Sommet de l'hypocotyle (nœud cotylédonaire) : même structure
et en plus insertion des deux faisceaux du cotylédon en face des deux pôles
ligneux centripètes.

Fig. 115. Région inférieure de la gaine cotylédonaire : cette gaine
contient deux faisceaux. — La feuille [1] renferme les sept faisceaux
m L *i* M *i* L *m*; tige principale et bourgeon axillaire de la feuille [1].

Fig. 116. Niveau de l'insertion du pétiole cotylédonaire sur la gaine du
cotylédon : le faisceau de droite s'incurve pour passer de la gaine dans le
pétiole. — Feuille [2] et sommet de la tige principale.

Fig. 117. Région supérieure de la gaine cotylédonaire à la hauteur de
la fente. Feuille [1] et feuille [2].

Fig. 118. Pointe de la gaine cotylédonaire.

Fig. 119. Pointe de la gaine à l'endroit où le faisceau cotylédonaire
gauche s'incurve pour redescendre du côté droit.

<hr>

(*) Voir la note au bas de la page 30.

HISTORIQUE.

Les caractères extérieurs du cotylédon des Commélinées ont été souvent décrits et comparés à ceux des autres Monocotylées.

Mirbel s'en est occupé à plusieurs reprises (116, p. 61, pl. 3, fig. 32 et 33; 117; 118, p. 62, pl. 59, fig. 6 et 7). Il a désigné la gaine du cotylédon sous le nom de « coléoptile ».

Gaudichaud (55, p. 60, pl. IV, fig. 1) a décrit et représenté d'une façon défectueuse la germination d'un *Commelina*.

Dans un important mémoire qui résume un grand nombre d'observations, M. **Klebs** (91) a rangé les plantules du *Commelina* et du *Tradescantia* dans le deuxième type monocotylé caractérisé par une gaine cotylédonaire fort allongée, portant à l'extrémité d'un long pétiole filiforme une partie enfoncée dans la graine (le suçoir).

Au point de vue de l'anatomie, les indications les plus complètes sont celles données par M. **Van Tieghem** (189). Cet auteur a distingué, dans le cotylédon des Commélinées, trois parties : une gaine inférieure; un limbe qui la continue; une gaine supérieure, sorte de manchette insérée au point de jonction de la gaine inférieure et du limbe. Il a, en outre, décrit avec exactitude le parcours des faisceaux cotylédonaires. Il me semble cependant assez inutile de considérer la « gaine supérieure » comme une partie distincte du cotylédon. Cette « gaine supérieure », en effet, n'existe pas dans l'embryon avant la germination; elle résulte d'une déviation de la gaine proprement dite, d'une hypertrophie au point de courbure; le faisceau qui y pénètre retourne au pétiole pour se terminer seulement dans le suçoir. J'ajouterai que, dans le *Tinantia fugax*, le *Rheo discolor* et même dans certaines espèces de *Commelina*, comme le *C. tuberosa*, la gaine se développe à peu près également des deux côtés; il n'y a pas de « gaine supérieure » et le pétiole reste toujours terminal. Le *Commelina communis* et l'*Heterachtia pulchella*, au contraire, se comportent comme le *Tradescantia virginica*, sauf que le pétiole se détache généralement à mi-hauteur de la gaine et non pas près de la base. Pour les mêmes raisons, le rapprochement que

M. Van Tieghem cherche à faire entre le cotylédon des Commélinées et celui des Graminées me paraît peu fondé.

M. de Solms-Laubach (173, p. 72) a cru devoir conclure de ses observations sur l'embryogénie du *Tinantia* et de l'*Heterachtia*, que l'extrémité supérieure du cotylédon renflée en suçoir n'a pas tout à fait la même valeur que l'extrémité du cotylédon des autres Monocotylées. D'après lui, le suçoir ne se forme pas au sommet organique du cotylédon, mais plutôt sur sa partie dorsale; le sommet organique se trouverait à la limite supérieure de la fente cotylédonaire. Il ne me semble pas que cette conclusion découle nécessairement de l'étude du développement de l'embryon avant la maturité de la graine. La forme renflée de l'extrémité supérieure du cotylédon, c'est-à-dire du suçoir, doit s'expliquer par un développement transversal du sommet du cotylédon et non par une incurvation de ce sommet, comme l'a admis le savant professeur de Strasbourg. La coupe longitudinale radiale d'un embryon, reproduite par notre figure 45, ne montre pas d'incurvation dans les rangées cellulaires qui composent le cotylédon. D'autre part, le parcours des faisceaux dans le cotylédon après la germination, tel qu'il est établi par mes recherches sur le *Tradescantia* (p. 40), prouve clairement que le suçoir occupe le sommet organique du cotylédon, là où se terminent, par plusieurs pointes libres, les deux faisceaux cotylédonaires.

MM. Haberlandt (72), **Ebeling** (43), **Lewin** (102) et **Tschirch** (184) se sont plus particulièrement occupés de la structure du suçoir et spécialement de son épiderme absorbant.

§ 4. — Observations physiologiques sur la germination.

I. — *Rôle du spermoderme.*

Des graines de *Tradescantia virginica* ayant été oubliées dans l'eau, furent trouvées en germination plusieurs mois plus tard. Des expériences alors furent faites qui démontrèrent que ces graines, lorsqu'elles sont mûres et entières, se conservent indéfiniment dans de l'eau distillée ou dans de l'eau puisée à un étang, soit à la température ordinaire, soit dans une étuve à 30° C. : elles germent successivement à des intervalles très inégaux et le liquide reste toujours parfaitement limpide.

Plongées pendant dix jours dans de la colle de pâte subissant une fermentation butyrique intense, les graines de *Tradescantia* prennent une teinte plus claire, restent dures et sont capables de germer après un simple lavage à l'eau. Après un mois de séjour dans une eau infecte contenant des haricots en putréfaction, plusieurs graines de *Tradescantia* se sont, il est vrai, crevées au niveau du hile et se sont gâtées; mais une dizaine d'autres ont pu encore germer lorsqu'elles furent portées dans de l'eau claire au sortir du liquide infectieux.

Ayant refait ces expériences avec diverses espèces, j'ai trouvé que le froment, le maïs, les graines de *Phaseolus*, d'*Agrostemma*, de *Brassica*, de *Ricinus* se décomposent en quelques jours dans l'eau et subissent la fermentation butyrique. Au contraire, du riz, des graines d'*Alisma* et de *Nymphea* demeurent intacts dans l'eau et germent plus ou moins rapidement. On remarquera que ces dernières graines proviennent d'espèces aquatiques ou marécageuses.

La résistance à la putréfaction des graines du *Tradescantia* provient-elle d'un antiseptique contenu dans ces graines ou simplement de la protection du spermoderme? J'ai vainement cherché à extraire des graines une substance soluble capable d'empêcher la fermentation butyrique. D'autre part, j'ai constaté qu'en plongeant dans l'eau des graines de *Tradescantia* légèrement entaillées, ces graines pourrissent en peu de temps et ne germent pas. Dans l'étuve à 30° C., elles subissent spontanément, dès la première semaine, la fermentation butyrique avec dégagement de bulles gazeuses et réaction acide. La même chose se produit si, par une ébullition prolongée dans l'eau, on a fait gonfler les graines au point de provoquer la formation d'une fente dans la région du hile.

On est donc en droit d'attribuer au spermoderme du *Tradescantia* un rôle efficace de protection contre l'envahissement des bactéries. Cette protection est due principalement aux cellules de l'Ép. i. P. dont les membranes et surtout le contenu sont imprégnés de silice, comme nous l'avons constaté au chapitre précédent. Toutefois la secondine, dont les cellules ont des parois épaisses et cornées, doit également remplir un rôle efficace dans la protection de la graine contre la putréfaction.

Il a été constaté, à la fin de la germination, lorsque l'albumen est complètement digéré et absorbé, que le spermoderme n'est pas altéré : le contenu siliceux de l'Ép. i. P., notamment, se retrouve intact dans les cellules.

Les graines du *Tradescantia* gonflent très peu dans l'eau, et après une immersion prolongée, leur albumen reste dur et cassant. J'ai cherché à comparer le gonflement des graines de diverses espèces. A cet effet, je me suis servi d'une éprouvette cylindrique graduée, d'un diamètre intérieur de 20 millimètres. Un petit flacon cylindrique en verre, d'un diamètre de 18 millimètres et du poids de 14 grammes, servait de piston. J'ai déposé, dans cette éprouvette, 10 centimètres cubes de graines sèches ou, dans certains cas, de fragments de graines. Le tout était très légèrement tassé et d'une manière aussi uniforme que possible; les graines ou les fragments employés étaient choisis d'une grosseur à peu près égale à celle des graines de *Tradescantia*. Le piston étant mis en place, sa base coïncidait au début de l'expérience avec le trait indiquant 10 centimètres cubes. De l'eau était alors introduite dans l'appareil de façon à remplir l'éprouvette et le piston. L'ascension de ce dernier s'arrêtait après un temps variable selon les matériaux employés. Il suffisait alors de lire l'échelle graduée pour se rendre un compte suffisamment exact de l'augmentation du volume des graines. On remarquera, en effet, que les indications du tableau suivant sont très différentes d'une espèce à une autre, les différences portant sur l'augmentation du volume et sur le temps nécessaire pour obtenir l'effet maximum.

MATÉRIAUX EMPLOYÉS.	VOLUME MAXIMUM.	TEMPS NÉCESSAIRE pour l'obtenir.
Tradescantia virginica L. : graines entières	10 $^2/_3$ c. c.	48 heures.
Tradescantia virginica L. : graines légèrement entaillées. .	10 $^3/_4$ —	5 —
Allium Cepa L. : graines entières	12 $^3/_4$ —	24 —
Phalangium graminifolium Willd. : id.	12 $^1/_2$ —	1 —
Oryza sativa L. : caryopses entiers	12 —	48 —
Oryza sativa L. décortiqué (riz du commerce)	12 $^1/_2$ —	15 —
Lens esculenta Mönch. : graines entières	15 —	14 —
Pisum sativum L. : cotylédons décortiqués et concassés . .	15 —	4 —
Brassica oleracea L. : graines entières	16 —	11 —

Considérons d'abord ces résultats au point de vue du changement de volume. De toutes les graines expérimentées, ce sont celles du *Tradescantia* qui gonflent le moins, celles du *Brassica* qui gonflent le plus. La différence entre le *Tradescantia* intact et le *Tradescantia* entaillé est très faible ; de même entre le riz intact et le riz décortiqué; entre le *Vicia* intact et le *Pisum* concassé, la différence est nulle.

Au point de vue du temps, les graines de *Tradescantia*, celles des deux Légumineuses et les caryopses du riz, gonflent beaucoup plus rapidement lorsque les téguments ont été enlevés ou entaillés. Dans ces trois cas, les téguments ne semblent avoir d'influence que sur la rapidité avec laquelle le volume augmente.

II. — *Résistance à la germination.*

Les graines du *Tradescantia virginica* germent très irrégulièrement. Dans les plates-bandes du Jardin botanique de Liége, où cette plante est cultivée en grande abondance, le nombre des germinations spontanées est très variable selon les années, mais ce fait peut dépendre de circonstances accidentelles : nombre de graines tombées sur le sol, nettoyage du terrain, humidité, température, etc. Il était donc nécessaire de faire des expériences dans des conditions variées et bien précises.

Les semis faits dans des pots tenus convenablement humides, à l'air libre ou en serre chaude, présentent la même inconstance. Les plantules apparaissent ordinairement une à une pendant la première année et même pendant la seconde. Les graines qui n'ont pas germé sont restées dures et parfaitement saines. J'ai cependant expérimenté avec des graines bien mûres, semées soit immédiatement après leur récolte, soit à diverses époques de l'année. Certains semis ont été tenus dans une humidité constante, d'autres ont été soumis à des alternatives de sécheresse et d'arrosement; quelques pots furent maintenus à l'obscurité, d'autres à la lumière diffuse, d'autres enfin exposés au soleil. Les résultats furent néanmoins les mêmes.

Si, au lieu de mettre les graines en terre, on les dépose simplement dans de l'eau, les germinations sont plus nombreuses, mais elles se produisent tout aussi irrégulièrement.

Pour éviter autant que possible les variations du pouvoir germinatif, j'ai toujours opéré avec des graines nouvellement récoltées. J'ai donné la préférence à la méthode des semis dans l'eau, au moyen de flacons fermés avec du papier à filtrer, parce qu'elle permet l'inspection aisée des graines et élimine les causes d'erreur résultant des différences de température et d'humidité, qu'il est difficile d'éviter par la méthode des semis en terre, quand les cultures doivent être faites dans un grand nombre de pots et doivent durer très longtemps. Nous savons déjà que les graines de *Tradescantia* se conservent dans l'eau sans altération et que les premiers stades de leur germination sont parfaitement normaux. Certaines expériences, d'ailleurs, furent faites simultanément en terre et dans l'eau. Les semis en terre ont toujours donné moins de plantules.

En vue de découvrir pour quelle raison les graines du *Tradescantia* germent d'une façon si désordonnée, j'ai cherché à prévenir la dessiccation du spermoderme en semant des graines incomplètement mûres, ou des graines dès leur sortie du fruit déhiscent; à entailler, aux deux extrémités de la graine, le spermoderme déjà sec; à expulser l'air; à enlever les petites quantités de corps gras qui pourraient s'y trouver; à ramollir le spermoderme et à dissoudre la silice; j'ai essayé enfin diverses liqueurs préconisées pour faciliter la germination.

Pour cela, les graines sèches, peu de temps après leur sortie du fruit, furent d'abord mises à tremper pendant deux jours dans l'eau, puis épongées. Celles qui furent soumises à l'action d'un réactif furent ensuite lavées à grande eau pendant plusieurs heures. L'expérience a duré quinze mois. Durant les trois premiers mois et durant les trois derniers, les semis furent tenus à la température du laboratoire (15 à 20° C.), dans l'obscurité; pendant les neuf mois intermédiaires, ils furent placés dans une étuve à eau chaude, dont la température fut maintenue entre 30 et 35° C. pendant la journée et dont le minimum de la nuit ne fut pas inférieur à 25°.

Chaque mois, à la visite des flacons, les plantules formées furent comptées et retirées, de même que les graines gâtées. Le tableau suivant permet de comparer ces données avec toute l'exactitude désirable.

EXPÉRIENCES SUR LA GERMINATION DU *TRADESCANTIA VIRGINICA*.

(50 graines nouvellement récoltées ont été mises en observation dans chaque expérience.)

Numéros d'ordre.	TRAITEMENT PRÉALABLE.	DURÉE de ce TRAITEMENT.	en août, sept. et oct. 1895 (tempér., 15 à 20°).	Nombre de germinations obtenues (TEMPÉRATURE, 25 à 35°.)									en août, sept. et oct. 1896 (tempér., 15 à 20°).	Nombre total des germinations.	Nombre de graines pourries.	Nombre de graines intactes qui n'ont pas germé.
				en novembre.	en décembre.	en janvier.	en février.	en mars.	en avril.	en mai.	en juin.	en juillet.				
— **Influence du degré de maturité.**																
1	Aucun : graines mûres et sèches semées immédiatement.	»	0	2	4	11	14	7	1	1	2	2	0	44	0	6
2	Aucun : graines mûres mais à spermoderme non encore desséché.	»	0	4	3	8	13	6	1	2	2	1	0	40	0	10
3	Aucun : graines incomplètement mûres ; le spermoderme commençait à se colorer.	»	0	0	0	0	0	0	0	0	0	0	0	0	50	0
4	Aucun : graines moins mûres encore ; le spermoderme, blanc, contenait déjà de la silice.	»	0	0	0	0	0	0	0	0	0	0	0	0	50	0
— **Enlèvement partiel du spermoderme aux deux extrémités.**																
5	Graines légèrement entaillées.	»	0	0	0	0	0	0	0	0	0	0	0	0	50	0
— **Expulsion de l'air et dissolution des matières grasses.**																
6	Eau bouillante.	15 secondes	0	0	0	0	0	0	0	0	0	0	0	0	0	} Les graines sont mortes, mais non pourries.
7	Id.	30 secondes	0	0	0	0	0	0	0	0	0	0	0	0	0	
8	Id.	60 secondes	0	0	0	0	0	0	0	0	0	0	0	0	0	
9	Alcool, puis éther.	10 minutes	0	11	4	11	12	5	1	1	1	1	0	47	0	3
10	Id.	24 heures	0	10	2	4	10	4	1	2	2	2	0	37	0	13

Numéros d'ordre.	TRAITEMENT PRÉALABLE.	DURÉE de ce TRAITEMENT.	Nombre de germinations obtenues											Nombre total des germinations.	Nombre de graines pourries.	Nombre de graines intactes qui n'ont pas germé.
			en août, sept. et oct. 1895 (tempér. 15 à 20°).	(TEMPÉRATURE, 25 à 35°.)									en août, sept. et oct. 1896 (tempér. 15 à 20°).			
				en novembre.	en décembre.	en janvier.	en février.	en mars.	en avril.	en mai.	en juin.	en juillet.				
	**Ramollissement du spermoderme**															
11	Solution aqueuse de potasse à 5 %.	1 minute	0	8	2	10	12	6	2	2	1	2	0	45	1	4
12	Id.	5 minutes	0	3	2	7	16	4	4	3	0	2	1	42	0	8
13	Id.	1 heure	0	0	0	0	0	0	0	0	0	0	0	0	50	0
14	Id.	3 heures	0	0	0	0	0	0	0	0	0	0	0	0	50	0
15	Ammoniaque diluée (*).	1 heure	0	2	1	8	9	4	2	4	1	1	0	32	0	18
16	Id.	2 heures	0	2	6	2	1	2	2	0	0	0	0	15	24	11
17	Id.	6 heures	0	0	0	0	0	0	0	0	0	0	0	0	50	0
18	Id.	24 heures	0	0	0	0	0	0	0	0	0	0	0	0	50	0
	**Action de l'acide carbonique en solution**															
19	Eau de Seltz en flacon fermé.	1 jour	0	15	3	6	15	1	2	3	1	1	0	47	0	3
20	Id.	3 jours	0	12	3	11	11	3	1	1	1	1	0	44	0	6
21	Id.	8 jours	0	11	2	10	11	1	1	2	3	2	0	43	0	7
22	Id.	15 jours	0	8	8	9	11	2	3	1	1	1	1	45	0	5
23	Id.	30 jours	0	8	5	6	11	5	2	1	1	0	0	39	0	11
	**Dissolution de la silice.**															
24	Acide fluorhydrique dilué(**).	15 secondes	0	9	5	9	13	3	1	2	1	3	0	46	0	4
25	Id.	20 secondes	0	5	5	7	10	8	3	2	1	2	1	44	0	6
26	Id.	30 secondes	0	8	5	9	9	8	1	2	2	1	0	45	0	5
27	Id.	60 secondes	0	5	3	7	7	3	0	3	2	3	0	33	8	9
28	Acide fluorhydrique, solution commerciale concentrée.	1 minute	0	0	0	0	0	0	0	0	0	0	0	0	50	0
29	Id.	2 minutes	0	0	0	0	0	0	0	0	0	0	0	0	50	0

(*) Eau : 100 c. c.; ammoniaque à 22° B. : 10 c. c. — (**) Solution commerciale diluée de 3 vol. d'eau. Au n° 24, la silice n'était pas dissoute; au n° 25, elle était partiellement dissoute; aux n°ˢ 26 à 29, elle était entièrement dissoute.

Numéros d'ordre.	TRAITEMENT PRÉALABLE	DURÉE de ce TRAITEMENT.	en août, sept. et oct. 1895 (tempér., 15 à 20°).	Nombre de germinations obtenues (Température, 25 à 35°.)									en août, sept. et oct. 1896 (tempér., 15 à 20°).	Nombre total des germinations.	Nombre de graines pourries.	Nombre de graines intactes qui n'ont pas germé.
				en novembre.	en décembre.	en janvier.	en février.	en mars.	en avril.	en mai.	en juin.	en juillet.				
30	Formol commercial, $\frac{1}{2}$ °/₀₀.	1 heure	0	8	2	6	10	10	2	4	2	2	0	46	0	4
31	Id	2 heures	0	10	2	10	11	3	2	1	1	2	0	42	0	8
32	Id.	6 heures	0	12	3	7	10	4	2	1	1	3	0	43	0	7
33	Id.	24 heures	0	4	2	15	10	3	2	2	1	1	0	40	0	10
34	Id.	48 heures	1	4	8	8	10	8	3	2	1	0	0	45	0	5
35	Id.	8 jours	0	4	6	8	6	6	2	6	1	2	1	42	0	8
36	Formol commercial, 1 °/₀₀.	1 heure	0	8	3	11	12	6	2	2	1	2	0	47	0	3
37	Id.	2 heures	0	2	6	7	11	10	2	5	0	3	0	46	0	4
38	Id.	6 heures	0	8	5	5	10	6	2	3	1	2	0	42	0	8
39	Id.	24 heures	0	8	6	7	13	3	2	1	2	3	0	45	0	5
40	Id.	48 heures	0	8	3	8	15	5	1	2	2	3	0	47	0	3
41	Formol commercial, 1 °/₀.	1 heure	0	10	3	8	10	4	2	4	1	4	0	46	0	4
42	Id.	2 heures	0	10	1	8	12	6	3	2	0	2	0	44	0	6
43	Id.	6 heures	0	9	1	8	14	4	2	2	2	4	0	46	0	4
44	Liqueur activante (*).	15 minutes	0	6	2	10	4	4	2	2	4	4	0	38	0	12
45	Id.	30 minutes	0	6	6	6	8	2	2	4	3	2	0	39	1	10
46	Id.	1 heure	0	10	4	8	9	3	2	2	2	0	0	40	0	10
47	Id.	2 heures	0	2	4	10	12	4	1	2	2	2	0	39	0	11
48	Id.	48 heures	0	0	0	0	0	0	0	0	0	0	0	0	50	0
49	Id.	8 jours	0	0	0	0	0	0	0	0	0	0	0	0	50	0

(*) Eau 100   Potasse 1
Ammoniaque 5   Chlorhydrate d'hydroxylamine . . . 5

Les résultats généraux de cette longue expérience sont les suivants :

1° La température exerce une grande influence sur la germination du *Tradescantia*. D'autres essais, faits spécialement pour rechercher cette influence et dans le détail desquels je crois inutile d'entrer ici, ont démontré que des graines de même provenance peuvent donner en quatre mois 3 % de germination à la température du laboratoire, et 30 % dans l'étuve. On remarquera que dans le tableau ci-dessus, presque toutes les séries ont donné le plus de germinations en janvier et en février : cela provient de ce que la moyenne des températures a été probablement plus élevée pendant cette période.

2° La dessiccation du spermoderme n'a pas d'influence (série n° 2 comparée à la série n° 1).

3° Les graines incomplètement mûres se gâtent dans l'eau, même lorsque la silice existe déjà dans le spermoderme (séries nᵒˢ 3 et 4). Il en est de même lorsque les graines imparfaitement mûres sont semées en terre.

4° L'intégrité du spermoderme est nécessaire (n° 5).

5° L'eau bouillante, agissant pendant un temps très court, tue les graines (nᵒˢ 6, 7, 8). Celles-ci ne pourrissent cependant pas, ce qui démontre l'efficacité du rôle protecteur du spermoderme.

6° L'alcool et l'éther n'ont pas eu d'action appréciable (nᵒˢ 9, 10).

7° L'action peu prolongée de la potasse et de l'ammoniaque n'a pas d'effet utile (nᵒˢ 11 à 18); l'action plus prolongée de ces agents tue les graines et les semis sont envahis par les moisissures.

8° L'acide carbonique, même en solution plus concentrée que celle qui existe dans le sol, est sans effet (nᵒˢ 19 à 23).

8° La dissolution de la silice, par l'acide fluorhydrique dilué, n'active pas la germination (nᵒˢ 24 à 27). L'action de l'acide fluorhydrique plus concentré tue les graines qui se gâtent rapidement (nᵒˢ 28, 29). Le spermoderme dépourvu de son contenu siliceux est incapable de protéger l'albumen et l'embryon morts contre l'envahissement des saprophytes. Au contraire, le spermoderme laissé intact par l'action de l'eau bouillante préserve efficacement de la putréfaction les graines tuées. Ce résultat est très démonstratif.

10° Les diverses formules préconisées pour faciliter la germination des graines potagères sont complètement inefficaces (nᵒˢ 30 à 49).

11° Les graines qui n'ont pas été tuées par un traitement préalable trop énergique ont germé les unes après les autres, à des intervalles très inégaux. La plupart de celles qui n'ont pas germé pendant la durée de l'expérience auraient certainement pu le faire après, si l'étuve avait été chauffée pendant quelques mois encore. La marche générale du phénomène et l'état d'intégrité des graines l'indiquent suffisamment.

La conclusion à tirer de ce qui précède est qu'une élévation assez notable de température n'est pas la seule condition nécessaire à la germination du *Tradescantia virginica*. On sait qu'un certain nombre de graines sont imperméables et ne germent que quand leur spermoderme a subi des modifications chimiques permettant l'entrée de l'eau. Chez le *Tradescantia*, le spermoderme, dans son ensemble, paraît être suffisamment perméable, mais l'eau parvient peut-être difficilement à l'embryon lui-même. Un défaut de perméabilité dans la région du tégument qui recouvre la radicule fournirait une explication suffisante de la résistance des graines à la germination. L'expérience suivante semble confirmer cette hypothèse.

Des graines ont séjourné quarante-huit heures dans l'eau, puis l'opercule micropylaire de chacune d'elles a été enlevé à l'aiguille et les graines ont été immédiatement remises dans de l'eau ordinaire. Un autre lot traité de la même façon, après avoir été stérilisé au moyen du sublimé corrosif à 2 °/₀₀, a été déposé dans de l'eau stérilisée par l'ébullition. Un lot témoin était formé de graines demeurées intactes.

EXPÉRIENCES SUR LA GERMINATION DU *TRADESCANTIA VIRGINICA*.

(Chaque lot comprend 50 graines récoltées depuis six mois et semées le 1er avril
dans de l'eau à la température de 15 à 20° C.)

N° d'ordre.	TRAITEMENT.	NOMBRE DE GERMINATIONS OBTENUES.								Total des germinations.	Nombre de graines pourries.	Nombre de graines non pourries et non germées.
		15 avril.	1er mai.	15 mai.	1er juin.	15 juin.	1er juillet.	15 juillet.	1er août.			
1	Aucun : graines intactes (témoins).	0	0	2	0	0	1	0	0	3	0	47
2	Graines dont l'opercule a été enlevé.	12	3	1	0	0	0	0	0	16	34	0
3	Graines stérilisées dont l'opercule a été enlevé.	14	8	4	1	1	0	0	0	28	0	22

L'enlèvement de l'opercule micropylaire a donc eu pour résultat d'augmenter beaucoup le nombre des germinations. Mais cette opération ne se fait pas toujours sans blesser l'embryon. De là l'envahissement par les saprophytes d'un certain nombre de graines endommagées. On remarquera, en effet, que les plantules obtenues ont été plus nombreuses dans un milieu stérilisé, après stérilisation de la surface des graines. Des expériences analogues, faites à l'étuve, ont été moins concluantes, parce que la chaleur favorise trop le développement des bactéries qui s'attaquent énergiquement aux embryons dépourvus de la protection de l'opercule micropylaire.

La résistance à la germination, quelle qu'en soit la cause, est peut-être une propriété favorable à l'espèce : les plantules apparaissant successivement à de longs intervalles, il en résulte une sorte de *dissémination dans le temps* qui pourrait être utile aux plantes vivaces dont les graines sont dépourvues de moyens puissants de *dissémination dans l'espace*, et tel est le cas du *Tradescantia*.

III. — *Plantules développées dans l'eau.*

Lorsque la germination se fait dans l'eau et à la lumière diffuse, les plantules verdissent et atteignent un développement assez avancé (fig. 64 à 67). L'examen microscopique démontre que tous les méats intercellulaires, notamment ceux de la première feuille, sont remplis d'air, et que les stomates, quant ils sont ouverts, contiennent également une bulle d'air. Cependant les plantules dépérissent lentement et meurent lorsque les réserves alimentaires de l'albumen ont été complètement épuisées. A ce moment, les méats intercellulaires sont injectés d'eau : les cellules sont comme noyées.

Lorsque la germination se produit dans l'eau et à l'obscurité, les plantules arrivent à peu près au même degré de développement qu'à la lumière, mais toutes leurs parties sont beaucoup plus allongées. L'hypocotyle peut alors mesurer jusqu'à 143 millimètres de longueur (fig. 68)! Le pétiole cotylédonaire s'allonge parfois plus rapidement que l'hypocotyle au début, mais il atteint d'ordinaire une longueur beaucoup moindre que l'hypocotyle (fig. 68).

Les plantules aquatiques sont souvent courbées et même contournées de diverses manières, ce qui provient probablement d'un défaut de stabilité. Le pétiole cotylédonaire est tantôt rabattu (fig. 64, 67 et 68), tantôt au contraire il est relevé (fig. 65 et 66). Mais si, au lieu de reposer simplement au fond du vase, la graine est fixée dans l'eau au moyen d'une petite pince, le pétiole est toujours rabattu et de même longueur que l'hypocotyle; les choses alors se passent comme dans les plantules terrestres, quelle que soit l'intensité de l'accroissement intercalaire. La stabilité de la graine dans l'eau suffit pour amener le développement corrélatif des organes, bien que l'hypocotyle et la racine soient encore complètement libres. J'ai d'ailleurs observé que le défaut de stabilité est grandement préjudiciable au développement des plantules de diverses espèces de plantes aquatiques.

M. **Massart** (112, p. 190) a observé, chez divers *Sagittaria*, *Alisma*, *Damasonium*, *Potamogeton*, *Zanichellia* et *Triglochin* que la longueur de l'hypocotyle se règle exactement sur l'épaisseur de la couche de vase qui surmonte la graine en germination. L'accroissement s'arrête lorsque la base du cotylédon est parvenue au-dessus de la vase. Ces expériences ont sans doute été faites dans les conditions normales d'éclairage, ce qui explique que l'hypocotyle est resté entièrement souterrain.

D'après M. Massart, le *Calla palustris* se comporte autrement : l'hypocotyle reste toujours très court et les graines semées sous la vase refusent de germer. Dans les *Nymphœa*, *Nuphar* et *Victoria*, la germination se fait suivant le même type fonctionnel que chez les *Sagittaria*, *Potamogeton*, etc.; toutefois l'allongement se produit, non dans l'hypocotyle, mais dans la première feuille et le premier entrenœud de la tige. C'est un exemple d'équivalence physiologique de membres de valeur morphologique différente.

Nous avons signalé précédemment que dans les plantules terrestres du *Tradescantia* normalement exposées à la lumière, la longueur de l'hypocotyle est d'autant plus grande que la graine est enfoncée plus profondément dans le sol; l'hypocotyle tout entier reste souterrain. C'est seulement lorsque l'intensité lumineuse est trop faible que l'hypocotyle sort de terre. Le *Tradescantia* se comporte donc comme les *Sagittaria* et *Potamogeton* étudiés par M. Massart.

IV. — *Courbure du cotylédon.*

Il a été expliqué précédemment (*) comment le cotylédon, qui est droit dans la graine, se courbe tantôt à droite, tantôt à gauche, et rejette son pétiole sur le côté de la gaine. Ce développement asymétrique de la plantule résulte-t-il de l'action perturbatrice des forces extérieures ou d'une cause interne? On peut facilement éliminer l'héliotropisme et l'hydrotropisme en provoquant la germination à l'obscurité dans l'eau ou dans une atmosphère saturée d'humidité. Quant au géotropisme, on peut, soit rechercher son influence directe, soit la neutraliser. De là, deux séries d'expériences.

I. DANS UNE PREMIÈRE SÉRIE D'EXPÉRIENCES, j'ai fait agir la pesanteur dans une direction déterminée de la façon suivante. La germination du *T. virginica* se produisant à des intervalles de temps très inégaux et souvent très longs (parfois plusieurs mois), un très grand nombre de graines furent déposées dans l'eau et examinées tous les jours. Sitôt que l'une d'elles présentait le premier symptôme de la germination (léger soulèvement de l'opercule micropylaire), elle était retirée et maintenue, dans une atmosphère saturée d'humidité, dans une position rigoureusement déterminée. A cet effet, la graine était saisie dans une petite pince en bois, laquelle était implantée dans une plaque de liège (fig. 69).

A. *Graines placées l'embryon verticalement, la radicule en bas :* Le premier développement se fait verticalement (fig. 70), mais bientôt le cotylédon se coude latéralement et à angle droit dans la région de la fente cotylédonaire : le pétiole cotylédonaire reste vertical, tandis que la gaine cotylédonaire et l'hypocotyle sont placés horizontalement (fig. 71) et gardent très longtemps cette position (fig. 72 et 73). Seule la racine principale, obéissant à son géotropisme positif, se courbe de bonne heure vers le bas. Plus tard, la région supérieure de l'hypocotyle, la gaine cotylédonaire et la gemmule qui y est emprisonnée manifestent leur géotropisme négatif et tendent à se relever (fig. 74).

(*) Voir pages 25 et 38.

B. *Graines placées l'embryon verticalement, la radicule en haut* : Le cotylédon se coude encore et place dans une position horizontale l'hypocotyle, la gaine cotylédonaire et la racine (fig. 75). Cette dernière s'incline plus tard vers le bas.

C. *Graines placées l'embryon horizontalement* : Le coude à angle droit du cotylédon amène l'hypocotyle dans une position variable, mais toujours telle que l'axe de l'hypocotyle se trouve dans le plan vertical perpendiculaire au pétiole. Dans la figure 76, la radicule se trouvait dirigée vers le haut; plus tard, l'hypocotyle s'est un peu courbé et la racine principale a poussé vers le bas (fig. 77).

Ces expériences semblent démontrer que la courbure du cotylédon n'est pas provoquée par la pesanteur, puisqu'elle se produit de la même manière, quelle que soit la position donnée à l'embryon. Cependant on pourrait objecter que les graines abandonnées dans l'eau avant d'être orientées dans une pince ont été soumises à l'influence de la pesanteur et que cette influence a pu se manifester plus tard par une courbure. Toutefois il est à remarquer que l'accroissement de l'embryon, avant son orientation définitive dans la pince, a toujours été extrêmement faible, vu la précaution qui a été prise de ne mettre en expérience que des graines présentant le tout premier symptôme de la germination.

Pour répondre à l'objection d'une façon plus directe, des graines *sèches* ont été fixées dans des pinces et orientées comme ci-dessus en A, B, C; le tout a été immergé dans l'eau et tenu à l'obscurité. Dès lors, la pesanteur a exercé son action, dans un sens déterminé, longtemps avant la germination. Bien que cette dernière expérience ait été continuée pendant trois mois, elle n'a donné qu'un très petit nombre de germinations, à cause de la lenteur et de l'irrégularité avec lesquelles les graines du *T. virginica* entrent en végétation. Néanmoins les résultats ont été identiques à ceux indiqués ci-dessus. On peut donc admettre que l'hypocotyle ne reçoit de la pesanteur aucune direction déterminée et que le fait constant de la courbure du cotylédon doit s'expliquer par une cause interne.

Lors de la germination du *Phœnix dactylifera*, le cotylédon de cette plante peut manifester une courbure qui, à première vue, présente quelque analogie avec celle du cotylédon du *Tradescantia*. **Sachs** a autrefois étudié

8

ce phénomène, non seulement chez le *Phœnix* (145), mais encore chez l'*Allium Cepa* (146). Il a montré que dans ces deux cas, la gaine du cotylédon se courbe, avec la concavité tournée en bas, entraînée évidemment, dit-il, par le poids de la racine (147, p. 103). Depuis, Sachs a abandonné les idées d'Hofmeister sur la plasticité des organes en voie de croissance et a défendu la notion du géotropisme positif (149, p. 1000).

J'ai soumis les graines du *Phœnix* aux mêmes expériences que celles du *Tradescantia* en les plaçant dans trois positions nettement déterminées dans l'air humide (comme A, B, C ci-dessus). Dans la première position (l'embryon étant placé verticalement avec la radicule en bas), il n'y a pas eu de courbure ; dans la deuxième position (l'embryon étant vertical avec la radicule en haut), il y a eu courbure en demi-cercle ; dans la troisième position (l'embryon étant placé horizontalement), il y a eu courbure à angle droit, la concavité étant inférieure. En d'autres termes, quelle que soit la position donnée à la graine, la gaine cotylédonaire se dirige toujours vers le bas : la courbure, quand elle se produit, est la conséquence du géotropisme positif dont la gaine cotylédonaire est douée.

Ces résultats confirment pleinement ceux obtenus par le savant physiologiste allemand et prouvent que les phénomènes présentés par le *Phœnix* sont d'un ordre tout différent de ceux offerts par le *Tradescantia*.

II. Dans une seconde série d'expériences sur le *Tradescantia*, l'action de la pesanteur a été égalisée au moyen du clinostat. Des graines manifestant dans l'eau le premier symptôme de la germination furent fixées, au moyen de pinces en bois, sur le disque du clinostat de façon que l'axe des embryons fût perpendiculaire au disque. Celui-ci tournait, dans un plan vertical, dans une atmosphère saturée d'humidité et obscure.

Trois expériences ont donné ensemble dix-huit plantules : toujours le cotylédon s'est coudé comme dans les germinations ordinaires. Trois de ces plantules arrivées, sur le clinostat, à divers degrés de développement sont représentées par les figures 87, 88 et 89. Quant au sens de la courbure, sur quinze des individus qui ont été ainsi obtenus et qui ont été examinés attentivement à ce point de vue, j'ai constaté ce qui suit : sept portaient le pétiole cotylédonaire à droite de la gaine (comme dans la figure 116), huit le portaient à gauche (comme dans la figure 120).

J'ai tenté d'expérimenter sur le clinostat en partant de graines *sèches* pour éviter l'objection d'une influence déterminante de la pesanteur avant le soulèvement de l'opercule micropylaire : les graines, fixées dans des pinces, étaient enfermées dans un vase avec de l'eau maintenu sur le clinostat. Je n'ai obtenu aucune plantule, bien que l'expérience ait été continuée sans interruption pendant treize mois. Ce fait s'explique par la difficulté qu'il y a, dans le *Tradescantia virginica*, à provoquer la germination dans un nombre limité de graines. Cette expérience n'est possible qu'avec des espèces à germination facile.

Conclusion : De l'ensemble de toutes ces expériences, il me semble permis de tirer la conclusion suivante : Bien que doué d'une symétrie sensiblement bilatérale dans la graine, le cotylédon possède une tendance propre à s'accroître ensuite d'une façon asymétrique, en se courbant soit à droite, soit à gauche de son plan de symétrie primitive; la courbure résulte de causes internes; elle ne se produit jamais dans le plan même de symétrie, mais latéralement; le nombre des individus courbés à droite est sensiblement égal à celui des individus courbés à gauche, que la germination se soit produite dans les conditions ordinaires ou dans des conditions expérimentales déterminées en vue de rechercher l'influence possible des agents extérieurs.

Diverses Commélinées se comportent comme le *Tradescantia virginica.* Dans le *Tinantia fugax,* le *Rheo discolor* et le *Commelina tuberosa,* au contraire, l'asymétrie du cotylédon entièrement développé est peu sensible : le pétiole cotylédonaire rabattu surmonte la gaine, mais il est souvent rejeté légèrement à droite ou à gauche.

Il faut sans doute considérer ces faits comme une « donnée historique », comme une « propriété héréditaire » indépendante des forces extérieures (Sachs, 149, p. 911). La courbure du cotylédon au niveau de la fente cotylédonaire est évidemment utile à la plantule en ce qu'elle facilite la sortie de la première feuille; mais le fait que le sens de cette courbure est déterminé d'avance pour chaque graine est plutôt désavantageux, puisque, pour certaines positions de la graine, l'hypocotyle peut être amené dans une position verticale, la radicule en haut (fig. 76 et 77). A la vérité, lorsque la germination se produit spontanément en terre, la plantule trouve dans le sol des points d'appui qui lui permettent de se redresser par des courbures géotropiques de l'hypocotyle et de la racine principale. Dans le sol, la plantule de la figure 76 n'aurait pas pris la position de la figure 77. De fait, en observant un grand nombre de plantules provenant de germination spontanée en terre, on en trouve qui sont contournées de diverses façons.

Les expériences faites sur la germination du *Tradescantia* prouvent que le sens de la courbure du cotylédon est nettement déterminé d'avance par des causes internes. Ce déterminisme semble se rattacher à un fait plus général : l'existence, dans une même espèce, de deux sortes d'individus symétriques les uns des autres, comme les cristaux d'acide tartrique droit par rapport aux cristaux d'acide tartrique gauche (*).

Cette existence d'individus de deux sortes dans une même espèce me paraît, en effet, très générale et peut se manifester autrement que par la courbure du cotylédon, comme, par exemple, par le sens de l'enroulement de la spire phyllotaxique de la tige principale. J'ai fait à ce point de vue les constatations suivantes :

ESPÈCES.	NOMBRE de plantes examinées.	INDIVIDUS à spire dextre.	INDIVIDUS à spire senestre.
Tinantia fugax var. *erecta*	139	65	74
Chenopodium viride.	40	21	19
Brassica oleracea	481	244	237
Cucurbita Pepo	127	62	65

Dans les Renonculacées, MM. **Nihoul (133)**, **Lenfant (98)** et **Mansion (111)** ont également constaté, dans une même espèce, un nombre à peu près égal de tiges principales dextres et de tiges principales senestres.

(*) On relira avec intérêt un article publié par Pasteur sous le titre : « La dissymétrie moléculaire » dans le recueil des *Conférences faites à la Société chimique de Paris de 1883 à 1886* (Paris, Bureau des Deux Revues, 111, boulevard Saint-Germain, 1886). L'illustre chimiste écrivait (p. 33) : « Je pressens même que toutes les espèces vivantes sont primordialement, dans leur structure, dans leurs formes extérieures, des fonctions de la dissymétrie cosmique. » *(Note ajoutée pendant l'impression.)*

CHAPITRE III.

LES TIGES.

§ 1. — Caractères extérieurs.

Dans les plantules florifères (fig. 59), la tige principale mesure de 8 à 15 centimètres de longueur et porte de cinq à huit feuilles. Elle est ordinairement simple, le bourgeon du nœud [1] se développant seul en une pousse de remplacement.

Dans les plantes adultes, les tiges primaires sont insérées sur la partie souterraine vivace d'une tige semblable de l'année précédente; elles proviennent d'un bourgeon axillaire qui a passé l'hiver à l'état latent sous terre ou à l'état de pousse plus ou moins feuillée. Ces tiges mesurent en moyenne $0^m,50$ de longueur et comprennent une quinzaine de nœuds. Elles ont une courte portion souterraine persistante (cinq ou six nœuds portant des feuilles réduites à leur gaine et produisant des racines adventives) ainsi qu'une portion allongée, aérienne, dressée (huit à neuf nœuds avec feuilles normalement développées). Leur diamètre augmente rapidement depuis leur insertion jusque vers les premiers entrenœuds aériens; il diminue ensuite progressivement. L'ensemble d'une tige primaire forme donc comme deux cônes : le premier souterrain, court, à pointe vers le bas; le second aérien, beaucoup plus allongé, à pointe vers le haut. L'entrenœud qui précède l'inflorescence est le plus grêle; nous l'appellerons hampe (fig. 128).

Toute la partie aérienne se détruit à la fin de l'été; la partie souterraine, gorgée de réserves alimentaires, persiste pendant plusieurs années. L'ensemble des portions caulinaires d'âge différent et vivaces est souvent désigné sous le nom de rhizome.

Dans notre pays, les tiges primaires qui ont passé l'hiver à l'état de gros bourgeon ou de pousse plus ou moins feuillée, se développent de bonne heure au printemps. Les autres tiges primaires, provenant de bourgeons plus petits, n'entrent en végétation que dans le courant de l'été et n'épanouissent pas de fleurs. Toutefois on peut, en septembre, trouver à l'extrémité de ces tiges tardives une jeune inflorescence. Ces tiges stériles par arrêt de développement périssent néanmoins l'hiver suivant. Leur présence est peut-être le premier indice d'une différenciation des axes en pousses les unes végétatives et florifères, les autres purement végétatives, comme on l'observe chez beaucoup de plantes.

Les bourgeons axillaires d'une tige primaire se comportent différemment. Ceux des nœuds souterrains donneront des tiges primaires de remplacement; ceux des premiers nœuds aériens s'atrophient; ceux enfin des derniers nœuds se développent en rameaux ou tiges secondaires portant des feuilles et une inflorescence à leur sommet. Ces rameaux se détruisent complètement à la fin de la saison.

Nous distinguerons donc :

1° La *tige principale* issue de la gemmule cachée par le cotylédon ;

2° Les *tiges primaires* qui sortent de terre au printemps ou pendant l'été ;

3° Les *tiges secondaires* portées par la portion aérienne supérieure des précédentes.

§ 2. — Parcours des faisceaux.

Les divers segments (*) composant une tige quelconque constituent autant de régions homologues qui se distinguent cependant par certaines particularités. Il convient donc de signaler d'abord les caractères généraux des segments chez le *Tradescantia virginica,* caractères qui semblent d'ailleurs communs à toutes les Commélinées.

I. — *Caractères généraux.*

A. Catégories de faisceaux. — En passant de la feuille dans la tige, les faisceaux suivent librement un trajet plus ou moins long, puis ils perdent leur individualité en s'unissant à d'autres faisceaux. Dans la première partie de leur parcours, ils portent le nom de faisceaux *foliaires* ou *sortants ;* dans la seconde, ils portent le nom de faisceaux *anastomotiques* ou *réparateurs.* Un entrenœud quelconque du *Tradescantia* contient toujours des représentants de ces deux catégories. Une troisième catégorie est formée par les faisceaux provenant d'un bourgeon axillaire : ce sont les faisceaux *gemmaires.*

1° *Faisceaux foliaires :* Parmi les faisceaux foliaires d'un segment quelconque, il faut rechercher avec un soin tout particulier ceux qui se rendent dans la feuille de ce segment : ils constituent la *trace foliaire.* Les autres faisceaux foliaires contenus dans ce même segment sont destinés à l'une des feuilles situées plus haut.

Dans un entrenœud de *Tradescantia,* l'ensemble des faisceaux d'une trace foliaire affecte une forme étoilée (fig. 121, 131 et 134). D'après leur position et aussi d'après leur mode de terminaison dans la tige, comme il sera expliqué bientôt, ces faisceaux sont les uns *internes* (ceux qui occupent

(*) Je désigne par le terme « segment de tige » ou « segment caulinaire » chaque nœud avec l'entrenœud qui précède. Cette définition me semble préférable à celle que j'ai donnée autrefois (**65**, p. 2), parce que la structure de l'entrenœud qui surmonte le nœud qu'on envisage dépend de la feuille qui vient après.

les angles rentrants de l'étoile) et les autres *externes* (ceux qui occupent les
angles saillants de l'étoile).

Tous les faisceaux foliaires seront désignés par un symbole rappelant la
place qu'ils occupent dans la tige et le rôle qu'ils remplissent comme
nervures dans la feuille. Ainsi le faisceau foliaire *médian* sera désigné par M,
les faisceaux *latéraux* seront désignés par L, les faisceaux *intermédiaires* (*)
par *i*, les faisceaux *marginaux* par *m*. Une trace foliaire ne comprend
qu'un seul faisceau médian, que deux faisceaux latéraux, mais le nombre
des faisceaux intermédiaires et des faisceaux marginaux est variable. Ces
faisceaux sont d'ailleurs de divers ordres : il faudra donc les désigner
par i, i', i''... et par m, m', m'', m'''... (**).

Un chiffre placé en exposant indiquera le numéro de la feuille qui doit
recevoir ces faisceaux (***).

L'étendue des faisceaux foliaires est variable : il y a des faisceaux foliaires
longs (le M, les L, parfois les i, les m et certains m') qui parcourent librement la longueur d'un ou plusieurs entrenœuds; des faisceaux foliaires
courts (les i, les m, m', m'' et m''') qui ne parcourent librement que la
longueur d'un entrenœud au plus. Certains de ces derniers sont quelquefois
si courts qu'ils ne sont visibles qu'au moment de leur sortie.

2° *Faisceaux anastomotiques :* ils doivent être considérés comme des
sympodes résultant de la fusion des extrémités inférieures des foliaires. Ils
sont les uns internes, les autres externes. Les anastomotiques *internes* se
trouvent dans l'espace circonscrit par la trace foliaire (fig. 121, 131 et 134) :
ce sont les sympodes des foliaires internes. Les anastomotiques *externes*

(*) M. Quéva (**137**) a appelé *intermédiaires* « les faisceaux situés à droite et à gauche du
faisceau médian, entre celui-ci et le faisceau latéral de chaque côté ».

(**) Dans un travail que j'espère pouvoir publier prochainement, j'exposerai des considérations générales sur la nomenclature des faisceaux. Cette nomenclature rationnelle a
pour but de permettre d'homologuer sûrement les faisceaux des parties les plus diverses
considérées au point de vue de l'anatomie comparée.

(***) Les feuilles comme les nœuds qui les portent seront *toujours* numérotés de bas
en haut à partir de l'insertion de la tige. C'est le seul mode du numérotage admissible
en morphologie, parce que c'est le seul qui permette d'homologuer les segments caulinaires
provenant de tiges d'âge différent.

sont situés à l'extérieur de la trace foliaire et forment à la périphérie un cercle à peu près régulier (fig. 121, 131 et 134) : ce sont les sympodes des foliaires externes.

Dans les figures qui accompagnent ce travail, les faisceaux anastomotiques sont ceux qui n'ont reçu aucun symbole ou qui parfois ont été désignés par un simple numéro.

3° *Faisceaux gemmaires :* Il faut distinguer des gemmaires *internes* et des gemmaires *externes*. Dès leur entrée dans la tige mère, les premiers s'unissent aux faisceaux anastomotiques internes, les seconds aux anastomotiques externes. Les gemmaires ne sont donc apparents qu'au nœud (*). Dans les figures, la lettre G désignera les faisceaux gemmaires.

B. Nombre des faisceaux. — Le nombre des faisceaux contenus dans un segment est très variable. A ce point de vue, il y a lieu de reconnaître neuf modèles de segments caractérisés par le nombre des faisceaux composant la trace foliaire.

MODÈLES.	Désignation des faisceaux de la trace foliaire.	LEUR NOMBRE.
I.	m L i M i L m	7
II.	m' m L i M i L m m'	9
III.	m' $m\,m'$ L i M i L $m'\,m$ m'	11
IV.	m'' m' $m\,m'$ L i M i L $m'\,m$ m' m''	13
V.	m'' $m'\,m''\,m\,m'$ L i M i L $m'\,m\,m''\,m'$ m''	15
VI.	$m'''\,m''$ $m'\,m''\,m\,m'$ L i M i L $m'\,m\,m''\,m'$ $m''\,m'''$	17
VII.	$m'''\,m''$ $m'\,m''\,m\,m'$ L $i'\,i$ M $i\,i'$ L $m'\,m\,m''\,m'$ $m''\,m'''$	19
VIII.	$m'''\,m''$ $m'\,m''\,m\,m'$ L $i'\,i\,i'$ M $i'\,i\,i'$ L $m'\,m\,m''\,m'$ $m''\,m'''$	21
IX.	$m'''\,m''\,m'''\,m'\,m''\,m\,m'$ L $i'\,i\,i'$ M $i'\,i\,i'$ L $m'\,m\,m''\,m'\,m'''\,m''\,m'''$	23

(*) On sait que dans certaines plantes, les faisceaux gemmaires descendent, au contraire, dans les entrenœuds.

Pour caractériser un segment par le nombre des faisceaux qui constituent la trace foliaire, il faut considérer ce segment dans toute sa longueur. Il arrive assez souvent, en effet, que la trace foliaire est incomplète à un niveau donné : les faisceaux foliaires les plus grêles ne sont pas toujours individualisés dans l'entrenœud : on ne les voit parfois que dans le nœud, près du niveau de leur sortie.

Le nombre des autres faisceaux est dans un rapport assez constant avec celui des faisceaux de la trace foliaire. Très restreint dans le modèle I, il augmente progressivement dans les modèles suivants : il a été ainsi trouvé compris entre 6 et 70. Dans le *T. virginica*, le nombre total des faisceaux rencontrés par la section transversale d'un entrenœud est compris entre $7 + 16 = 13$ et $23 + 70 = 93$.

C. Parcours des faisceaux dans les tiges adultes. — Nous examinerons le parcours des faisceaux des diverses catégories.

1° *Faisceaux foliaires* : En passant d'une feuille dans la tige, les faisceaux foliaires se rapprochent plus ou moins du centre de la tige et sont ainsi les uns internes, les autres externes; ils se courbent vers le bas, puis descendent librement une étendue variable. Leur trajet est rectiligne dans les entrenœuds. Leur terminaison se fait toujours dans un nœud : les foliaires internes s'unissent à des anastomotiques internes, les foliaires externes à des anastomotiques externes.

2° *Faisceaux anastomotiques* : Dans les entrenœuds, leur course est rectiligne; aux nœuds, plusieurs d'entre eux se ramifient et s'anastomosent, les autres subissent seulement un léger déplacement.

3° *Faisceaux gemmaires* : Les internes, en pénétrant dans la tige mère, se portent les uns à droite, les autres à gauche du plan de symétrie et forment une ceinture gemmaire interne en contact avec les anastomotiques internes. Les externes se distribuent également à droite et à gauche et forment une ceinture gemmaire externe qui contourne extérieurement tous les anastomotiques externes de la tige, en touchant chacun de ces anastomotiques. En outre, certaines ramifications des gemmaires passent de la région interne à la région externe. Le nœud d'une tige renferme donc deux ceintures gemmaires concentriques réunies par des branches rayonnantes.

Trois exemples serviront à préciser cet énoncé général du parcours des faisceaux (*).

Premier exemple : Segment [3] de la tige principale (segment étroit).

La coupe transversale de l'entrenœud [3] (fig. 121) montre dix-huit faisceaux, savoir : une trace foliaire de sept faisceaux

$$(m\,L\,i\,M\,i\,L\,m)^3\,;$$

le faisceau M^4; deux anastomotiques internes et huit anastomotiques externes.

Au nœud (fig. 122) (**), on voit la sortie de huit foliaires, un petit faisceau m' se détachant de l'un des anastomotiques externes pour se rendre immédiatement dans la feuille [3]. Ce petit faisceau qui complète la trace foliaire et rend la feuille légèrement asymétrique n'existe pas toujours. M^3 a parcouru la longueur de deux entrenœuds; les $(m\,L\,i\,i\,L\,m)^3$ ont parcouru un entrenœud seulement; le m' n'a pas de trajet libre dans la tige.

Le faisceau M^4 traverse le nœud en gardant son individualité.

Après la sortie des faisceaux de la feuille [3], des faisceaux nouveaux apparaissent de la façon suivante : les $(m'\,m\,L\,L\,m)^4$ se détachent des deux anastomotiques internes, en même temps que le M^5 et que deux nouveaux anastomotiques; au même niveau, les $(m'\,i\,i\,m')^4$ se détachent des anastomotiques externes en même temps que quatre nouveaux anastomotiques (fig. 122).

Cette même figure montre aussi les deux ceintures gemmaires réunies l'une à l'autre par quelques gemmaires rayonnants.

L'entrenœud [4] (fig. 123) contient vingt-sept faisceaux, savoir : une trace foliaire de dix faisceaux
$$(m'\,m\,m'\,L\,i\,M\,i\,L\,m'\,m)^4\,;$$

(*) Mes premières recherches sur le parcours des faisceaux dans les tiges du *T. virginica* remontent à 1888; elles ont été faites en collaboration avec M. Ed. Nihoul qui était, à cette époque, élève-assistant à l'Institut botanique. Je saisis cette occasion pour le remercier de l'aide qu'il a bien voulu me donner dans les patientes observations que nécessite la comparaison d'un grand nombre de coupes contenant de nombreux faisceaux.

(**) Cette figure, comme les figures 132 et 135, est une projection horizontale du nœud. Pour l'obtenir, toutes les coupes successives du nœud ont été dessinées à la chambre claire; tous les dessins ont ensuite été calqués sur une même feuille de papier transparent.

un M^5; quatre anastomotiques internes et douze anastomotiques externes. Le segment[4] est donc plus compliqué que le segment[3], comme on le constate d'une façon constante dans toutes les tiges principales.

Deuxième exemple : segment[5] d'une tige primaire (segment de largeur moyenne et souterrain).

L'entrenœud [5] (fig. 131) contient trente-quatre faisceaux, savoir : une trace foliaire de douze faisceaux

$$(m'\, m\, m'\, \mathrm{L}\, i\, \mathrm{M}\, i\, \mathrm{L}\, m'\, m\, m'\, m'')^5;$$

les faisceaux $(\mathrm{L\,M\,L})^6$; sept anastomotiques internes et douze anastomotiques externes.

Au nœud, sortie et réparation selon le type général (fig. 132). Les faisceaux $(\mathrm{L\,M\,L})^5$ ont parcouru deux entrenœuds; les autres sortants du nœud[5], un seul entrenœud.

Les foliaires déjà individualisés $(\mathrm{L\,M\,L})^6$ poursuivent leur course.

Les faisceaux nouveaux $(m'\, m\, m\, m'\, m'')^6$ et $(\mathrm{L\,M\,L})^7$ se détachent des anastomotiques internes, tandis que deux autres $(m')^6$ se détachent des anastomotiques externes en même temps que les deux faisceaux $(i)^6$.

Dans la figure 132, les deux ceintures gemmaires sont en outre parfaitement apparentes avec les gemmaires rayonnants.

L'entrenœud [6] (fig. 133) renferme trente-sept faisceaux, savoir : une trace foliaire identique à la précédente; trois faisceaux $(\mathrm{L\,M\,L})^7$; huit anastomotiques internes et quatorze anastomotiques externes. Le segment[6] est donc sensiblement pareil au segment [5].

On remarquera la place importante occupée, dans le segment [5], par l'unique faisceau m'', qui, après avoir traversé tout l'entrenœud[5], parcourt encore la longue gaine de la feuille [5] en faisant face au faisceau M. Dans le segment[3] de la tige principale (fig. 121 et 122), l'unique faisceau m' était beaucoup moins développé dans la tige; il n'avait d'ailleurs à parcourir qu'une gaine foliaire fort courte.

La figure 137 fait voir le parcours des faisceaux *externes*, tant foliaires qu'anastomotiques, dans trois segments consécutifs de la portion souterraine d'une tige primaire. On y constate aisément l'origine des foliaires externes, le trajet des anastomotiques, la ceinture gemmaire qui à chaque nœud passe derrière eux (c'est-à-dire plus à l'extérieur), et enfin l'insertion d'un certain nombre de racines adventives (*).

Troisième exemple : Segment[11] d'une tige primaire (l'un des segments aériens les plus larges).

L'entrenœud[11] (fig. 134) contient quatre-vingt-neuf faisceaux, savoir : une trace foliaire de vingt et un faisceaux

$$(m''' \, m'' \, m' \, m'' \, m \, m' \, L \, i' \, i \, i' \, M \, i' \, i \, i' \, L \, m' \, m \, m'' \, m' \, m'' \, m''')^{11} \, ;$$

dix faisceaux foliaires pour le segment suivant

$$(m' \, m \, L \, i \, M \, i \, i' \, L \, m \, m')^{12} \, ;$$

dix-neuf anastomotiques internes; trente-neuf anastomotiques externes.

Les foliaires $(m' \, m \, L \, i \, M \, i \, L \, m \, m')^{11}$ ont parcouru deux entrenœuds, les autres foliaires du segment[11] ont traversé un entrenœud seulement.

Un peu au-dessus de l'insertion de la feuille, deux $(m'')^{12}$ et les $(L \, M \, L)^{13}$ se détachent des anastomotiques internes, tandis que les $(m'' \, m' \, i' \, i' \, m' \, m'')^{12}$ se détachent des anastomotiques externes.

Dans le nœud[11], qui est l'un des plus complets, les faisceaux gemmaires forment encore deux ceintures bien visibles, mais les gemmaires rayonnants sont plus difficiles à apercevoir, parce qu'ils sont obliques : plusieurs coupes transversales successives en contiennent des fragments qui n'attirent pas l'attention. Par contre, les gemmaires forment à l'intérieur de la ceinture

---

(*) La figure 137 n'est pas un simple schéma du parcours des faisceaux externes ; elle représente une préparation de toute la région périphérique d'une tige souterraine évidée à l'emporte-pièce, éclaircie par un long séjour dans l'eau de Javelle, puis colorée et étalée. Cette préparation est vue par l'intérieur de la tige, de sorte que la ceinture gemmaire (figurée par des hachures horizontales) passe derrière les faisceaux; l'insertion des racines adventives est figurée en pointillé. Ces sortes de préparations sont très instructives, mais pour les utiliser il est indispensable de se livrer, au préalable, à l'examen attentif des coupes transversales successives dans des segments homologues.

interne des anastomoses plus nombreuses, qui constituent un véritable réseau dont les mailles laissent passer les principaux foliaires du segment[12] $(m'\,m\,L\,i\,M\,i\,i'\,L\,m\,m')^{12}$ (fig. 135).

L'entrenœud[12] (fig. 136) renferme soixante-huit faisceaux, savoir : une trace foliaire de dix-huit faisceaux

$$(m''\,m'\,m''\,m\,m'\,L\,i'\,i\,M\,i'\,i\,i'\,L\,m'\,m''\,m\,m'\,m'')^{12};$$

$(L\,M\,L)^{13}$; quinze anastomotiques internes et trente-deux anastomotiques externes. Le segment[12] est donc un peu moins complet que le segment[11].

Dans le segment[11], on remarquera l'existence de deux faisceaux m''' équivalents : la feuille[11] ne possédait pas de gaine. Au contraire, le segment[3] de la tige principale et le segment[5] de la tige primaire, possédant l'un et l'autre une gaine foliaire plus ou moins développée, contenaient un faisceau marginal unique m' ou m''. Ce faisceau, d'autant plus développé que la gaine est plus longue, était placé sensiblement en face du M.

La figure 139 représente la région périphérique étalée et rendue transparente d'un segment aérien (*). On y retrouve les faits signalés dans les segments souterrains moins l'insertion des racines adventives.

La comparaison des trois exemples précédents (confirmée par l'étude de nombreux segments de toutes provenances) prouve que tous les segments caulinaires appartiennent bien réellement à un même *type*, mais qu'ils réalisent divers *modèles* caractérisés :

1° Par l'augmentation du nombre des foliaires et des anastomotiques;

2° Par l'allongement du trajet des foliaires : c'est ainsi que les foliaires parcourant deux entrenœuds de longueur sont le M dans le segment[3], les L M L dans le segment[5], les $m'\,m\,L\,i\,M\,i\,L\,m\,m'$ dans le segment[11] (aucun faisceau du *T. virginica* ne parcourt plus de deux entrenœuds);

3° Par la tendance que manifestent les foliaires externes à se rapprocher du centre et à devenir internes : dans le modèle I, tous les faisceaux intermédiaires et marginaux s'unissent à des anastomotiques externes; dans les

(*) Même remarque qu'à la page précédente en note.

modèles plus complets, plusieurs d'entre eux s'insèrent sur les anastomotiques internes. Ce passage de la catégorie externe à la catégorie interne se fait graduellement dans l'ordre suivant : d'abord les m, puis les m' les plus voisins du bord de la feuille, puis les i, puis enfin les m'' les plus rapprochés du bord de la feuille.

D. Parcours des faisceaux dans le sommet végétatif : Ce parcours a été étudié, comme celui des tiges adultes, par la méthode des coupes transversales successives. Les matériaux consistaient en bourgeons d'âges divers, détachés du rhizome.

Dans l'un de ces bourgeons, l'entrenœud [6] (*) contenait trente-sept faisceaux, tous à l'état procambial (fig. 140) : une trace foliaire complète

$$(m'\,m''\,m\,m'\,L\,i\,M\,i\,L\,m'\,m\,m''\,m'\,m'')^6,$$

$(L\,M\,L)^7$, six anastomotiques internes et quatorze anastomotiques externes. A partir de cette coupe, le trajet des faisceaux externes, tant foliaires qu'anastomotiques, a été suivi avec le plus grand soin et représenté par la figure 141, dans laquelle la position des foliaires internes a été, en outre, indiquée par un point à l'endroit de leur sortie. On peut constater dans ce dessin :

1° Que les bourgeons axillaires des nœuds [6] à [10] n'étant pas encore formés, il n'existe pas de ceintures gemmaires à ces nœuds;

2° Que les anastomotiques externes de l'entrenœud [6] (désignés par les nos 1 à 7 de chaque côté du médian) ne sont que les prolongements, vers le bas, des foliaires externes : ainsi les deux faisceaux nos 1 des figures 140 et 141 correspondent aux faisceaux $(m')^9$; les deux nos 2 correspondent à deux des $(m')^7$; les deux nos 3 aux i^8; les deux nos 4 aux deux autres $(m')^7$; les nos 5 aux i^9; les nos 6 aux i^7; les nos 7 enfin aux $(m')^8$.

Les faisceaux foliaires d'un même segment n'apparaissent pas simultanément, mais au contraire successivement, selon l'ordre de leur importance. Dans un bourgeon tel que celui de la figure 141, il manque au moins deux

(*) Voir troisième note au bas de la page 64.

foliaires au nœud [7], quatre aux nœuds [8] et [9], huit au nœud [10]. En indiquant par des lignes pointillées ces foliaires futurs, on complète le parcours de façon à montrer les rapports qui, dans l'adulte, existent entre les foliaires externes et les anastomotiques externes. Cette reconstitution a été faite seulement dans la partie droite de la figure 141 pour laisser à la partie gauche son aspect réel à l'état jeune. Dans la partie droite, il est manifeste que les faisceaux marqués des n°s 1 à 7 ne sont que les sympodes des foliaires externes.

II. — Caractères spéciaux.

Les divers segments d'une tige diffèrent entre eux par le degré de leur développement, c'est-à-dire par leur diamètre, par le nombre des faisceaux qu'ils contiennent et par l'ampleur de la feuille qu'ils portent. Ils réalisent d'une façon plus ou moins complète les modèles définis précédemment (voir tableau de la page 65).

Les segments correspondants de diverses tiges homologues diffèrent également par le degré de développement, ce qui tient aux conditions dans lesquelles les plantes ont végété. Ces conditions (température, humidité, aliments, lumière, etc.) ne sont jamais, dans la nature, identiques pour tous les individus, et même dans les cultures l'uniformité des conditions de vie est bien difficile à réaliser.

Les tableaux suivants résument l'organisation rigoureusement observée de trois tiges principales, de trois tiges primaires et de trois tiges secondaires, toutes florifères. Les colonnes de ces tableaux doivent être consultées de bas en haut. Elles renseignent, pour chaque segment, le nombre total des faisceaux et le nombre des faisceaux composant la trace foliaire. Pour une tige de chacune des trois catégories, la composition des traces foliaires a été en outre détaillée. Dans ce détail, les faisceaux indiqués entre ( ) n'étaient individualisés qu'au moment de sortir du nœud; ils n'existaient donc pas dans l'entrenœud au-dessous.

Le signe * désigne, pour chaque tige, les deux bractées foliiformes qui précèdent l'inflorescence.

Tiges principales.

N°s des segments.	Tige A.		Tige B.		Tige C.		
	Total des faisceaux.	Trace foliaire.	Total des faisceaux.	Trace foliaire.	Total des faisceaux.	Trace foliaire.	COMPOSITION DES TRACES FOLIAIRES.
8		11*		11*		11*	$m'\ m\ m'$ L i M i L $m'\ m\ m'$
7	32	11*	30	11*	35	13*	$m'\ m\ m'$ L $i\ i'$ M $i'\ i$ L $m'\ m\ m'$
6	30	11	36	11	37	13	$m'\ m\ m'$ L $i'\ i$ M $i\ i'$ L $m'\ m\ m'$
5	28	11	32	11	35	13	$m'\ m\ m'$ L $i\ (i')$ M $(i')\ i$ L $m'\ m\ m'$
4	23	11	27	9	26	10	$(m')\ m$ L i M i L $m'\ m\ m'$
3	17	7	18	7	18	8	m L i M i L $m\ (m')$
2	12	7	17	7	15	7	m L (i) M (i) L m
1		6		7		7	(m) L (i) M (i) L (m)

Tiges primaires.

N°s des segments.	Tige D.		Tige E.		Tige F.		
	Total des faisceaux.	Trace foliaire.	Total des faisceaux.	Trace foliaire.	Total des faisceaux.	Trace foliaire.	COMPOSITION DES TRACES FOLIAIRES.
15				11*		13*	$m''\ m'$ $m\ m'$L i M i L $m'\ m$ $m'\ m''$
14			41	13*	50	15*	$m''\ m'\ m''\ m\ m'$L i M i L $m'\ m\ m''\ m'\ m''$
13			46	15	67	18	$m''\ m'\ m''\ m\ m'$L $i'\ i\ i'$M $i\ i'$ L $m'\ m\ m''\ m'\ m''$
12		11*	47	17	89	21	$m''\ m''\ m'\ m''\ m\ m'$L $i'\ i\ i'$M $i'\ i\ i'$ L $m'\ m\ m''\ m'\ m''\ m'''$
11	36	11*	57	17	83	19	$(m''')\ m''\ m'\ m''\ m\ m'$L $(i')\ i$ M $i\ (i')$ L $m'\ m\ m''\ m'\ m''\ m'''$
10	42	16	58	15	76	19	$m'''\ m''\ m'\ m''\ m\ m'$L $(i')\ i\ i'$M i L $m'\ m\ m''\ m'\ m''\ m'''$
9	44	17	56	15	76	19	$(m''')\ m''\ m'\ m''\ m\ m'$L $(i')\ i$ M $i\ (i')$ L $m'\ m\ m''\ m'\ m''\ m'''$
8	40	15	50	15	64	17	$(m''')\ m''\ m'\ m''\ m\ m'$L i M i L $m'\ m\ m''\ m'\ m''\ m'''$
7	38	14	41	13	48	16	$m'\ m'\ m''\ m\ m'$L i M i L $m'\ m\ m''\ m'\ m''\ m'''$
6	36	14	34	12	43	14	$m''\ m'$ $m\ m'$L i M i L $m'\ m$ $m'\ m''\ m'''$
5	32	12	29	10	36	12	m' $m\ m'$L i M i L $m'\ m$ $m'\ m''$
4	29	10	23	8	30	12	m' $m\ m'$L i M i L $m'\ m$ $m'\ m''$
3	25	10	21	8	25	10	m' m L i M i L m $m'\ m''$
2	19	6	16	6	21	8	m L i M i L m m'
1		2		2		2	M L

Tiges secondaires.

N⁰ˢ des segments.	Tige G.		Tige H.		Tige I.		
	Total des faisceaux.	Trace foliaire.	Total des faisceaux.	Trace foliaire.	Total des faisceaux.	Trace foliaire.	COMPOSITION DES TRACES FOLIAIRES.
7						13*	m'' m' m m' L i M i L m' m m' m''
6					49	15*	m'' m' m'' m m' L i M i L m' m m'' m' m''
5				13*	47	19	m'' m' m'' m m' L i' $i(i')$ M (i') $i(i')$ L m' m m'' m' m''
4		11*	43	13*	45	18	m'' m' m'' m m' L (i') $i(i')$ M (i') i L m' m m'' m' m''
3	43	13*	41	19	38	17	m'' m' m'' m m' L i M (i') $i(i')$ L m' m m'' m' (m'')
2	37	16	35	14	34	14	(m'') m' m m' L i M i L m' m (m'') m' (m'')
1		7		7		7	m L i M i L m

Ces tableaux montrent que les segments successifs d'une tige quelconque contiennent un nombre de faisceaux qui va d'abord en augmentant lentement de bas en haut, puis en diminuant légèrement. Dans les tiges primaires, les segments les plus complets occupent à peu près le milieu de la région aérienne, bien que ce soit ordinairement au niveau du sol que ces tiges atteignent leur diamètre maximum.

D'une tige à une autre, les variations sont d'ordre biologique, c'est-à-dire qu'elles dépendent de la vigueur de la pousse. Un exemple frappant est offert par le segment[2] des tiges principales. La feuille de ce segment reçoit toujours sept faisceaux m i M i L m. La section transversale de l'entrenœud[2] montre cependant une structure assez variable, comme l'indiquent les figures 124, 125 et 126. Lorsque la germination s'est produite dans de bonnes conditions, l'entrenœud[2] vigoureux (fig. 124) contient dix-sept faisceaux, dont une trace foliaire complète $(m$ L i M i L $m)$[2], un faisceau M[3], deux anastomotiques internes et sept anastomotiques externes (marqués par des chiffres). Lorsque la germination a été moins vigoureuse (fig. 125), il n'y a, au même endroit, que quatorze faisceaux, parce que les deux foliaires i

et l'un des foliaires *m* ne sont individualisés qu'au nœud; dans l'entrenœud, ils sont fusionnés à l'anastomotique voisin. Quand enfin la plantule a été chétive au moment de la formation du segment [2] (fig. 126), celui-ci renferme huit faisceaux seulement : les foliaires L M L sont seuls individualisés, les deux anastomotiques internes et le M [3] sont fusionnés en un seul faisceau, les quatre anastomotiques externes emprisonnent les foliaires *m i i m* qui ne se détachent qu'au nœud.

La comparaison des figures 124, 125 et 126, dessinées au même grossissement, montre bien que le nombre des faisceaux, c'est-à-dire leur degré d'individualisation, dépend du diamètre de la tige. Les notations inscrites sur ces figures expliquent suffisamment comment se fait la réduction. Dans les trois cas dont il s'agit ici, il a été constaté que la feuille [2] recevait réellement sept foliaires. D'autres cas intermédiaires entre les trois exemples figurés ont également été observés.

HISTORIQUE.

Les anatomistes ont à plusieurs reprises fixé leur attention sur la tige des Commélinées, mais ils se sont préoccupés surtout de celle des *Tradescantia* rampants qui contiennent un nombre de faisceaux relativement peu élevé. Ils se sont généralement accordés à considérer leur structure comme l'un des types principaux de l'organisation des Monocotylées. Toutefois, ce type a été différemment compris. Nous envisagerons la question à divers points de vue.

A. CATÉGORIES DE FAISCEAUX. — De nombreuses catégories de faisceaux ont été distinguées, mais nous n'avons à nous occuper ici que de celles qui présentent un intérêt général.

Lestiboudois (100 et 101), dans ses travaux d'anatomie (1840 et 1848), employait couramment les termes faisceaux *foliaires* et faisceaux *réparateurs* dans le sens qu'on accorde, aujourd'hui encore, à ces mots.

Ce n'est qu'en 1858 que **Nægeli (131, p. 35)** fit mention des faisceaux *communs*, des faisceaux *propres à la feuille* et des faisceaux *propres à la tige*.

Les premiers passent d'une feuille dans la tige et y descendent plus ou moins profondément pour s'unir enfin à des faisceaux semblables à eux mais provenant d'autres feuilles; ils réalisent ainsi une disposition sympodiale, à part le cas des premières feuilles d'une plantule ou d'un rameau (cas dans lequel le parcours est un peu différent). Les faisceaux communs comprennent donc généralement deux parties : l'une supérieure, plus ou moins longue, dans laquelle le faisceau est libre; l'autre inférieure, formant le sympode. On remarquera que la première partie du trajet représente un faisceau « foliaire » et que la seconde constitue un faisceau « réparateur » de Lestiboudois.

Les faisceaux propres à la feuille sont des « foliaires » qui s'anastomosent dès leur entrée dans la tige. Tels sont, par exemple, les faisceaux indiqués entre ( ) dans les tableaux reproduits pages 73 et 74. Nous savons aujourd'hui que tel faisceau qui n'a pas de trajet libre dans la tige, devient un véritable faisceau commun dès que la tige possède une largeur suffisante. On le constate aisément dans les tableaux ci-dessus. Les faisceaux dits propres à la feuille, ne méritent donc pas de constituer une catégorie à part.

Quant aux faisceaux propres à la tige, ils naissent les derniers et forment un réseau à mailles largement étendues. Nægeli reconnait qu'ils n'existent pas toujours. Il est même à remarquer que la plupart des faisceaux qu'on rangeait dans cette catégorie ont été reconnus plus tard comme étant des faisceaux communs. Ainsi les faisceaux centraux des Pipéracées étaient considérés comme propres à la tige par Sanio (157) et Sachs (149, p. 754), mais Karsten (90), Weiss (208) et de Bary (3, p. 260) ont combattu cette opinion. Le même revirement s'est produit pour les Cucurbitacées. Seuls les faisceaux situés dans la moelle des *Begonia, Aralia,* etc..., sont encore appelés « propres à la tige » par de Bary (3, p. 263) : ce sont probablement des faisceaux gemmaires. Dans les Monocotylées à croissance diamétrale limitée, on n'a décrit comme propres à la tige que les faisceaux périphériques des Commélinées et de quelques *Potamogeton.* Je montrerai bientôt que ces faisceaux ne possèdent nullement ce caractère. Actuellement, il n'y a plus guère que les faisceaux secondaires des *Mirabilis, Phytolacca, Chenopodium, Yucca, Dracena,* etc..., auxquels on puisse appliquer le qualificatif « propres à la tige ». Ces faisceaux sont évidemment d'une nature toute spéciale. Comme faisceaux primaires réellement propres à la tige on pourrait, semble-t-il, citer les faisceaux que j'ai nommés λ dans l'*Urtica dioïca* et les petits faisceaux que les auteurs appellent « intercalaires » dans la tige des *Clematis ;* et encore ces faisceaux se différencient-ils tardivement et sont assez souvent dépourvus de trachées.

Certains auteurs désignent comme propre à la tige toute la partie sympodique des faisceaux communs, mais c'est manifestement une altération du sens primitif.

Quoi qu'il en soit, la nomenclature de Lestiboudois, antérieure à celle de Nægeli, me semble préférable à tous points de vue; elle a d'ailleurs été souvent usitée. On a parfois remplacé le terme faisceau *réparateur* par faisceau *caulinaire* (ce qui est peu avantageux), ou par faisceau *anastomotique*. Cette dernière expression indique bien la nature du faisceau et peut s'employer lorsqu'on suit le parcours de haut en bas et non plus de bas en haut, comme Lestiboudois. C'est pour ces motifs que je l'ai adoptée dans ce travail, mais il doit être entendu que les mots réparateur et anastomotique sont synonymes.

Hanstein (74) a désigné sous le terme *Blattspur* l'ensemble des faisceaux qui se rendent à une même feuille, en considérant cet ensemble comme « unité distincte ». Cette heureuse conception a été adoptée par la plupart des anatomistes allemands et par plusieurs auteurs français sous le nom de trace de feuille ou *trace foliaire*. Hanstein lui-même affirmait déjà que le nombre des traces foliaires, leur largeur, leur arrangement relatif, ainsi que la grosseur, la structure et le nombre des faisceaux qui les composent, donnent lieu à des différences anatomiques à peu près constantes pour chaque espèce.

B. Nombre des faisceaux.

Schleiden (164) a indiqué nettement, pour la première fois, que les différences d'épaisseur d'une même tige monocotylée sont dues à l'activité et à l'étendue variable du point végétatif. J'ai montré, dans mon mémoire sur l'*Urtica dioïca* (65, pp. 40, 92 et 218) que « l'augmentation du nombre des faisceaux primaires que l'on constate en s'élevant dans une tige

quelconque est corrélative à l'accroissement diamétral du sommet végétatif ».
Le nombre des faisceaux varie de quatre à vingt dans l'*U. dioïca* et de
treize à nonante-trois dans le *T. virginica*. Dans les deux plantes, le trajet
des faisceaux se modifie en même temps que leur nombre.

Le phénomène étant général, il est évident que le parcours examiné dans
une seule région ne peut pas donner une idée exacte de l'organisation d'une
plante. Le *type* de cette organisation doit être déduit de l'étude de toutes
les régions. Celles-ci réalisent divers états que j'ai désignés sous le nom de
modèles, faute d'un terme meilleur. Chaque modèle de structure n'est que la
réalisation plus ou moins complète d'un plan général, à peu près comme
les modèles de dimensions diverses qu'un fabricant exécute en construisant
des appareils d'après le type fondamental de son brevet.

Ces considérations ne doivent pas être perdues de vue lorsqu'on recherche
les caractères anatomiques généraux d'une famille. Les tiges de *T. argentea*
et de *T. albiflora* étudiées par Falkenberg et de Bary renferment un petit
nombre de faisceaux et ne réalisent que des modèles incomplets. A ce point
de vue, les grosses tiges du *T. virginica* et du *Dichorisandra ovata* sont
bien plus démonstratives et bien plus convenables pour établir le véritable
type structural des Commélinées.

C. Parcours des faisceaux.

1. **Falkenberg,** dans l'un des travaux les plus remarquables sur l'anatomie des Monocotylées, a distingué deux systèmes de faisceaux dans le
Tradescantia argentea (*) (**51**, p. 117). Le premier système est constitué,
d'après lui, par des faisceaux propres à la tige, c'est-à-dire ne se rendant
jamais dans les feuilles; ils sont situés à la périphérie, marchent parallèlement dans les entrenœuds et s'anastomosent au nœuds. Le second système
comprend les faisceaux qui proviennent des feuilles et qui, dans les entrenœuds, sont situés à l'intérieur; ils se reconnaissent ordinairement à une

---

(*) C.-B. Clarke, l'auteur de la Monographie des Commélinacées, dans les suites au
Prodrome, cite le *T. argentea* Falkenb. comme *Species omnino nebulosa* (**21**, p. 309).
Il s'agit probablement d'une plante à feuilles panachées de bandes longitudinales argen-
tées, le *Zebrina pendula* Schnizl. Cette plante, très commune dans les serres, est plus
connue sous le nom de *Tradescantia zebrina* ou de *Tradescantia tricolor* Hortul.

lacune aérifère contre leurs vaisseaux. Leur parcours est décrit de la façon suivante : de la base d'une feuille, ils se dirigent à peu près horizontalement dans la tige et y pénètrent plus ou moins vers l'intérieur; ils se courbent alors et descendent verticalement tout un entrenœud en constituant les faisceaux de la zone moyenne. Dans le nœud immédiatement inférieur, ils s'enfoncent plus profondément encore dans la tige et se confondent en partie les uns aux autres pour former le groupe des faisceaux centraux. Après avoir parcouru ainsi un second entrenœud, ils s'anastomosent finalement avec les faisceaux venant d'une feuille plus ancienne, à l'endroit où ces derniers s'enfoncent à leur tour dans le groupe central. Les faisceaux du second système mesurent donc généralement la longueur de deux entrenœuds, rarement d'un seul (voir 51, schéma de la pl. II, fig. 1).

Pour Falkenberg, ce parcours des faisceaux du *T. argentea* constitue le troisième type monocotylé qui comprend, outre les Commélinées, beaucoup de tiges aériennes de Liliacées, d'Orchidées, etc... Il est caractérisé par l'existence de faisceaux périphériques propres à la tige et par le fait qu'après avoir pénétré dans la région centrale, les faisceaux foliaires s'y anastomosent sans revenir vers l'extérieur, comme cela se présente dans les Palmiers, l'*Aspidistra*, le Maïs, etc...

Falkenberg admet implicitement que tous les faisceaux provenant des feuilles se comportent de la même manière, bien qu'ils pénètrent dans la tige plus ou moins vers l'intérieur et qu'ils puissent différer par leur longueur. Ce qu'il dit de leur trajet s'applique parfaitement aux faisceaux foliaires les plus gros, tels que le M, les L et les m. Mais nous avons constaté que d'autres foliaires tels que les i ou i', certains m', m'' et m''' restent voisins de la périphérie, descendent un seul entrenœud pour s'anastomoser, dans le nœud inférieur, avec les faisceaux périphériques et non avec les faisceaux centraux. Il y a donc lieu de distinguer, comme nous l'avons fait dans ce travail à la page 63, des foliaires internes et des foliaires externes qui diffèrent par leur position, leur trajet et leur mode de terminaison.

D'autre part, les faisceaux périphériques que Falkenberg considère comme propres à la tige ne sont que les sympodes formés par l'union des faisceaux foliaires externes. Le présent travail me paraît l'avoir suffisamment démontré. Un coup d'œil sur les figures 137 et 139 fait voir clairement que ces faisceaux prétendûment « propres à la tige » sont bien des faisceaux anastomotiques, c'est-à-dire des réparateurs au même titre que ceux d'un grand nombre de tiges dicotylées. Dans le sommet végétatif, figure 141, on peut se convaincre également que tous les faisceaux périphériques sortent dans les feuilles. Cette figure 141 ne diffère pas essentiellement de celles par lesquelles on représente le parcours au sommet de la tige dans des plantes très diverses.

Dans le *Tradescantia,* nous admettrons donc qu'il y a, non seulement des foliaires internes qui ne font pas retour à la périphérie et qui donnent naissance à des anastomotiques internes, mais encore des foliaires externes qui font réellement retour à la périphérie pour produire des anastomotiques externes. C'est ce qui donne à la tige des Commélinées son caractère spécial, sa trace foliaire étoilée, ses foliaires et ses anastomotiques de deux sortes.

2. **A. Guillaud,** dans un travail publié peu de temps après celui de Falkenberg, a décrit, dans les Monocotylées, six types dont le quatrième est représenté par le rhizome du *Tradescantia virginica.* Pour lui (69, pp. 20, 71 et 161) tous les faisceaux de ce rhizome proviennent des feuilles, mais appartiennent à deux ordres différents. Ceux de premier ordre, en pénétrant dans la tige, s'avancent beaucoup vers le centre, descendent parallèlement l'espace d'un ou deux entrenœuds et s'unissent finalement à des faisceaux semblables qui arrivent d'une feuille inférieure. Il n'y a pas de « décussation radiale », c'est-à-dire pas de retour à la périphérie. Les faisceaux de second ordre, plus nombreux que les précédents, restent à la périphérie, descendent dans l'entrenœud et se terminent en s'anastomosant à des faisceaux semblables à eux, c'est-à-dire périphériques. Des schémas (69, pl. VI, fig. 3 et 3′) expriment clairement l'agencement que l'auteur cherche à caractériser. Dans une note (69, p. 77) il avoue cependant qu'après un nouvel examen « il se pourrait que la distribution des faisceaux soit un peu plus compliquée ».

Guillaud a donc reconnu ce que nous avons nommé les foliaires internes et les foliaires externes, mais par contre, en simplifiant trop le schéma, il a méconnu l'existence des anastomotiques internes et externes dont il ne fait mention ni dans le texte ni dans les figures.

Dans les nœuds, Guillaud a constaté (**69**, p. 73) « quelques faisceaux caulinaires anastomosés » réduits à un petit nombre de « cellules vasculaires transversales ». Ce sont vraisemblablement les indices de l'insertion des racines adventives : cette formation n'a rien de commun avec ce qui est généralement désigné par le nom de faisceaux caulinaires par opposition aux faisceaux foliaires; elle ne modifie en rien le plan général de l'organisation des Commélinées.

Falkenberg et Guillaud ont étudié le type Commélinées d'une façon indépendante et à peu près simultanée. Les interprétations qu'ils en ont données, quoique très différentes, se complètent en partie l'une l'autre. Néanmoins, les auteurs ultérieurs ont donné la préférence à celle de Falkenberg et ont reproduit ses idées sans y apporter de modifications sensibles.

3. **De Bary**, dans son célèbre *Traité d'anatomie comparée*, fait connaître le parcours des faisceaux dans une espèce de *Tradescantia* à faisceaux peu nombreux, le *T. albiflora* (*). Sa description est presque identique à celle de Falkenberg pour le *T. argentea*. Des deux figures qui accompagnent le texte, l'une (**3**, fig. 120) reproduit une coupe transversale, l'autre (fig. 119) représente le sommet d'une tige rendu transparent par la potasse. Les faisceaux périphériques que l'auteur considère comme « propres à la tige » sont figurés sans rapport aucun avec les foliaires. On sait aujourd'hui combien le procédé d'éclaircissement par la potasse d'un objet volumineux est inférieur à la méthode des coupes transversales successives. Dans la figure 119 du *Vergleichende Anatomie*, page 280, les faisceaux marqués *s* ne sont indiqués que dans leur portion déjà différenciée; plus haut, ils devaient se continuer à l'état procambial et *sortir* dans les feuilles jeunes du bourgeon terminal. La portion procambiale de ces faisceaux ne pouvait se

---

(*) D'après C.-B. Clarke (**21**, p. 294), ce nom est synonyme de *T. fluminensis* Vell. C'est ce dernier nom que S. Schönland a adopté, dans les *Natürlichen Pflanzenfamilien* de A. Engler et K. Prantl, en reproduisant l'une des figures de de Bary. Le *T. fluminensis* Vell. est souvent cultivé sous le nom de *T. viridis* Hortul.

voir dans une coupe longitudinale épaisse traitée par la potasse, mais elle est parfaitement reconnaissable dans les coupes transversales successives.

Comme Falkenberg, de Bary admet que tous les faisceaux foliaires ont un trajet identique. On a vu plus haut qu'il n'en est pas ainsi dans le *T. virginica*. En outre, j'ai tenu à m'assurer, par des recherches dont il sera rendu compte plus loin, que dans le *T. fluminensis* (= *T. albiflora*) il y a réellement des foliaires externes qui se prolongent inférieurement par les anastomotiques externes (= « stammeigenen Stränge » de de Bary) et des foliaires internes se terminant inférieurement en se jetant sur les anastomotiques internes (= « vereinten Stränge » de de Bary). J'ai constaté aussi que cette distinction de deux sortes de foliaires ne peut se faire dans une préparation rendue simplement transparente comme celle de la figure 119 du *Vergleichende Anatomie*, parce que les foliaires principaux, c'est-à-dire les internes, sont seuls suffisamment différenciés (*).

Dans plusieurs autres Commélinées, le parcours présente, d'après de Bary, les caractères essentiels de celui du *T. albiflora*, bien que le nombre des faisceaux soit notablement plus grand. L'auteur cite *Commelina agraria* Kth., *C. procurrens* Schl., *Tradescantia zebrina*, *T. virginica*, *Spironema fragrans*, *Dichorisandra thyrsiflora*, *D. oxypetala*, *Maravelia zeylanica*. Il ajoute cependant que le parcours y est plus compliqué et devrait être étudié plus minutieusement.

Quoi qu'il en soit, de Bary (3, p. 279) fait des Commélinées, auxquelles il adjoint certaines espèces de *Potamogeton*, un type d'organisation monocotylé spécial. Il insiste sur la présence, dans ces plantes, de faisceaux propres à la tige qui n'existeraient pas dans les autres Monocotylées. Je crois avoir démontré que ces faisceaux prétendûment « propres à la tige » sont dans les *Tradescantia* les anastomotiques des foliaires externes. Un de mes élèves, M. P. Donceel, a constaté, de son côté, que les quatre faisceaux prétendûment « propres à la tige » du *Potamogeton natans* sont les anastomotiques des faisceaux foliaires qui se rendent dans la gaine stipulaire

(*) Pour plus de détails concernant le *T. fluminensis*, voir plus loin l'« Annexe » insérée à la suite de cet « Historique ».

de la feuille (ligule). D'ailleurs, dans le *Potamogeton crispus*, de Bary lui-même (3, p. 284) a reconnu que les faisceaux correspondant par leur position et leur apparition tardive aux « stammeigenen Stränge » sont réellement en rapport avec deux foliaires latéraux. Ce *P. crispus* n'appartiendrait donc pas au type Commélinées comme le *P. densus*. Il me semble difficile d'admettre que diverses espèces d'un genre aussi naturel que celui des *Potamogeton* n'appartiennent pas à un même grand type d'organisation.

4. Les traités généraux de Botanique reproduisent, presque toujours, les idées de Falkenberg et de de Bary. Cependant **M. Van Tieghem** (194, p. 757) ne fait pas mention des faisceaux propres à la tige, bien qu'il décrive le trajet des faisceaux foliaires comme les auteurs allemands, en admettant avec eux l'uniformité de leur parcours. Sa description ne s'applique qu'aux foliaires principaux des Commélinées, à ceux qui s'unissent vers le centre et que nous avons nommés foliaires internes. Nous avons reconnu qu'il y a d'autres foliaires, les externes, qui se comportent autrement, puisqu'ils viennent se fusionner à la périphérie.

M. Gérard (58, p. 188) reconnaît dans le *T. virginica* trois groupes de faisceaux : le premier, externe, est appliqué contre le péricycle; le deuxième comprend quatre gros faisceaux internes; le troisième est intermédiaire. « On admet, dit-il, pour expliquer cette disposition, que les faisceaux foliaires cheminent d'abord parallèlement à l'axe, appliqués contre le péricycle, puis, qu'ils s'incurvent dans la moelle pour s'unir aux faisceaux médians qui ne quittent jamais la tige. » A ma connaissance, aucun auteur n'a admis, ni même proposé, cette interprétation d'après laquelle les faisceaux propres à la tige seraient non plus les périphériques, mais les plus voisins du centre (ceux que M. Gérard appelle improprement « médians » dans la phrase citée ci-dessus)! Il est d'ailleurs complètement inexact que tous les faisceaux périphériques d'un entrenœud soient les foliaires provenant de la feuille insérée au nœud suivant.

5. **M. O. Lignier,** dans une notice dont la portée me paraît très grande (104), a attiré l'attention des anatomistes sur l'importance du « système libéro-ligneux foliaire », qu'il a proposé de désigner sous le nom de « mériphyte » (108). Les rapports et, par suite, les contacts entre les

faisceaux des divers systèmes libéro-ligneux foliaires varient en même temps que les positions relatives et que la forme de ces systèmes. Il a montré, par de nombreux exemples (**106**), que le parcours des faisceaux subit, dans deux genres ou dans deux espèces voisines et même dans les diverses régions d'une seule tige, des modifications corrélatives aux variations phyllotaxiques. C'est ce qui explique que l'arrangement des faisceaux dans la tige n'a pas fourni jusqu'ici, pour la classification, des résultats en rapport avec les efforts accomplis. Tel est aussi l'avis d'un anatomiste éminent dont la science déplore la perte récente, J. Vesque (**200**, p. LXXI).

D'après M. Lignier, il faut comparer d'abord, non le parcours des faisceaux, mais l'arrangement des faisceaux dans le système libéro-ligneux foliaire; l'étude des contacts ne doit intervenir qu'en second lieu.

Ce conseil me paraît sage. Aussi me suis-je abstenu, dans ce travail, de détailler minutieusement toutes les ramifications et toutes les anastomoses dans les nœuds; j'ai attaché plus d'importance aux faisceaux foliaires qu'aux faisceaux anastomotiques, et pour la même raison j'ai noté avec soin la composition et la disposition des traces foliaires.

D. INSERTION DES BOURGEONS AXILLAIRES ET DES RACINES ADVENTIVES. — Le parcours rectiligne des faisceaux dans les entrenœuds contraste avec les nombreuses anastomoses qui constituent dans chaque nœud un diaphragme comparable à celui des Graminées.

Il y a longtemps que **Mohl** (**127**) a reconnu la formation relativement tardive des faisceaux qui, dans les nœuds de beaucoup de Monocotylées et de Dicotylées, apparaissent à travers toute l'épaisseur de la tige.

D'après **de Bary** (**3**, p. 328), les faisceaux transversaux des nœuds sont constitués par la ramification des faisceaux des racines adventives. Ainsi, dans le *Tradescantia albiflora* et le *Commelina agraria*, etc., le savant anatomiste allemand admet que le faisceau des racines pénètre horizontalement jusqu'au cercle formé par les faisceaux propres et là se partage en rameaux divergents qui s'anastomosent ensemble et constituent un anneau transversal peu élevé, entourant la périphérie de la tige. Mais dans d'autres espèces *T. zebrina*, *T. virginica*, *Maravelia agraria*, etc.), cet anneau de faisceaux anastomosés envoie, en direction centripète, de nombreuses ramifications qui s'étendent à travers tout le nœud et s'anastomosent avec les faisceaux de la tige et ceux du bourgeon. Il en résulte un réseau semblable à celui des nœuds des Graminées.

Falkenberg cependant (51, p. 188) avait déjà montré que dans le *Panicum* le réseau traversant le nœud n'est pas en relation avec les racines adventives qui manquent entièrement dans la partie supérieure de la tige. Chez d'autres plantes, il avait constaté également que l'adjonction des racines adventives est d'une importance minime pour la complication du squelette nodal, puisque là même où les racines sont localisées aux nœuds, le faisceau des racines n'entre en relation qu'avec les faisceaux foliaires superficiels.

Dans les Commélinées, Falkenberg a signalé une ceinture anastomotique unissant les faisceaux périphériques, ainsi que des anastomoses entre ces faisceaux périphériques et les faisceaux foliaires.

Trécul, recherchant le mode d'insertion des racines adventives du *Tradescantia zebrina*, prétend que ces organes naissent « sur un faisceau horizontal et circulaire situé à la base de chaque mérithalle » (180, p. 317, fig. 3, 4 et 5, pl. XV). Ce faisceau horizontal et circulaire est évidemment notre ceinture gemmaire externe.

M. Mangin (110, p. 325) a soutenu, comme Falkenberg, que les racines des Commélinées, de même que celles des Graminées, restent étrangères à la constitution du diaphragme des nœuds de la tige. Dans le *Zebrina discolor* (*), en particulier, le réseau diaphragmatique est indépendant des racines, « car, d'une part, dit-il, celles-ci occupent, sur la circonférence des places indéterminées, tandis que les rameaux centripètes reliant les faisceaux extérieurs aux faisceaux centraux ont une situation fixe, et, d'autre part, l'insertion des racines est située au-dessus du plan formé par ce réseau, plan qui coïncide avec le plan de sortie des faisceaux foliaires et

---

(*) Ce nom ne figure pas dans la Monographie de C.-B. Clarke. D'après M. Mangin (110, p. 328 en note), il s'appliquerait au *Tradescantia zebrina* étudié par Trécul (180). Il s'agirait donc de la plante qui doit se nommer maintenant *Zebrina pendula* Schnizl. Cet exemple, comme bien d'autres semblables, montre combien il est désirable que les anatomistes s'assurent de la détermination exacte des plantes dont ils s'occupent.

des faisceaux destinés au bourgeon. Le *Cyanotis villosa* et le *Tradescantia virginica* ont confirmé ces observations. »

D'après M. Mangin, l'étude de l'évolution des tissus vient appuyer l'examen des tissus à l'état durable. Cet auteur a, en effet, recherché l'origine des cordons de procambium qui préparent la formation du réseau diaphragmatique. « Ces cordons de procambium, au lieu d'apparaître d'abord sous la base des racines, comme cela devrait être si ces organes avaient quelque influence sur leur évolution, apparaissent d'abord au centre de la tige et progressent en direction centrifuge, pour atteindre, en dernier lieu, à la périphérie du corps central, les faisceaux communs (*) » (**110**, p. 329).

Les cordons de procambium dont Mangin a suivi la progression centrifuge se différencient ultérieurement en cordons libéro-ligneux. Ce sont ceux que j'ai appelés « gemmaires rayonnants » et que j'ai, moi aussi, considérés comme sans rapport avec l'insertion des racines.

« Chez toutes les Commélinées, conclut M. Mangin (p. 329), le réseau radicifère (**) forme seulement un anneau entourant le corps central et situé un peu au-dessus du bourgeon et de l'insertion des feuilles. » (Voir **110**, fig. 58 et 59, pl. XIV.)

Mes observations sur les *Tradescantia virginica* et *fluminensis* permettent d'élucider la question si controversée des diaphragmes nodaux des Commélinées. Il faut distinguer, dans ces diaphragmes, deux éléments constitutifs :

1° *Insertion du bourgeon axillaire.* — Elle se fait par un *réseau gemmaire* qui comprend deux ceintures concentriques réunies par quelques branches rayonnantes : la ceinture gemmaire interne, qui n'est que le

---

(*) Dans son mémoire, M. Mangin désigne par ce terme « faisceaux communs » tous les faisceaux autres que ceux du réseau radicifère. Dans le cas présent, il s'agit des « stammeigenen Bündeln » de de Bary, c'est-à-dire de nos faisceaux anastomotiques externes.

(**) M. Mangin désigne sous le nom de « réseau radicifère » un ensemble de petits faisceaux libéro-ligneux formés d'éléments vasculaires courts, qui se différencient tardivement. Ces faisceaux sont anastomosés en un réseau enveloppant le corps central sur une étendue variable; ils servent d'intermédiaire entre les racines adventives et les faisceaux de la tige.

prolongement des faisceaux internes du bourgeon, est en contact avec les faisceaux anastomotiques internes de la tige mère; la ceinture gemmaire externe, qui fait suite aux faisceaux externes du même bourgeon, est au contraire en rapport avec les faisceaux anastomotiques externes de la tige mère. C'est ce que démontrent nos figures 122, 132 et 135, ainsi que les figures 137 et 139, dans lesquelles les ceintures gemmaires sont indiquées par des bandes hachurées horizontalement. Une autre preuve importante résulte de l'absence des ceintures gemmaires et des branches rayonnantes dans les nœuds jeunes encore, avant l'apparition du bourgeon axillaire (fig. 141 et 146).

Le mode d'insertion des bourgeons dans les Commélinées a été jusqu'ici méconnu. Falkenberg seul (51, p. 183) en a donné une explication qui se rapproche de celle exposée ici.

M. Mansion (111), le premier à ma connaissance, a décrit dans le *Thalictrum flavum* une ceinture gemmaire qui contourne tous les faisceaux au nœud de la tige mère. Cette plante ne possède pas de ceinture gemmaire interne, ni de gemmaires rayonnants.

2° *Insertion des racines adventives.* — Les racines adventives prennent naissance à un niveau un peu supérieur à celui de la ceinture gemmaire externe. Chacune d'elles s'insère sur cette ceinture en même temps que sur les faisceaux anastomotiques externes de la tige mère. L'insertion se fait par l'intermédiaire de vaisseaux tortueux, moniliformes et étalés en éventail (représentés en pointillé dans la fig. 137). La figure 138 représente une portion grossie davantage de la figure précédente : elle montre bien l'insertion d'une racine entre les faisceaux anastomotiques externes (éléments longitudinaux), au-dessus de la ceinture gemmaire externe (éléments transversaux). Les vaisseaux tortueux et moniliformes de cette insertion sont formés de cellules vasculaires très courtes et rayées.

On voit donc combien était peu fondée l'opinion de de Dary, qui attribuait la formation du réseau diaphragmatique nodal à la ramification des faisceaux des racines et à leur pénétration dans le nœud de la tige. Falkenberg fut plus heureux en soutenant que dans les Monocotylées, d'une façon générale, les racines adventives ne compliquent guère la structure de la tige, même dans les parties souterraines. Les éléments anatomiques des racines, disait-il, ne pénètrent jamais à l'intérieur du cylindre central de la tige et le parcours des faisceaux foliaires n'est jamais altéré par eux.

M. Mangin, en partageant une partie des idées de Falkenberg, a cependant fait une part trop large au « réseau radicifère » des Commélinées. Son réseau radicifère en forme d'anneau est certainement la ceinture gemmaire externe, car la disposition qu'il décrit s'observe à tous les nœuds, même dans ceux qui sont situés dans la partie supérieure des tiges aériennes dressées, nœuds qui ne contiennent pas la moindre trace latente de racines adventives. Les quelques vaisseaux tortueux et étalés en éventail, dans les nœuds souterrains, méritent à peine le nom de réseau radicifère.

Des deux éléments constitutifs d'un diaphragme nodal chez les Commélinées, le premier, le réseau gemmaire, est principal et constant; le second, l'insertion des racines adventives, est toujours peu considérable et n'existe que dans le rhizome.

E. Type Commélinées. — Mes recherches sur les *T. virginica* et *T. flumi-nensis,* comme aussi la discussion qui précède, sont de nature, me semble-t-il, à mieux faire comprendre un type d'organisation auquel les anatomistes ont été unanimes à attacher une grande importance.

Dans le type Commélinées, les faisceaux d'une même feuille, en entrant dans la tige, se rapprochent plus ou moins du centre et descendent librement jusqu'à une distance variable. Ce qui caractérise surtout les Commélinées, c'est que les faisceaux foliaires ne retournent pas tous à la périphérie : ceux qui ont pénétré le plus vers l'intérieur (foliaires internes) se rencontrent et s'unissent en sympodes (anastomotiques internes); les autres (foliaires externes) reviennent à la périphérie et s'unissent là en sympodes (anastomotiques externes). La trace foliaire comprend donc des faisceaux les uns internes, les autres externes, d'où sa forme étoilée dans les coupes transversales.

Par suite de l'accroissement intercalaire des entrenœuds, le trajet des faisceaux est rectiligne dans ces régions, toutes les courbures et déplacements des faisceaux s'opérant dans les nœuds. Ceux-ci renferment en outre deux ceintures gemmaires reliées par des branches rayonnantes.

Ainsi le type Commélinées doit être considéré comme une modification du type général des Monocotylées résultant du rapprochement des faisceaux et de leur union en anastomotiques disposés en deux groupes parfaitement distincts, l'un interne, l'autre externe. Falkenberg a signalé dans l'*Epipactis* et l'*Hedychium* certaines dispositions qui, pour lui, établissent le passage du type Palmiers au type Commélinées (51, p. 179).

D'ailleurs, dans les Palmiers, les *Yucca* et les *Pandanus*, les faisceaux foliaires ne gardent pas, dans la partie de leur trajet qui est la plus rapprochée du centre de la tige, une individualité aussi complète qu'on l'admet généralement d'après le schéma classique. Lestiboudois a constaté et nettement représenté (100, pl. XVII, XVIII et XXI) les anastomoses qui se produisent le long d'un faisceau foliaire, dans la région centrale de la tige. Ces faits sont certainement en relation avec la diversité de structure des faisceaux aux différents niveaux de leur parcours, comme Mohl a été le premier à le signaler.

Il est très difficile de tracer un schéma quelque peu fidèle d'une tige monocotylée, parce que tous les faisceaux foliaires ne sont pas identiques. Falkenberg et Guillaud ont trop simplifié leurs schémas, le premier (51, pl. II, fig. 1) en figurant tous les foliaires pareils, le second (69, pl. VI, fig. 3) en supprimant les anastomotiques. Il ne faut pas perdre de vue non plus que le parcours se modifie avec le nombre des faisceaux de la trace foliaire. Le schéma subira donc des variations selon le segment considéré, la tige choisie et l'espèce envisagée.

Pour un segment du modèle III, tel qu'il est ordinairement réalisé dans la portion souterraine des tiges du *T. virginica* adulte, on peut tracer un schéma tel que celui de notre figure 129. On y reconnaîtra aisément des foliaires internes et externes, ainsi que des anastomotiques internes et externes. Les foliaires externes ne parcourent qu'un seul entrenœud; les foliaires internes traversent soit un, soit deux entrenœuds. La figure suivante représente le schéma de la section transversale d'un entrenœud : une trace foliaire étoilée occupe l'espace compris entre deux cercles de faisceaux anastomotiques; les trois principaux faisceaux de la trace foliaire suivante existent en outre à ce niveau déjà.

12

Ces sortes de schémas ne peuvent donner qu'une idée générale assez imparfaite du parcours ; il est préférable de recourir à des projections horizontales telles que celles de nos figures 122, 132 et 135, et à des préparations comme celles des figures 137 et 139.

Divers auteurs, notamment de Bary (3, pp. 261 et 279), Van Tieghem (194, p. 758), ont trouvé des analogies entre le parcours des Commélinées et celui des Pipéracées. Cette dernière famille a été soumise à des recherches assez complètes par Sanio (157), Weiss (208) et M. Debray (26). Après avoir pris connaissance de ces travaux, ainsi que de quelques notes qui m'ont été gracieusement communiquées par M. O. Lignier, j'ai fait des observations sommaires sur le *Piper nigrum*.

Il ne peut être question de discuter ici à fond les rapprochements qu'on peut faire entre diverses familles. Je me bornerai donc à dire que l'analogie des Commélinées avec les Pipéracées m'a paru assez lointaine et de nature à n'altérer en rien le caractère essentiellement monocotylé de l'organisation des premières. Une différence très grande se manifeste d'ailleurs dans la forme des traces foliaires. Tandis que dans les Commélinées la trace foliaire est toujours étoilée, dans les Pipéracées elle affecte la forme d'un cercle régulier, parce que les faisceaux destinés à la feuille prochaine sont tous périphériques.

ANNEXE.

PARCOURS DES FAISCEAUX DANS LA TIGE DU TRADESCANTIA FLUMINENSIS Vell.

Le type Commélinées, tel qu'il est compris par les auteurs, résulte des études de Falkenberg et de de Bary sur deux espèces de *Tradescantia* à tige rampante contenant un nombre relativement restreint de faisceaux. J'ai cru devoir faire un examen approfondi du parcours des faisceaux dans l'une de ces espèces, afin de m'assurer si leur organisation concorde avec celle du *T. virginica*.

Le *T. fluminensis*, étudié par de Bary sous le nom de *T. albiflora*, est fréquemment cultivé dans les serres où il est généralement nommé *T. viridis* (*). Il sert également à l'ornementation des suspensions et des corbeilles d'appartement. Sa tige, assez grêle, est longuement rampante et peut produire des racines adventives à tous ses nœuds. Des bourgeons axillaires se développent en longues tiges en tout semblables à la tige mère. La multiplication se fait aisément par le bouturage d'une portion de tige quelconque. La floraison s'observe rarement et nous en verrons plus loin la raison. L'inflorescence est terminale.

1. Nombre des faisceaux. — Près de deux cents segments ont été examinés attentivement. La trace foliaire se compose de deux à quinze faisceaux, savoir :

2 foliaires.	. . .		M L			(**)	
6 foliaires.	. . .		L *i* M *i* L	*m*		(fig. 142).	
7 foliaires.	. . .	*m*	L *i* M *i* L	*m*			
8 foliaires.	. . .	*m*	L *i* M *i* L	*m*	*m'*		
9 foliaires.	. . .	*m*	L *i* M *i* L *m'* *m*		*m'*	(fig. 143).	
10 foliaires.	. . .	*m'* *m*	L *i* M *i* L *m'* *m*		*m'*		
11 foliaires.	. . .	*m'* *m*	L *i* M *i* L *m'* *m*		*m'* *m''*	(***)	
12 foliaires.	. . .	*m'* *m* *m'*	L *i* M *i* L *m'* *m*		*m'* *m''*		
13 foliaires.	. . .	*m'* *m* *m'*	L *i* M *i* L *m'* *m* *m''* *m'* *m''*			(fig. 144).	
15 foliaires.	. . .	*m''* *m'* *m* *m'*	L *i* M *i* L *m'* *m* *m''* *m'* *m''* *m'''*				

(*) Voir note au bas de la page 81.

(**) S'observe seulement dans le segment 1, celui qui porte la préfeuille.

(***) On trouve rarement : *m'* *m* *m'* L *i* M *i* L *m'* *m* *m'*.

La trace foliaire est inéquilatère, c'est-à-dire qu'elle comprend deux moitiés inégales, la plus petite étant tournée vers le sol. Très exceptionnellement, elle est équilatère, mais même dans ce cas les autres faisceaux sont distribués asymétriquement par rapport au plan médian du segment.

Les faisceaux de la trace foliaire sont les uns internes, les autres externes et sont disposés en étoile irrégulière comme dans le *T. virginica*. Il y a également des faisceaux anastomotiques externes en nombre sensiblement égal à celui des foliaires, et des faisceaux anastomotiques internes dont le nombre oscille de trois à six.

Le premier segment présente des caractères particuliers : il porte une préfeuille bicarénée recevant un faisceau médian et un faisceau latéral seulement. Son entrenœud, toujours très court, contient un nombre relativement élevé de faisceaux anastomotiques.

Le tableau suivant résume la structure de quatres tiges minutieusement scrutées depuis leur insertion jusqu'à leur sommet.

TRADESCANTIA FLUMINENSIS Vell.

Segments.	TIGE A.				TIGE B.				TIGE C.				TIGE D.			
	Foliaires.	Anastomotiques externes.	Anastomotiques internes.	TOTAUX.	Foliaires.	Anastomotiques externes.	Anastomotiques internes.	TOTAUX.	Foliaires.	Anastomotiques externes.	Anastomotiques internes.	TOTAUX.	Foliaires.	Anastomotiques externes.	Anastomotiques internes.	TOTAUX.
1	2	15	5	22	2	13	5	20	2	7	4	13	2	8	5	15
2	8	8	3	19	8	8	3	19	6	6	3	15	6	7	3	16
3	9	9	3	21	9	8	3	20	6	7	3	16	7	7	3	17
4	9	9	3	21	9	10	3	22	7	6	3	16	8	7	3	18
5	9	10	4	23	10	12	4	26	7	8	3	18	8	8	4	20
6	10	9	4	23	10	11	4	25	7	7	3	17	8	9	3	20
7	10	11	4	25	10	12	4	26	8	7	3	18	9	9	3	21
8	10	10	4	24	11	11	4	26	8	7	3	18	9	9	3	21
9	10	11	4	25	10	10	4	24	8	8	3	19	9	9	4	22
10	10	9	4	23	10	10	5	25	8	7	3	18	9	9	4	22

Segments.	TIGE A.				TIGE B.				TIGE C.				TIGE D.			
	Foliaires.	Anastomotiques externes.	Anastomotiques internes.	TOTAUX.	Foliaires.	Anastomotiques externes.	Anastomotiques internes.	TOTAUX.	Foliaires.	Anastomotiques externes.	Anastomotiques internes.	TOTAUX.	Foliaires.	Anastomotiques externes.	Anastomotiques internes.	TOTAUX.
11	10	10	4	24	10	11	4	25	8	9	3	20	9	9	4	22
12	10	10	5	25	11	11	5	27	9	8	3	20	9	9	4	22
13	10	11	5	26	10	11	5	26	9	8	3	20	9	10	4	23
14	10	10	5	25	10	12	5	27	9	8	3	20	9	9	4	22
15	11	12	5	28	10	11	4	25	8	7	3	18	9	9	4	22
16	10	11	5	26	10	9	5	24	7	7	3	17	9	10	4	23
17	10	11	5	26	10	12	5	27	7	7	4	18	9	10	4	23
18	10	11	5	26	11	11	5	27	7	8	3	18				
19	10	10	5	25	11	12	5	28	8	8	3	19				
20	11	11	5	27	11	12	4	27	8	8	3	19				
21	11	10	5	26	10	9	5	24								
22	11	11	6	28	10	10	4	24								
23	10	11	6	27	10	10	5	25								
24	11	11	6	28	10	11	5	26								
25	11	11	5	27	9	10	4	23								
26	10	11	5	26	10	10	4	24								
27	11	11	6	28	10	10	4	24								
28	11	10	5	26	10	11	4	25								
29	11	12	6	29	10	10	4	24								
30	11	12	6	29	10	11	4	25								
31	11	12	6	29	9	9	3	21								
32					9	9	4	22								
33					9	11	4	24								
34					8	10	4	22								
35					8	9	4	21								

On remarquera d'abord que dans toutes les tiges l'augmentation du nombre des faisceaux, à mesure qu'on s'écarte de la base, se fait très lentement et avec de légères fluctuations.

La tige A s'était développée dans une serre froide, sur une tablette couverte de cendres; elle rampait horizontalement et s'était enracinée à presque tous ses nœuds. Elle mesurait près de 1ᵐ,50 de longueur et ne portait pas de fleurs. Considérée dans son ensemble, elle montre une gradation évidente qui va du deuxième au trente et unième segment.

La tige B, qui mesurait 1ᵐ,25 de longueur, avait été plantée au bord d'une tablette et pendait librement dans l'air sans produire de fleurs. Ses racines adventives n'avaient pu se développer qu'aux premiers nœuds. Son extrémité végétative, insuffisamment éclairée, se relevait avant d'avoir touché le sol. Dans cette tige, on observe une gradation du deuxième au dix-neuvième segment, puis une dégradation du vingtième au trente-cinquième segment. Ce phénomène s'explique par les conditions désavantageuses dans lesquelles la tige B s'est trouvée à partir du moment où elle fut insuffisamment nourrie et éclairée.

La tige C ne mesurait que 0ᵐ,45 de longueur et était très grêle. Elle s'était développée dans un endroit mal éclairé et rampait en s'élevant obliquement le long d'une rocaille. On constate, du premier au quatorzième segment, une gradation très lente, puis, à partir du quinzième segment, une tendance manifeste à une dégradation. Cette tige n'était pas florifère; son diamètre était si faible que dans les premiers segments les trois anastomotiques internes étaient fusionnés en un massif trilobé (fig. 142).

Enfin la tige D, non florifère aussi, était cultivée en appartement, non loin d'une fenêtre. Sa structure est remarquablement constante : à partir du septième segment, il y a neuf foliaires, et le nombre total des faisceaux ne dépasse pas vingt-trois.

A ces quatre tiges stériles j'ai pu comparer une portion de tige terminée par une inflorescence : elle provenait d'une plante vigoureuse qui, abandonnée à elle-même depuis longtemps, s'étalait horizontalement sur une

large tablette au milieu d'une serre chaude et bien éclairée (*). Le segment
qui précède la hampe terminale contient trente et un faisceaux, savoir une
trace foliaire de treize faisceaux : $m'' m' m'' m m' L i M i L m' m m'$; il y a,
en outre, treize anastomotiques externes et cinq anastomotiques internes
(fig. 144, en comparant cette figure aux deux précédentes, on ne perdra
pas de vue qu'elle est reproduite au grossissement de dix-neuf diamètres,
tandis que les deux autres sont amplifiées trente-huit fois).

En rapprochant la structure de cette portion florifère de celle des tiges
stériles étudiées précédemment, je suis amené à admettre que le *T. flumi-*
nensis n'est apte à fleurir qu'après avoir produit des segments caulinaires
contenant une trentaine de faisceaux, dont douze ou treize formant la trace
foliaire. Ces segments ne prennent naissance que dans les plantes bien
nourries et bien éclairées. Dès lors, on comprend la raison pour laquelle les
plantes cultivées en corbeille ou en suspension ne fleurissent jamais. Dans
ces conditions, les tiges sont trop peu vigoureuses et trop fréquemment bou-
turées. Chaque pousse axillaire débutant par une vingtaine de faisceaux ne
progresse que très lentement et n'arrive pas à la vigueur nécessaire pour
produire des hampes florifères (**).

(*) Je dois cet échantillon à l'obligeance de M. Lubbers, chef de cultures au Jardin
botanique de Bruxelles. Cette heureuse circonstance m'a permis de déterminer exactement, d'après la monographie de C.-B. Clarke, le *T. viridis* des horticulteurs. Je saisis
cette occasion pour remercier bien vivement M. Lubbers.

(**) Pour vérifier ces vues théoriques, la plante qui a fourni la tige *A* du tableau de la
page 92 fut, à partir de l'été dernier, entretenue sans être soumise à un bouturage périodique comme on l'avait fait antérieurement. Elle reçut quelques doses d'engrais pour
remédier à la stérilité de la cendrée où elle poussait. On veilla aussi à ce que ses tiges
pussent s'étendre horizontalement et s'enraciner convenablement. La végétation prit
bientôt une vigueur inaccoutumée, mais l'hiver malheureusement vint trop tôt la ralentir
(la serre était peu chauffée). Au printemps de cette année, de nombreuses floraisons appa-
rurent sur l'immense touffe qui couvrait 4 mètres carrés. L'examen anatomique a démontré
que dans les tiges florifères de cette plante, les segments qui précèdent la hampe contiennent une trace foliaire composée de douze ou treize faisceaux; le nombre total des
faisceaux dans l'entrenœud de ces segments est compris entre vingt-neuf et trente et un.

Cette expérience a donc pleinement confirmé l'existence d'un rapport entre le nombre
des faisceaux et l'aptitude du végétal à produire des fleurs. Je dis le nombre des faisceaux
et non pas la vigueur de la végétation appréciée par l'aspect extérieur de l'appareil végétatif.
En effet, lorsque les conditions de vie ne sont pas identiques, le parenchyme interfascicu-

2. Parcours des faisceaux. — J'ai étudié le parcours des faisceaux dans un grand nombre de segments divers et plus spécialement dans ceux qui contiennent vingt-deux faisceaux. Ces segments forment une région parfaitement comparable à celle décrite par de Bary (3, p. 279). Ce sont les

laire prend un développement très inégal qui donne aux organes une épaisseur et une surface fort différentes avec un nombre de faisceaux constant. Ainsi à Bruxelles, dans une serre chaude et humide, les entrenœuds contenant trente et un faisceaux avaient un diamètre de 3ᵐᵐ,5 ; à Liége, dans une serre plus froide et plus sèche, les entrenœuds contenant trente et un faisceaux ne mesuraient pas 3 millimètres de diamètre.

Il ne faut pas oublier non plus que les segments les plus épais ne sont pas toujours ceux qui contiennent le plus grand nombre de faisceaux. Dans une même tige de *T. fluminensis*, j'ai noté des entrenœuds mesurant 4 millimètres d'épaisseur et contenant vingt-six faisceaux, tandis que plus haut des entrenœuds de 3 millimètres d'épaisseur à peine contenaient trente et un faisceaux. Nous avons vu déjà (p. 74) que dans les tiges primaires du *T. virginica* les segments les plus épais, situés au niveau du sol, ne sont pas ceux qui renferment le plus de faisceaux.

Pour juger de l'aptitude d'une plante à fleurir, la connaissance du nombre des faisceaux est donc nécessaire; l'aspect extérieur ne nous renseigne guère que sur le développement des tissus parenchymateux chez les Monocotylées, sur le développement des tissus secondaires chez les Dicotylées.

Une circonstance fortuite a montré, d'une façon frappante, l'importance qu'il faut attribuer au nombre des faisceaux au point de vue de la floraison. Dès la fin de l'été dernier, j'avais constaté, par l'examen anatomique de quelques entrenœuds, que la plante soumise à l'expérience dont il vient d'être rendu compte, serait bientôt apte à fleurir. L'abaissement de la température et la diminution de l'éclairage pendant l'hiver retardèrent l'apparition des fleurs. Les choses étant en cet état, des boutures furent données, en février, à un amateur habitant les Ardennes. Chaque bouture était constituée par une portion, longue de 15 centimètres, coupée à l'extrémité même des tiges reconnues capables de floraison. Or ces « boutures de tête », comme disent les jardiniers, mises en terre, se sont allongées d'une dizaine de centimètres, puis ont fleuri *dès le mois suivant;* à Liége, la plante-mère fleurissait quelques jours plus tard. Cette coïncidence est d'autant plus curieuse que la floraison du *T. fluminensis* ne s'était plus produite à Liége depuis plus de vingt ans.

Les boutures, prises au moment opportun, ont donc fleuri, cette année, avec 25 centimètres de tige, tandis que dans la touffe-mère (provenant elle-même d'une bouture faite dans d'autres conditions), la plupart des tiges florifères mesuraient 2 mètres de longueur. Les jardiniers ont souvent recours à la pratique du « bouturage des têtes » pour obtenir des plantes ornementales florifères de taille basse, dans les espèces les plus diverses. Ce qui précède explique leur procédé. De même, dans la greffe des semis d'orangers, on associe un rameau d'arbre adulte à la tige d'un sujet très jeune pour obtenir un nain. De même encore, le bouturage des rameaux orthotropes du lierre donne des arbustes florifères non rampants, dont le port diffère entièrement de celui des lierres rampants et non florifères.   *(Note ajoutée pendant l'impression.)*

segments inférieurs des tiges vigoureuses et la plupart des segments des tiges grêles.

Les figures 147 et 148 représentent le développement graphique des segments [4], [5], [6] : la première indique le trajet des faisceaux externes, la seconde celui des faisceaux internes. Ces graphiques ont été obtenus par deux procédés de nature à se contrôler et à se compléter :

1° Coupes transversales successives dessinées et reportées au moyen d'un repère sur des horizontales parallèles ;

2° Tiges évidées à l'emporte-pièce, éclaircies, colorées, puis étalées et dessinées à l'aide d'un objectif à grand champ.

Dans la figure 147, on voit les faisceaux foliaires $i\,i\,m'$ se détacher, à chaque nœud, des faisceaux anastomotiques externes. Dans la figure 148, on voit au contraire que les foliaires m L M L $m\,m'$ se détachent des anastomotiques internes. Quant aux ceintures gemmaires, l'externe est visible à chaque nœud de la figure 147, l'interne à chaque nœud de la figure 148.

Pour permettre au lecteur de bien constater que l'origine des foliaires externes est complètement différente de l'origine des foliaires internes, la figure 145 reproduit exactement l'aspect d'une coupe pratiquée dans la partie supérieure du nœud [4]. On y remarquera d'abord la sortie des faisceaux qui se rendent dans la feuille [4], savoir $(m$ L i M i L $m'\,m\,m')$ [4]; puis la ceinture gemmaire externe incomplète à ce niveau ; la ceinture gemmaire interne et les gemmaires rayonnants ; les foliaires internes $(m$ L M L $m\,m')$ [5]; les foliaires externes $(i\,i\,m')$ [5]. Ces trois derniers procèdent, en toute évidence, des anastomotiques externes : à gauche i [5] n'est que le faisceu n° 4 ; à droite, i [5] est le faisceau n° 6, et (m') [5] est le faisceau n° 3.

3. EXTRÉMITÉ VÉGÉTATIVE DE LA TIGE. — La figure 119 du *Vergleichende Anatomie*, d'après l'explication qui en est donnée à la page 280, reproduit l'aspect, après éclaircissement par la potasse, d'une section longitudinale pratiquée dans une extrémité végétative de *T. albiflora*. Cette méthode ne permet pas de suivre le trajet des faisceaux procambiaux jusqu'à leur sortie dans les feuilles jeunes. Il semble alors que les faisceaux périphériques se terminent dans la tige, d'où le qualificatif « stammeigenen » que de Bary leur a appliqué.

13

J'ai donc modifié la méthode : des extrémités végétatives ont été sectionnées longitudinalement par le milieu; les deux moitiés, éclaircies par l'eau de Javelle, colorées par le rouge de Ruthenium, ont été montées au baume de Canada, les surfaces de section tournées vers l'observateur. Ce procédé a l'avantage de donner aux préparations beaucoup de transparence et de rendre les faisceaux procambiaux bien visibles. En déplaçant la mise au point, on peut sonder l'une après l'autre les deux moitiés, les dessiner isolément à la chambre claire sur un plan convenablement incliné pour éviter toute déformation des images. Ces dessins sont ensuite calqués sur une même feuille de papier, de façon à se compléter l'un l'autre. Le schéma de notre figure 146 a été ainsi obtenu : le trajet des faisceaux les plus rapprochés du plan médian y est seul représenté, les internes en traits discontinus, les externes en lignes pointillées. On reconnaitra que ces derniers sortent réellement dans les feuilles. Mais, formés et différenciés plus tard que les internes, ces faisceaux externes sortent dans les appendices à l'état de procambium, ce qui les rend plus difficiles à observer.

4. INSERTION DES BOURGEONS AXILLAIRES ET DES RACINES ADVENTIVES. — L'insertion d'un bourgeon axillaire se fait par l'intermédiaire d'un réseau gemmaire qui occupe la partie supérieure de la tige mère. Ce réseau comprend, comme dans le *T. virginica*, deux ceintures concentriques et des branches rayonnantes (fig. 145).

Les racines adventives sont insérées un peu plus haut que la ceinture gemmaire externe, par l'intermédiaire de trachées courtes et généralement dans l'intervalle entre deux faisceaux externes (fig. 147). Elles n'ont aucun contact avec les faisceaux internes.

5. CONCLUSIONS. — Le parcours des faisceaux dans le *T. fluminensis* appartient au même type que celui du *T. virginica*. Il n'y a pas de « faisceaux propres à la tige », mais les foliaires sont les uns internes, les autres externes. Dans leur course descendante, les premiers forment des anastomotiques internes, les seconds forment des anastomotiques externes. Dans les nœuds, il y a un réseau gemmaire qui se différencie assez tard, lorsque la feuille aissellière est déjà épanouie. Quant à l'insertion des racines adventives, elle se fait plus tard encore sur les faisceaux externes de la tige.

§ 3. — Histologie.

Le milieu exerçant une influence notable sur la structure des tiges, il y a lieu de décrire successivement l'organisation des portions aériennes et celle des portions souterraines.

I. — *Portions aériennes.*

Les portions aériennes comprennent la tige principale moins ses deux premiers segments, les tiges primaires moins leurs cinq ou six premiers segments, et enfin les tiges secondaires. Les entrenœuds s'allongent toujours beaucoup : ils mesurent souvent 15 centimètres de longueur.

1. Les faisceaux.

a) *Les faisceaux foliaires* montrent, à la place du bois, une vaste lacune bordée d'un rang de cellules étroites à parois cellulosiques. Des débris de trachées se retrouvent quelquefois contre la paroi de cette lacune. Le liber, parfaitement conservé, comprend des cellules grillagées et des cellules annexes (fig. 149, faisceau M) (*).

b) *Les faisceaux anastomotiques internes* contiennent également une lacune, mais des éléments ligneux disjoints s'observent ici plus souvent dans la lacune (fig. 150).

Des coupes longitudinales et des dissociations permettent de préciser la nature des éléments qui formaient le bois des faisceaux foliaires et des faisceaux anastomotiques internes. Ce sont : une trachée initiale annelée ou spiro-annelée, très étroite, dont les extrémités sont dissociées (fig. 151 à gauche dans la lacune); plusieurs trachées annelées, plus larges, dont les anneaux sont ordinairement très écartés les uns des autres (fig. 151 à droite dans la lacune); parfois enfin un ou deux vaisseaux annelés.

Il arrive parfois que deux anastomotiques internes sont fusionnés de façon

(*) Il s'agit ici, comme dans tout ce paragraphe, de la structure des entrenœuds; aux nœuds, les faisceaux n'ont jamais de lacune, les trachées et les vaisseaux se sont conservés intacts.

à ne présenter qu'une seule lacune avec deux massifs libériens opposés l'un à l'autre (fig. 152). Cette disposition se rencontre normalement dans l'entrenœud [2] de la tige principale. D'autre fois, c'est par leur région libérienne que deux ou trois faisceaux se confondent (fig. 153).

Une autre particularité s'observe en hiver dans les tiges primaires. La portion aérienne de ces tiges s'étant détruite, l'entrenœud situé au niveau du sol est partiellement décomposé, tandis que la moitié inférieure est encore vivante. A cet endroit, les lacunes à la place du bois sont comblées par des cellules arrondies, à parois minces, contenant un noyau au centre de cordons protoplasmiques. Ces éléments résultent de la prolifération des petites cellules qui circonscrivent la lacune (coupe transversale, fig. 154; coupe longitudinale, fig. 155; début du phénomène, fig. 156). Cette prolifération est tout à fait comparable aux thylles qui envahissent les vaisseaux de certains arbres dicotylés. Dans le *Tradescantia*, elle est provoquée par la communication des lacunes avec l'atmosphère; elle a pour effet de boucher ces lacunes sur une grande longueur et d'empêcher l'infiltration de l'eau jusqu'aux parties vivaces du rhizome.

c) *Les faisceaux anastomotiques externes* ne contiennent pas de lacune, si ce n'est exceptionnellement une très petite résultant de la destruction d'une seule trachée. Le bois consiste en une trachée initiale annelée, assez large, dont les anneaux sont très écartés; une ou deux larges trachées spiralées ou spiro-annelées; plusieurs vaisseaux annelés formés de cellules vasculaires relativement étroites, mais très longues (longueur $1^{mm},2$ à $1^{mm},8$) (coupe transversale, fig. 157; coupe longitudinale, fig. 158, montrant le contact de deux cellules vasculaires; fig. 159, extrémité ouverte d'une cellule vasculaire dissociée par la macération de Schultze).

Dans tous les faisceaux des tiges du *T. virginica*, à quelque catégorie qu'ils appartiennent, les éléments ligneux sont donc généralement annelés, plus rarement spiro-annelés ou simplement spiralés. Dans chaque faisceau il faut distinguer deux sortes d'éléments : ceux qui se forment d'abord et se terminent aux deux bouts par une pointe fermée, ce sont les trachées; ceux qui se forment ensuite et s'unissent en résorbant leurs cloisons terminales, ce sont les vaisseaux.

Les faisceaux ne sont jamais entourés d'une gaine de cellules étroites et sclérifiées, comme cela se présente si souvent dans les Graminées et les Palmiers. Cependant les cellules du tissu fondamental qui environnent les faisceaux sont généralement moins larges et sans méats; leurs parois sont minces et cellulosiques autour des faisceaux internes (fig. 149 et 150), plus ou moins épaissies et sclérifiées autour des faisceaux externes (fig. 157).

2. LE SYSTÈME FONDAMENTAL comprend deux régions :

a) *La région interfasciculaire* est occupée, en majeure partie, par un parenchyme à grandes cellules, à membrane très mince, contenant un protoplasme pariétal, un seul noyau, beaucoup d'amidon avant la floraison et très rarement un cristal octaédrique d'oxalate de chaux (fig. 149). Les méats assez grands sont limités par trois à huit cellules. Ça et là de très longues cellules à raphides (*).

Vers la périphérie, ce parenchyme passe insensiblement à une gaine de sclérenchyme contre laquelle sont appuyés les faisceaux anastomotiques externes. Cette gaine continue comprend un à trois rangs de cellules très longues, étroites, à section transversale polygonale, sans méats; parois fortement épaissies et durcies (coloration jaune par le chlorure de zinc iodé), ponctuations en fentes obliques croisées, cloisons terminales un peu obliques; noyaux fragmentés (fig. 160).

L'épaisseur totale de la région interfasciculaire varie comme l'indique le tableau suivant, dont les valeurs, trouvées dans des tiges de vigueur ordinaire, peuvent être considérées comme des moyennes.

	TIGE PRINCIPALE.	TIGE PRIMAIRE.		TIGE SECONDAIRE.	
	Entrenœud 5.	Entrenœud 6 (**)	Entrenœud 10.	Entrenœud 2.	Entrenœud 5.
Le plus grand diamètre mesure. . . .	2^{mm}	9^{mm},9	5^{mm},8	4^{mm},9	4^{mm},2
Nombre de cellules suivant le plus grand diamètre de la région interfasciculaire.	19	72	48	27	23
Nombre de faisceaux	18	52	60	33	46

(*) La description de ces cellules à raphides fera l'objet d'un paragraphe spécial, inséré plus loin.

(**) Premier entrenœud au-dessus du sol.

L'épaisseur totale du parenchyme interfasciculaire ne dépend donc nullement du nombre des faisceaux. Elle est minima, il est vrai, dans la tige principale et maxima dans la tige primaire, mais, dans une même tige, le plus grand développement du parenchyme ne se manifeste pas dans les segments qui contiennent le plus grand nombre de faisceaux. Dans les tiges primaires, le plus grand développement du parenchyme s'observe dans l'entrenœud situé au niveau du sol; dans les tiges secondaires ou rameaux, c'est à partir de l'entrenœud [2]. Il est à noter aussi que les cellules sont d'autant plus volumineuses qu'elles sont plus nombreuses.

Les portions aériennes ont une forme générale en cône insensiblement atténué vers le haut. Cette forme extérieure résulte du développement de la région interfasciculaire et non de la quantité de faisceaux, comme on pourrait le croire. Certains entrenœuds sont assez fortement renflés dans leur moitié inférieure; malgré cela, le nombre des cellules du parenchyme est sensiblement invariable dans toute la longueur de l'entrenœud. C'est l'hypertrophie des cellules vers le bas qui produit le renflement.

b) *La région corticale* comprend :

1. Un parenchyme profond composé de cellules cylindriques, à parois minces, contenant du protoplasme, un seul noyau et de l'amidon; méats aux angles des cellules seulement et assez souvent quadrangulaires. Ça et là de longues cellules à raphides. Ce parenchyme a subi quelques recloisonnements tangentiels peu nombreux, dont la trace s'est conservée plus ou moins dans la disposition des cellules (fig. 160).

L'assise cellulaire la plus profonde, le « phlœoterme », ne possède guère de caractères propres : elle se reconnaît surtout par le contraste qu'elle présente avec la gaine de sclérenchyme sous-jacente (fig. 160, coupe transversale, les cellules du phlœoterme sont marquées d'une croix; fig. 161, coupe radiale). Elle est formée de cellules prismatiques dont les cloisons radiales ne sont jamais plissées (fig. 162, coupe tangentielle). Le contenu consiste en une couche protoplasmique pariétale avec noyau assez souvent fragmenté, du suc cellulaire, pas de chlorophylle, pas ou très peu d'amidon. Quant aux parois, elles sont ordinairement minces, cellulosiques et sans ponctuations; parfois cependant certaines cellules isolées ou rapprochées côte à côte ont des parois épaissies, ponctuées et très nettement sclérifiées (coloration rose par la fuchsine diluée, jaune par le chlorure de zinc iodé), (fig. 163, coupe transversale; fig. 164, coupe tangentielle de la cellule phlœotermique sclérifiée).

Dans la partie aérienne inférieure de quelques tiges plus solidifiées que les autres, un certain nombre de cellules du parenchyme cortical (phlœoterme compris) épaississent et sclérifient leurs parois au point de présenter les mêmes réactions que le sclérenchyme de la région interfasciculaire externe contre lequel ces cellules corticales sont appuyées.

2. Un parenchyme chlorophyllien forme des massifs sous les stomates : cellules laissant entre elles des méats échelonnés tout le long des parois longitudinales, comme dans le mésophylle foliaire.

3. Un collenchyme est disposé en massifs hypodermiques alternant avec les massifs de parenchyme riche en chlorophylle. Les longues cellules de ce collenchyme contiennent des noyaux fréquemment fragmentés.

L'épaisseur totale de la région corticale, l'épaisseur relative du parenchyme et celle du collenchyme varient comme le montre le tableau suivant.

	Nombre des assises cellulaires corticales dans				
	UNE TIGE PRINCIPALE.	UNE TIGE PRIMAIRE.		UNE TIGE SECONDAIRE.	
	Entrenœud 5.	Entrenœud 6 (*).	Entrenœud 10.	Entrenœud 2.	Entrenœud 5.
Collenchyme	2-3	5-6	3-4	3-4	3-4
Parenchyme sous le collenchyme .	2-3	5-6	2-3	3-4	1-2
Phlœoterme	1	1	1	1	1
TOTAUX. . . .	5-7	11-13	6-8	7-9	5-7

L'épaisseur totale de l'écorce est minima dans la tige principale, maxima dans la tige primaire; dans une même tige, elle diminue de la base au

(*) Premier entrenœud au-dessus du sol.

sommet. D'autre part, l'importance relative du parenchyme et du collenchyme est variable : vers la base des tiges ces deux tissus comptent le même nombre d'assises; vers le sommet le collenchyme devient relativement plus épais.

3. L'ÉPIDERME est glabre et formé de grandes cellules rectangulaires et de stomates rangés en files longitudinales; ces éléments sont semblables à ceux des feuilles et seront décrits au chapitre IV.

II. — *Portions souterraines.*

Les portions souterraines sont constituées par les deux premiers segments de la tige principale et par les cinq ou six segments inférieurs de toutes les tiges primaires. Les entrenœuds restent toujours très courts (de 2 à 5 millimètres). Les segments souterrains vivent plusieurs années. Leur structure diffère de celle des portions aériennes par les caractères suivants :

Il n'y a de lacune dans aucun faisceau (fig. 167, coupe transversale d'un faisceau M; fig. 168, id. d'un faisceau anastomotique interne; fig. 169, id. d'un faisceau anastomotique externe; à comparer aux fig. 149, 150 et 157, faisceaux correspondants de la portion aérienne). Les cellules qui entourent ces faisceaux ont des parois cellulosiques, épaisses et ponctuées. Les cellules vasculaires des vaisseaux annelés sont courtes (longueur 0^{mm},2 à 0^{mm}, 3). Les cellules à raphides sont également courtes.

La région interfasciculaire est entièrement parenchymateuse : sa portion externe n'est jamais occupée par une gaine de sclérenchyme, mais par du parenchyme qui diffère très peu du parenchyme interne (fig. 169). En remontant vers la portion aérienne de la tige, la région interfasciculaire externe se caractérise de mieux en mieux : les méats disparaissent, il n'y a plus d'amidon, les parois s'épaississent et enfin se sclérifient.

La région corticale comprend :

1. Un parenchyme recloisonné à développement centripète, épais d'une douzaine d'assises cellulaires en moyenne. Les cellules, disposées en séries radiales avec méats quadrangulaires, sont gorgées d'amidon (fig. 169).

Au dos de chaque faisceau du cercle extérieur, la dernière assise de ce parenchyme recloisonné s'est différenciée en un *arc endodermique* reconnaissable à la forme aplatie des cellules, à l'absence d'amidon et surtout aux plissements des cloisons radiales (points de Caspary) (fig. 169, coupe transversale; fig. 171, coupe radiale passant par l'arc endodermique; fig. 172, coupe tangentielle du même). Ces arcs endodermiques se continuent avec l'endoderme des racines adventives insérées aux nœuds.

Dans l'intervalle entre les faisceaux du cercle extérieur, la dernière assise du parenchyme cortical recloisonné ne possède aucun caractère différenciel : la limite entre la région corticale et la région interfasciculaire s'efface presque entièrement (fig. 169). On peut parfois, cependant, par une observation attentive, retrouver les cellules de la dernière assise corticale (phlœoterme) dans l'intervalle entre les faisceaux : dans la figure 169 ces cellules sont marquées d'une croix. La confusion de la région corticale avec la région interfasciculaire est donc plus apparente que réelle.

2. Une couche subéreuse comprenant quatre ou cinq cellules séparées par des cloisons radiales et tangentielles brunes. A l'extérieur de cette couche morte, on retrouve parfois les débris du parenchyme extérieur primitif et de l'épiderme (fig. 170).

HISTORIQUE.

Nægeli (131, p. 9) eut le grand mérite d'introduire dans l'anatomie les notions si précises de « xylème » et de « phloème » et de caractériser le premier de ces tissus conducteurs par les vaisseaux (ou les trachées), le second par les cellules grillagées. Il est peut-être regrettable que ces deux termes proposés par Nægeli ne soient pas généralement employés dans la nomenclature française, mais il est à observer que les mots « bois » et « liber » sont devenus aujourd'hui les synonymes de xylème et de phloème.

C'est à Nægeli également que nous devons la distinction si importante de faisceaux « monarches » et « polyarches » auxquels correspondent nos faisceaux « unipolaires » et « multipolaires ».

Schwendener (166), se plaçant à un autre point de vue, a opposé les tissus de soutien (« stéréome ») aux tissus conducteurs (« mestomes »).

14

Les diverses dispositions réalisées par les premiers lui ont fourni le moyen de distinguer vingt types. Le *Tradescantia zebrina* et le *T. erecta* sont rangés, avec beaucoup de Liliacées, Iridées, etc..., dans le dernier type qu'on peut définir par l'existence d'une gaine solide, simple, entourant tous les faisceaux conducteurs. Schwendener a donné le nom de « Bastring » à cette gaine qui a reçu tour à tour les dénominations les plus variées.

Link (109) semble être le premier anatomiste qui ait fait mention des Commélinées : il rapproche la structure du *Tradescantia albiflora* de celle des Liliacées. La figure qu'il en donne est à peine reconnaissable (pl. III, fig. 2).

Guillaud (69) a cherché à établir, dans les Monocotylées, six types d'organisation basés principalement sur la structure de la « zone intermédiaire », c'est-à-dire de la bande annulaire plus ou moins large qui sépare ordinairement l'écorce de la moelle. Dans le rhizome du *T. virginica*, « la zone intermédiaire, relativement très développée, dit-il, comprend, en dehors et par places, des assises nombreuses de méristémiforme, une gaine fasciculaire non continue ; en dedans, du méristémiforme un peu différent du premier » (69, p. 72). Sous le nom de « méristémiforme », l'auteur désigne une sorte de parenchyme à petites cellules, sans méats, qui semble n'être souvent que du méristème éteint. Par gaine fasciculaire, il entend un endoderme plissé.

Le méristémiforme que Guillaud crut reconnaître à l'extérieur de l'endoderme n'est que le parenchyme cortical recloisonné. Ce tissu n'est donc nullement « semblable à la zone d'accroissement continu des *Dracena* et *Yucca* ». Quant au méristémiforme situé en dedans de l'endoderme, c'est la partie la plus externe du parenchyme interfasciculaire qui, dans le rhizome, ne se sclérifie pas, mais correspond néanmoins exactement à la gaine de sclérenchyme des tiges aériennes.

Sous le nom de « zone intermédiaire », Guillaud a réuni à tort une partie de la région corticale et une partie de la région interfasciculaire en y englobant les arcs endodermiques. Ceux-ci ont été correctement décrits par le botaniste français (69, pp. 72 et 73), mais ils ont été représentés d'une façon défectueuse dans la figure 5, planche III de son travail. Dans cette figure, les plissements colorés en rouge sont placés trop près des faisceaux.

D'après Guillaud (p. 77), les faisceaux du cercle extérieur, dans le *Tradescantia*, n'auraient pas de trachées, tandis que les autres faisceaux en posséderaient. Cette distinction n'est pas fondée, mais il faut observer que les faisceaux anastomosiques externes ont des trachées si larges qu'on peut les confondre avec les vaisseaux.

Discutant la nature des éléments de la gaine sclérifiée des tiges aériennes, Guillaud croit « tenir compte de toutes leurs conditions d'existence en leur appliquant le nom de « pseudo-liber » (pp. 16 et 133). Ce terme n'est évidemment pas meilleur que celui de « Bastring », donné par Schwendener à ce tissu.

La limite entre l'écorce et le corps central a été bien saisie par **Falkenberg** (51) qui, le premier, a distingué avec soin deux sortes de gaines dans les Monocotylées : d'une part, la « Rindenscheide » qui appartient à l'écorce (c'est la « Schutzscheide » de Caspary, la « Strangscheide » de Sachs, l' « endoderme » des auteurs français); d'autre part, l' « Aussenscheide » qui fait partie du corps central (c'est le « verholzter Verdickungsring » de Schacht, le « Holzschicht » de Mohl, le « Bastring » de Schwendener, le « pseudo-liber » de Guillaud, la « gaine prosenchymateuse » ou la « gaine de sclérenchyme). La première des deux gaines de Falkenberg est surtout reconnaissable dans les parties souterraines, la seconde dans les parties aériennes d'une foule de Monocotylées.

Dans une contribution à l'étude des tissus mécaniques, M. **Ambronn** (1) a reconnu et exactement figuré l'origine, la situation et les caractères histologiques des massifs de collenchyme sous-épidermiques dans plusieurs espèces de *Tradescantia* (p. 504 et fig. 8 à 11, pl. XXXII).

M. **Mangin** (110) a confirmé les vues de Falkenberg et a complété sa démonstration de l'origine distincte de l'endoderme et de la gaine prosenchymateuse. Il a parfaitement décrit et représenté l'endoderme dans le rhizome du *T. virginica* (fig. 39, pl. XII). Il ajoute que cet endoderme « est fractionné en plusieurs parties » et que cette dissociation serait « causée par la sortie des faisceaux se rendant aux feuilles » (p. 307). Il est difficile d'admettre cette explication, car l'endoderme est interrompu même aux endroits où il n'y a pas de sortie de faisceaux ; de plus, dans toutes les tiges il y a des faisceaux sortants, de sorte que l'endoderme de toutes les tiges devrait être discontinu !

D'ailleurs, l'expression « endoderme discontinu » semble impropre. Il n'y a pas *un* endoderme, mais des arcs endodermiques, et cette disposition, au point de vue fonctionnel, est sans doute un acheminement vers la constitution d'une gaine à parois plissées autour de chaque faisceau. Je dis au point de vue fonctionnel, car au point de vue morphologique ces gaines à parois plissées autour de chaque faiseau n'ont plus rien de commun avec le phlœoterme. D'ailleurs, on sait aujourd'hui que le plissement des cloisons peut se manifester dans bien d'autres assises que l'assise la plus profonde de l'écorce.

M. Van Tieghem a proposé de nommer « péricycle » la portion de tissu conjonctif qui est comprise entre l'endoderme et le bord externe du liber des faisceaux (190, p. 280).

Dans une monographie consacrée au péricycle, **M. Morot** (128) a décrit, dans la tige des Monocotylées, un péricycle tantôt homogène, converti tout entier en un anneau de sclérenchyme, tantôt hétérogène, comprenant une zone externe scléreuse et une zone interne parenchymateuse (pp. 253 et 255).

L'importance attribuée au péricycle me semble avoir été beaucoup exagérée. Dans les tiges, en effet, le péricycle ne constitue pas une région nettement limitée vers l'intérieur. Dans l'intervalle entre les faisceaux, rien ne permet d'assigner une limite entre ce qu'on nomme péricycle et le reste du tissu conjonctif, soit à l'état adulte, soit au cours du développement des tissus. La division du système fondamental en deux régions, l'une corticale, l'autre interfasciculaire, repose au contraire sur un ensemble de caractères histologiques confirmés par l'origine distincte de ces deux régions, comme il sera établi au paragraphe suivant, consacré à l'histogenèse. Dans les racines, le terme péricycle peut s'employer avantageusement pour désigner ce qui a été nommé tour à tour « assise périphérique du cylindre central », « membrane rhizogène », « péricambium », etc..., car il s'agit là d'un tissu nettement défini. J'ajouterai que jusqu'ici rien ne prouve encore l'homologie de ce qui a été nommé péricycle dans les tiges avec le péricycle des racines. Il n'est donc pas nécessaire, pour le moment, de confondre ces deux choses sous une même dénomination.

M. Strasburger (179, p. 484) est d'avis qu'il faut maintenir comme tissu distinct tous les éléments de l'écorce primaire, même lorsque celle ci n'est pas limitée intérieurement par un endoderme différencié ou par une assise amylifère. Il propose de désigner sous le nom de « phlœoterme » l'assise cellulaire la plus interne de l'écorce, quels que soient ses caractères histologiques, et de réserver le terme « endoderme » pour les couches cellulaires pourvues de bandes radiales cutinisées, couches qui proviennent de tissus différents au point de vue morphologique. Le terme endoderme servirait donc à désigner certaines assises, d'origine variable, mais douées de caractères fonctionnels identiques, résultant de l'existence de plissements cutinisés (179, pp. 407 et suiv.)

Tiré d'une longue indécision sur la question de la délimitation de l'écorce primaire par mes observations anatomiques sur le *Tradescantia,* je me rallie volontiers à l'avis de l'illustre professeur de Bonn : dans ce mémoire, les mots phlœoterme et endoderme sont employés dans le sens qu'il indique et qui est de nature, me semble-t-il, à préciser la nomenclature des tissus.

§ 4. — Histogenèse.

Les matériaux les plus convenables pour l'étude du développement des tissus sont les bourgeons de diverses grosseurs pris sur le rhizome des plantes adultes au commencement de l'été (fig. 173, 174) et la tige principale des plantules en germination. Des coupes longitudinales ont été orientées les unes suivant le plan de symétrie d'une feuille, les autres suivant une direction perpendiculaire à ce plan. Des coupes transversales successives très minces ont également été exécutées en séries.

I. — *Tige primaire à l'état de bourgeon.*

A. Coupes longitudinales.

La coupe longitudinale d'un gros bourgeon (fig. 174) est représentée, dans son ensemble, par la figure 175 : la tige, très courte encore, porte dix feuilles dont la première constitue la préfeuille. Sectionné suivant le plan de symétrie de la dernière feuille (fig. 176) ou suivant une direction perpendiculaire à ce plan (fig. 177), le sommet végétatif montre quatre *histogènes* superposés. Ces histogènes forment quatre assises distinctes, composées chacune d'une seule *cellule initiale* centrale et d'un certain nombre de cellules jeunes, latérales, dérivées de l'initiale. Tous ces éléments se divisent par des cloisons toujours perpendiculaires à la surface du sommet végétatif. Les caractères spéciaux propres à chaque histogène sont les suivants :

Premier histogène (n° 1 dans les fig. 176 et 177) : Il forme une assise cellulaire unique, qui s'étend sur les mamelons foliaires et sur les entrenœuds naissants. Il constitue donc le dermatogène, c'est-à-dire la couche qui deviendra l'épiderme des feuilles et de la tige.

Deuxième histogène (n° 2 dans les mêmes figures) : Les cellules produites par cet histogène subissent des recloisonnements tangentiels et engendrent ainsi le mésophylle interne et le mésophylle externe des feuilles; elles engendrent aussi la zone corticale des entrenœuds de la tige.

Troisième histogène (n° 3) : Ses cellules se prolongent de bonne heure dans les feuilles naissantes; elles s'y recloisonnent perpendiculairement à la surface de l'organe, puis donnent naissance à certains endroits à du procambium. Les mêmes recloisonnements se font dans les entrenœuds. Ce troisième histogène est l'assise génératrice des nervures et du mésophylle moyen des feuilles, ainsi que d'une partie des faisceaux de la tige avec le tissu fondamental situé entre ces faisceaux.

Quatrième histogène (n° 4) : Les cellules qui en proviennent se recloisonnent transversalement et longitudinalement pour produire encore un certain nombre de faisceaux et une partie du tissu fondamental de la tige. Ce dernier histogène n'intervient pas dans la formation des feuilles, mais il donne naissance à toute la partie centrale de la tige.

Il n'est pas possible, pour le moment, de préciser plus exactement la part qui appartient au troisième histogène et celle qui revient au quatrième histogène dans l'édification de la tige. On peut penser, cependant, que le troisième donne naissance aux faisceaux de la trace foliaire et aux faisceaux anastomotiques externes, tandis que le quatrième produit tous les faisceaux situés en dedans de la trace foliaire, c'est-à-dire les anastomotiques internes et, le cas échéant, les foliaires destinés aux feuilles situées au delà de celle portée par le segment considéré.

Dans l'aisselle des premières feuilles d'un gros bourgeon tel que celui de la figure 174 se trouvent déjà de petits bourgeons qui ne se développeront que beaucoup plus tard. L'un de ces petits bourgeons (fig. 178) ne possède encore que sa préfeuille en voie de formation : son sommet montre une structure identique à celle décrite ci-dessus, sauf que les histogènes se composent d'un nombre moindre de cellules. On remarquera cependant que la préfeuille ne contient pas ici d'assise génératrice des nervures. Cette assise, en effet, n'existe pas dans toute la largeur de la préfeuille, comme il sera expliqué au chapitre suivant.

B. Coupes transversales.

Des coupes transversales successives dans un gros bourgeon semblable à celui de la figure 173 fournissent des renseignements plus complets sur les divers stades du développement histologique.

Premier stade : Méristème (fig. 181) (*).

Une coupe passant par le dermatogène (fig. 179) montre une cellule initiale (c) hexagonale nettement reconnaissable.

La coupe suivante (fig. 180 qui correspond au segment [11]) rencontre les quatre histogènes : les cellules du troisième sont déjà recloisonnées; au centre du quatrième on observe la cellule initiale (c), dont les faces sont orientées comme les faisceaux L i M i L m, qui prendront naissance plus tard.

Deuxième stade : Apparition des faisceaux procambiaux.

Ces faisceaux apparaissent successivement à divers niveaux : dans le segment [9] (fig. 182), on observe déjà les faisceaux foliaires $(m\,L\,i\,M\,i\,L\,m)^9$;

Dans le segment [8] (fig. 183), on voit en outre les quatre faisceaux foliaires $(m')^8$;

Dans le segment [7] (fig. 184), on constate en plus le faisceau foliaire M^8 et quatre des faisceaux anastomotiques internes;

Dans le segment [6] (fig. 185), se trouvent enfin les quatre faisceaux foliaires $(m'')^6$, les deux faisceaux foliaires L^7, deux nouveaux anastomotiques et quatorze anastomotiques externes.

L'ordre d'apparition des faisceaux procambiaux *dans un même entrenœud* est donc le suivant : les foliaires destinés à la feuille prochaine, les foliaires destinés à la deuxième feuille au-dessus du niveau considéré, les anastomotiques internes et finalement les anastomotiques externes. Il est à observer cependant que dans chaque catégorie l'apparition des faisceaux se fait progressivement et qu'elle peut n'être pas entièrement terminée quand commence la formation des faisceaux de la catégorie suivante.

A quelque catégorie qu'ils appartiennent, les faisceaux procambiaux prennent naissance de la même manière : certaines cellules du méristème se recloisonnent longitudinalement, de façon à constituer des massifs d'éléments prismatiques (cellules du procambium) au sein du tissu fondamental naissant. D'une façon générale, cette transformation du méristème se fait du centre vers la périphérie. L'activité génératrice s'éteint cependant de

---

(*) Dans les figures 181 à 184, la courbe tracée par un trait interrompu indique l'endroit où la feuille n'est pas complètement séparée de la tige.

bonne heure et à aucun moment on ne peut la trouver localisée dans un anneau périphérique comme dans certaines Monocotylées. Il n'existe donc rien qu'on puisse qualifier d'anneau d'accroissement (Verdickungsring) ou de périméristème.

Troisième stade : Différenciation libéro-ligneuse.

La différenciation libéro-ligneuse d'un faisceau procambial quelconque (fig. 186) débute par l'apparition d'un élément grillagé et d'une trachée. En même temps, quelques cellules situées à égale distance de ces deux pôles subissent des cloisonnements tangentiels et constituent une zone cambiale extrêmement nette (fig. 187). Des trachées plus larges, puis des vaisseaux se forment ensuite en direction centrifuge (fig. 188). Le cambium, qui est encore reconnaissable à ce moment, ne tarde pas à s'éteindre sans laisser de trace dans le faisceau adulte.

Quatrième stade : Différenciation du système fondamental.

Dès l'entrenœud [5] (fig. 189), les tissus du système fondamental sont caractérisés : Dans la région interfasciculaire, les cellules se sont agrandies et ont formé des méats, sauf vers l'extérieur où elles sont restées plus petites et sans méats. Dans la région corticale, il y a maintenant huit à dix assises cellulaires, la plus profonde (phlœoterme) alternant avec les cellules de la région interfasciculaire externe (fig. 189). Toute la région corticale a été engendrée comme il a été dit plus haut, par le deuxième histogène. Toutefois, il n'est pas possible de suivre, sur les coupes transversales, la série des cloisonnements qui lui ont donné naissance parce que, entre les niveaux représentés par les figures 180 et 189, la tige ne se compose que de nœuds superposés; les coupes pratiquées entre ces deux niveaux ne montrent donc que le mésophylle des gaines foliaires et pas le moindre indice d'entrenœud (*).

Cinquième stade : Développement ultérieur.

Dans les bourgeons qui nous ont occupé jusqu'ici (fig. 173 et 174), la

---

(*) Dans les racines, au contraire, on peut suivre facilement le développement en partie centripète, en partie centrifuge du parenchyme cortical, précisément parce que ces membres ne portent pas d'appendices.

différenciation des tissus n'est pas complètement terminée. Lorsque le bourgeon s'allonge au printemps, une partie de la tige reste sous terre, l'autre devient aérienne. C'est alors seulement que les tissus du système fondamental prennent leurs caractères définitifs.

Les cellules de la partie externe de la région interfasciculaire épaississent et sclérifient plus ou moins leurs parois dans les entrenœuds aériens et forment ainsi la gaine de sclérenchyme. Elles conservent, au contraire, des parois minces dans les entrenœuds souterrains, où leur taille plus petite, leur contenu et leurs petits méats permettent cependant de les reconnaître.

La région corticale subit des modifications plus grandes encore. Dans les entrenœuds aériens, il ne se produit qu'un petit nombre de recloisonnements tangentiels des cellules profondes ; des massifs de collenchyme et des massifs de parenchyme chlorophyllien se caractérisent sous l'épiderme. Dans les entrenœuds souterrains, au contraire, les recloisonnements tangentiels des cellules profondes de l'écorce sont nombreux : il se forme ainsi un parenchyme recloisonné à développement centripète limité en dedans par des arcs endodermiques au dos des faisceaux du cercle extérieur. En même temps, une zone subéreuse apparaît vers le milieu de l'écorce primordiale et provoque la décortication de la partie superficielle de l'écorce ainsi que de l'épiderme.

II. — *Tige principale à l'état de bourgeon.*

Les coupes longitudinales, qu'elles soient menées par le plan de symétrie d'une feuille (fig. 190) ou dans une direction perpendiculaire à ce plan (fig. 192), montrent les deux premières feuilles à l'intérieur de la gaine cotylédonaire.

Dans ces deux coupes grossies davantage (fig. 191 et 193), le sommet végétatif possède quatre histogènes dont les rapports avec les tissus permanents ne sont pas moins évidents que dans les bourgeons de la plante adulte.

Les coupes transversales successives montrent également que l'ordre d'apparition des faisceaux et la différenciation des tissus se font comme dans les bourgeons étudiés précédemment.

Le dermatogène présente une cellule initiale hexagonale très nette (marquée C dans la fig. 194).

Une des coupes suivantes (fig. 195) montre les quatre histogènes concentriques (n°s 1, 2, 3, 4); on y reconnaît aussi, au centre, la cellule initiale (c) du quatrième histogène. Cette dernière est hexagonale et ses faces sont orientées par rapport aux faisceaux foliaires qui prendront naissance plus tard.

En effet, dans une plantule plus âgée, le segment [3] montre les faisceaux L M L (fig. 196); dans une autre plus âgée encore, le même segment contient les faisceaux m L i M i L m et deux anastomotiques internes (fig. 197). Quant aux faisceaux anastomotiques externes, leur formation est plus tardive encore. Dans les deux coupes des figures 196 et 197, on retrouve une cellule centrale hexagonale (c), dernier vestige de la cellule initiale du quatrième histogène.

HISTORIQUE.

L'histoire du développement des tissus au sein du méristème constitue un chapitre important de l'anatomie générale. **Nægeli** (131) et **Russow** (143) ont cherché à établir des classifications histologiques basées sur le mode de genèse. La première de ces classifications accordait trop d'importance aux formes parenchymateuses et prosenchymateuses; la seconde indiquait mieux l'origine des faisceaux et leur individualité propre. Malgré l'autorité de ces deux savants, leurs théories n'ont pas été adoptées, ni même sérieusement discutées, probablement à cause de la trop grande complication de leur nomenclature. On s'en est généralement tenu à la division en dermatogène, périblème et plérome proposée par **Hanstein** pour la racine. En appliquant à la tige cette division en apparence si simple, on a méconnu les caractères distinctifs essentiels des tiges et des racines chez les Phanérogames.

M. Warming (207) a étudié un assez grand nombre de sommets végétatifs de tiges. Il a trouvé, sous un dermatogène qui ne manque jamais, et qui est toujours nettement limité, un périblème et un plérome qui, au contraire, peuvent se confondre. Le périblème comprend de une à sept assises incurvées dont les cellules, sous le sommet, ne se divisent ordinairement que par des cloisons radiales. Quant au plérome, il est souvent constitué par des cellules disposées en séries plus ou moins verticales et régulières.

A la vérité, la limite entre le périblème et le plérome est très difficile à reconnaître dans les figures qui accompagnent le mémoire du savant danois. L'auteur se demande même si les cellules disposées en séries plus ou moins verticales constituent toujours un véritable plérome, c'est-à-dire le méristème-mère du système fibro-vasculaire; « c'est, déclare-t-il, ce que je n'ai pu examiner » (p. xvi). Malgré cela, il pense que « le plérome ne joue généralement aucun rôle dans la naissance des nouveaux kaulomes (*); c'est le périblème qui exécute tout le travail ». Dans quelques cas cependant, comme celui du *Melilotus* (xyl. I, p. 44 du texte danois), l'auteur admet que le plérome de l'axe-mère prend une part active à la formation de l'axe-fille.

Tel est certainement le cas, selon moi, dans le *Tradescantia*, où les quatre histogènes de la tige concourent à la formation du bourgeon axillaire. Peut-être en est-il toujours ainsi lorsque la limite du cylindre central, c'est-à-dire du plérome, est convenablement déterminée.

Quoi qu'il en soit, on doit reconnaître aujourd'hui que l'étude du sommet végétatif des tiges soulève plusieurs questions difficiles qu'il convient de considérer successivement. C'est ce que nous allons faire.

I. — *Histogènes et cellules initiales.*

Les recherches les plus récentes sur ce sujet ont été faites par **M. H. Douliot**. On trouvera dans son travail (33) l'exposé historique de la question. L'auteur a étendu ses investigations à un grand nombre de familles : Dans les Commélinées, il décrit ainsi le point végétatif du *Tra-*

(*) C'est-à-dire des bourgeons axillaires.

descantia Martensii (*) : « L'épiderme de la tige est absolument distinct et enveloppe étroitement la tige et toutes ses ramifications. L'écorce au sommet n'a qu'une assise de cellules, qui accompagne l'épiderme quand celui-ci fait une saillie, première ébauche de feuille. — Le cylindre central a une initiale distincte des précédentes, qui se comporte comme la cellule terminale unique d'une tige de Conifère, donnant des segments inférieurs pour la moelle et des segments latéraux qui fourniront des faisceaux libéro-ligneux. — Quant au faisceau foliaire, il se développe, en même temps que la feuille, aux dépens d'une cellule qui primitivement faisait partie du cylindre central. Il y a donc indépendance complète des trois histogènes, non seulement dans le développement de la tige, mais encore dans celui de la feuille. »

Le trait saillant de cette structure serait donc la présence d'une cellule initiale distincte sous les deux histogènes extérieurs. On conviendra que cette initiale n'est guère reconnaissable dans la figure 7 de la planche XV du mémoire de M. Douliot.

L'étude des sommets végétatifs étant l'une des plus délicates de l'anatomie végétale, il est indispensable, non seulement de mettre en œuvre les procédés les plus perfectionnés de la technique moderne, mais encore de faire appel à toutes les connaissances acquises dans le domaine de l'histogenèse comparée. A l'exception des organismes les plus inférieurs peu ou point différenciés, on constate que la production des nouvelles cellules se localise dans un ou plusieurs sommets. On y trouve une seule cellule génératrice, *la cellule apicale*, qui produit des cellules nouvelles soit au-dessous d'elle (*Chara*), soit sur ses flancs (*Fucus,* tige des Mousses, des *Equisetum,* etc.). On peut aussi y rencontrer, quoique très rarement, plusieurs cellules apicales équivalentes placées côte à côte (axes dits spéciaux des Chylocladiées d'après **Kny, Berthold, Bigelow** et **Debray** (27); tiges de *Lycopodium* et d'*Isoetes*).

Dans la plupart des Phanérogames, on peut admettre avec M. **Van**

(*) Ce nom n'est pas renseigné dans la monographie de M. C. B. Clarke, mais on y trouve un *Callisia Martensiana* C.-B. Cl., synonyme de *Tradescantia Martensiana* Kunth.

Tieghem (194, p. 775) qu'une cellule apicale unique, cloisonnée plusieurs fois transversalement, est remplacée par plusieurs *initiales* superposées. Chacune de ces initiales se divise par des cloisons perpendiculaires à la surface du sommet végétatif et produit autour d'elle des cellules capables de se recloisonner puis de se différencier. Chaque initiale occupe donc le centre d'une couche de cellules jeunes qui porte le nom d'*histogène* (*). L'ensemble de plusieurs histogènes constitue un *méristème*.

Pratiquement, l'initiale d'un histogène se reconnaît parfois difficilement, parce que ses dimensions sont sensiblement égales à celles des cellules voisines : l'initiale ne se distingue alors que par sa position centrale et par sa forme un peu spéciale sur les coupes transversales.

D'autre part, l'initiale d'un histogène subdivisée par des cloisons verticales médianes peut être remplacée par plusieurs initiales équivalentes, situées côte à côte. **Schwendener**, se basant sur des considérations géométriques (169), pense qu'il ne peut y avoir plus de quatre initiales dans un histogène. Il est certain qu'une coupe radiale axiale ne peut montrer, dans un histogène, plus de deux cellules initiales juxtaposées et placées l'une à droite, l'autre à gauche de la ligne médiane. Mais il n'en résulte pas, me semble-t-il, que 5, 6, 8... initiales ne puissent se disposer en rosace : une semblable disposition est réalisée par les cellules apicales de certaines Algues (axes spéciaux des Chylocladiés [27]).

Dans le cas de complication ordinaire, un méristème se compose donc de plusieurs histogènes se recouvrant les uns les autres et possédant chacun, en son milieu, une ou plusieurs initiales propres. S'il est relativement aisé de distinguer les histogènes, il est au contraire plus difficile de reconnaître les initiales à cause de leur confusion avec les cellules latérales. Il est à noter

---

(*) Il convient de ne pas prendre comme synonymes les termes *initiale* et *histogène*. La confusion de ces termes sous la plume de quelques auteurs est certainement l'une des causes de l'obscurité qui règne encore dans la question des sommets végétatifs, obscurité dont se plaignait à si juste titre Schwendener dans l'un de ses mémoires (169). Avec le savant anatomiste de Berlin il faut réserver le mot « initiales » aux cellules qui possèdent la faculté illimitée de se diviser. De même il me semble convenable de désigner par le mot « histogène » une seule assise de cellules et non plusieurs superposées. Ainsi dans l'*Hippuris*, quatre histogènes produisent l'écorce de la tige.

qu'au point de vue de l'anatomie comparée, la connaissance des histogènes est plus importante que celle des initiales.

M. Sachs (150, 151) a fait remarquer que l'ensemble d'un méristème composé d'histogènes concentriques dont les cellules sont en voie de division, constitue un système de cloisons périclines et anticlines à trajectoires orthogonales. Les premières séparent les divers histogènes, les secondes limitent les cellules d'un même histogène (150, pl. III, fig. 1). Si la coupe radiale d'un sommet végétatif quelconque ne concorde qu'assez imparfaitement avec le schéma de Sachs, c'est que les initiales ne sont jamais exactement superposées et qu'il en est de même des jeunes cellules qui en dérivent. Si l'on applique au méristème les considérations exposées par **M. Errera** (47, 48) relativement aux conditions d'équilibre des cellules vivantes (considérations définitivement corroborées par les observations de **M. Dewildeman** [31]), on comprendra qu'il ne peut en être autrement. Toutes les cloisons d'un méristème, quoique d'âge un peu différent, sont sensiblement soumises à des tensions égales : elles doivent donc tendre à faire entre elles des angles de 120°. Voilà pourquoi les cellules des histogènes concentriques sont alternes entre elles et non rigoureusement superposées comme dans le schéma de Sachs (150, pl. III, fig. 1). Pour la même raison aussi, dans les cas de complication maxima, il est très difficile, non seulement de préciser exactement la position des cellules initiales, mais même de distinguer les histogènes. En effet, lorsqu'un sommet végétatif se compose de nombreux histogènes comprenant chacun beaucoup de cellules de mêmes dimensions et de même forme, tout l'ensemble constitue une masse de cloisons de constitution et d'épaisseur sensiblement uniformes : les tensions s'uniformisant, la disposition caractéristique des histogènes doit nécessairement s'effacer et aboutir à une sorte de confusion. On reconnaitra que pour les tiges, comme pour les racines, les sommets les moins volumineux sont aussi ceux qui offrent l'organisation la plus reconnaissable.

Les considérations générales qui précèdent sont basées sur un ensemble déjà considérable d'observations faites par divers anatomistes. Elles sont de nature, me semble-t-il, à nous mettre en garde contre les nombreuses causes d'erreur qui accompagnent toujours l'examen des coupes dans un cas particulier; elles nous permettront de mieux interpréter la structure des sommets végétatifs de la tige du *T. virginica* et celle du *T. Martensii.*

Dans la première de ces plantes, il existe, selon moi, quatre histogènes, chacun de ces histogènes possédant, en son milieu, une seule cellule initiale à contour hexagonal dans les coupes transversales. L'histogène extérieur est un dermatogène, c'est-à-dire un épiderme naissant. Le deuxième histogène est générateur de la région corticale du système fondamental de la tige. Les deux autres sont producteurs des faisceaux, ainsi que de la région interfasciculaire du système fondamental.

A en juger par la figure 7 de la planche XV du mémoire de M. Douliot, il ne semble pas que le *T. Martensii* soit différent du *T. virginica* au point de vue des histogènes et des initiales. D'ailleurs, mon énoncé ci-dessus confirme en partie les résultats obtenus par M. Douliot. Cet énoncé nie seulement l'existence d'une cellule initiale unique sous les deux histogènes extérieurs, initiale unique dont l'existence ne semble pas démontrée dans le *T. Martensii* et dont l'absence ressort clairement de l'étude du *T. virginica.*

Tout ce qui précède tend d'ailleurs à amoindrir le rôle que M. Douliot accorde à *une* cellule initiale qui, chez les Angiospermes, serait située tantôt sous un seul histogène (le dermatogène), tantôt sous deux histogènes (le dermatogène et l'écorce).

Les quatre histogènes reconnus dans la tige du *Tradescantia* correspondent-ils exactement au dermatogène, au péristème, au méristème et à l'endistème de Rustow (143)? De l'existence de ces quatre histogènes, peut-on tirer un argument en faveur de la théorie du savant russe? La réponse à ces questions me semble prématurée : il me parait convenable d'attendre de recherches étendues à un nombre suffisant de plantes la solution d'un litige qui présente un caractère général.

II. — *Méristème et périméristème.*

Dans le développement des tiges, dans celui des tiges monocotylées en particulier, on attribuait jadis un rôle prépondérant à un tissu générateur

qualifié d'anneau d'accroissement (« Verdickungsring oder Cambiumring »).
On admettait que l'activité génératrice du méristème primitif donne naissance
directement à la moelle et à l'écorce, et qu'elle se localise ensuite dans une
zone circulaire située entre ces deux premiers tissus. Ainsi formé, l'anneau
d'accroissement produirait en direction centrifuge tous les faisceaux et tout
le tissu fondamental interposé; finalement, il se lignifierait et deviendrait un
« verholzter Verdickungsring », c'est-à-dire la gaine d'éléments fibreux
sclérifiés qui s'observe chez tant de Monocotylées. Cette théorie, défendue
principalement par **Schacht** (161, 162), a été reprise avec quelques modifications par **Sanio** (156, 157).

A **Nægeli** (131) revient le grand mérite d'avoir le premier distingué
avec précision deux types de tiges Monocotylées : celles à production limitée
de faisceaux et celles à production illimitée de faisceaux. Dans le premier
type, qui est le plus général (*Chamædorea,* etc.), les faisceaux communs à la
tige et aux feuilles naissent tous aux dépens du méristème primitif, et ce
que Schacht a pris pour un anneau d'accroissement est un reste du méristème primitif qui, à la limite de l'écorce et du corps central, conserve son
activité un peu plus longtemps qu'ailleurs. Dans le second type (*Calodracon,* etc.), les tissus primaires se différencient comme dans le premier
cas, mais il y a en outre formation d'un anneau de méristème secondaire
(périméristème). Cette couche génératrice, située sous l'écorce, dure aussi
longtemps que la vie de la plante; elle engendre continuellement de nouveaux faisceaux et du parenchyme secondaire vers l'intérieur, en même
temps qu'un peu de parenchyme secondaire vers l'extérieur.

Falkenberg (51), s'occupant plus spécialement des Monocotylées à
accroissement limité, a combattu l'opinion de Sanio relative à l'anneau d'accroissement du *Ruscus.* Par suite de sa différenciation plus tardive, la zone
périphérique du cylindre central conserve assez longtemps l'aspect du
méristème. Les cellules de cette zone se sclérifient d'ordinaire dans la partie
aérienne, tandis qu'elles conservent souvent une consistance parenchymateuse dans la partie souterraine de la même tige (*Aspidistra, Chamædorea,
Epipactis*). Avec Schleiden et Nægeli, Falkenberg soutient que la plupart

des Monocotylées ne s'accroissent pas en épaisseur et que leurs tissus sont issus du méristème primitif.

Guillaud (69), tout en acceptant les idées de Nægeli, a accordé cependant une certaine importance au périméristème chez toutes les Monocotylées à croissance limitée, aussi bien dans la portion aérienne que dans la portion souterraine de leurs tiges. D'après lui, les produits de cette zone génératrice seraient très variables d'une plante à une autre et consisteraient en tissu fondamental secondaire, en méristémiforme (*) ou en pseudo-liber (**); la gaine fasciculaire (***) s'y rattacherait également, comme aussi les petits faisceaux servant à l'insertion des racines adventives. C'est l'ensemble de ces tissus que Guillaud a réuni sous le nom de « zone intermédiaire ».

Dans le *Tradescantia*, il y a rattaché le parenchyme cortical recloisonné (sous le nom de méristémiforme extérieur) et les arcs endodermiques (sous le nom de gaine fasciculaire). Si même l'existence d'un périméristème et d'une zone intermédiaire pouvait être admise dans les Commélinées, il faudrait en exclure le parenchyme cortical recloisonné et l'endoderme. Ce qui a pu amener une confusion entre ces tissus et la zone d'accroissement des *Dracena*, c'est le mode de cloisonnement des cellules en direction tangentielle.

Malgré l'insistance avec laquelle Guillaud soutient que la gaine fasciculaire du *Tradescantia* tire directement son origine du périméristème (**69**, p. 76), il est certain que cette gaine (ou mieux les arcs endodermiques) constitue simplement l'assise la plus profonde de l'écorce recloisonnée.

D'après M. **Mangin** (**110**), la différenciation du méristème primitif des tiges monocotylées commence à la fois dans la région centrale et dans la région périphérique. Dans la première, elle débute au centre même, puis progresse en direction centrifuge; dans la seconde, elle se fait, au contraire, en direction centripète. Entre ces deux régions, une zone transparente

(*) Guillaud entend par méristémiforme un parenchyme formé de petites cellules à parois minces et sans méats.

(**) L'auteur désigne ainsi les éléments fibreux à parois épaisses et sclérifiées qui forment la gaine de sclérenchyme.

(***) Synonyme de l'endoderme des anatomistes français.

représente le dernier vestige du méristème primitif et non un méristème spécial méritant le nom d'anneau d'accroissement ou celui de périméristème.

Dans les tiges sans racines (hampes florales et tiges aériennes feuillées), les deux processus de différenciation, l'un centrifuge, l'autre centripète, se poursuivent sans interruption et se rejoignent. Presque toujours la limite entre le corps central et l'écorce est rendue très nette par ce fait que les cellules extérieures du corps central ont épaissi et durci fortement leurs parois (gaine prosenchymateuse, gaine de sclérenchyme).

Dans les tiges ou portions de tiges produisant des racines adventives, la couche de méristème, entre l'écorce et le corps central déjà différenciés, conserve plus d'activité : elle engendre les racines et le réseau radicifère (*). C'est à cette zone génératrice que M. Mangin a donné le nom de « couche dictyogène ». Elle est recouverte par l'endoderme qui est l'assise la plus interne de l'écorce. Dans certains rhizomes, il se produit en outre des cloisonnements tangentiels répétés dans la partie profonde de l'écorce.

L'auteur rejette les termes périblème et plérome proposés par Hanstein, parce que, selon lui, la distinction entre l'écorce et le cylindre central ne peut se faire que tardivement.

M. Van Tieghem, dans un mémoire antérieur de seize ans à celui de M. Mangin, avait déjà constaté, chez beaucoup d'Aroïdées, l'existence d'une couche spéciale à laquelle il crut devoir donner le nom de « zone génératrice » (186). Ce nom a été critiqué par Falkenberg (51). M. Mangin, de son côté, a montré que les faisceaux de cette zone dite génératrice représentent le réseau vasculaire qui unit les racines à la tige, en un mot le réseau radicifère (110, p. 287).

M. Morot, enfin (128), a soutenu que la couche dictyogène des rhizomes et le périméristème des Monocotylées arborescentes prennent naissance dans le péricycle, c'est-à-dire dans la couche de tissu située entre l'endoderme et les faisceaux périphériques.

M. Petersen (134[b]) a observé chez les Scitaminées, les Broméliacées et les Commélinées une zone de méristème plus ou moins éphémère entre l'écorce et le cylindre central du sommet végétatif. Dans les Orchidées,

---

(*) Voir deuxième note au bas de la page 86.

au contraire, il n'a constaté aucun tissu méristématique localisé. Il conclut qu'entre les Monocotylées pourvues d'épaississements secondaires, comme les *Dracœna*, et celles qui en sont privées, il y a des transitions représentées par des espèces chez lesquelles la durée de l'activité de la zone génératrice est restreinte.

M. Petersen a attaché trop d'importance à quelques cellules recloisonnées qui ne peuvent pas, à mon avis, être considérées comme appartenant à un méristème comparable à celui des *Dracœna*. C'est ainsi que la figure 9 de son mémoire ne représente, selon moi, que l'état jeune de la gaine de sclérenchyme chez le *Polygonatum multiflorum* et non « un méristème de cellules sans ordre » provoquant « la croissance en épaisseur du rhizome ». Dans la figure 5^b fournie par le *Tradescantia virginica*, je vois le recloisonnement tangentiel des assises profondes de l'écorce du rhizome et, en outre, quelques divisions cellulaires autour des faisceaux procambiaux. Il ne peut, en aucune façon, être question d'une zone génératrice produisant ces faisceaux.

Mes recherches n'ayant pas confirmé la présence d'un périméristème chez le *Tradescantia*, tendent, au contraire, à restreindre son existence aux Monocotylées à accroissement diamétral illimité, telles que les *Calodracon*, *Cordyline*, *Dracœna*, *Yucca*, *Aloë*, etc. Dans ces végétaux arborescents, les travaux de plusieurs anatomistes, ceux de **Unger** (185), de **Nægeli** (131) et de **Millardet** (114) notamment ont démontré qu'une zone génératrice périphérique à cloisonnements tangentiels produit du tissu fondamental secondaire et des faisceaux procambiaux capables de subir la différenciation libéro-ligneuse. Cette zone ne mérite pas le nom de cambium qui lui a souvent été donné, mais bien celui de périméristème. Elle n'a en effet rien de commun avec la couche cambiale des Dicotylées; elle en diffère surtout par deux caractères importants : elle se forme tout entière en dehors des faisceaux, elle ne produit ni bois secondaire en direction centrifuge, ni liber secondaire en direction centripète. Son activité, au contraire, est comparable à celle du méristème primitif en ce qu'elle engendre du tissu fondamental au sein duquel apparaissent des faisceaux procambiaux qui se transforment ultérieurement en faisceaux libéro-ligneux.

En résumé, il semble résulter de toutes les recherches faites sur la différenciation du méristème primitif des Monocotylées, que cette différenciation débute simultanément dans l'écorce et dans le corps central ; que l'activité génératrice finit par se localiser sous l'écorce pour s'y éteindre rapidement (tiges à croissance diamétrale limitée), ou bien pour s'y maintenir indéfiniment et constituer un périméristème (tiges à croissance diamétrale illimitée) (*).

III. — *Apparition et différenciation des faisceaux procambiaux.*

Dans la tige du *T. virginica*, tous les faisceaux, même ceux situés vers la périphérie, procèdent directement du méristème primitif. Les massifs procambiaux se forment par des cloisonnements longitudinaux répétés dans certaines cellules issues du troisième et du quatrième histogène. Le deuxième n'intervient en aucune façon dans la production des faisceaux. En ceci, je partage entièrement l'opinion de M. Douliot (33, p. 321).

Chez le *T. virginica*, on ne peut donc pas dire, avec M. **Van Tieghem** (194, p. 777) : « Les faisceaux libéro-ligneux qui vont aux feuilles ont une double origine : ils procèdent des initiales du cylindre central pour la partie qui est renfermée dans le cylindre et des initiales de l'écorce pour la partie extérieure au cylindre, laquelle peut être très longue s'ils séjournent dans l'écorce avant de s'incurver dans la feuille. » Dans toutes les figures 176, 177,

---

(*) M. J. Baranetzky vient de s'occuper de l'importante mais difficile question de la genèse des tissus dans un travail intitulé : *Sur le développement des points végétatifs chez les Monocotylédones* (2ᵇ, p. 311). Dans ce travail, dont je n'ai pu prendre connaissance qu'après le dépôt du présent mémoire à l'Académie, M. Baranetzky soutient que le développement des tissus présente une grande diversité chez les Monocotylédones. Il admet cinq types de développement pour les quelques espèces qu'il a étudiées. « Les tissus durables de la tige des Monocotylédones ne se forment que rarement, dit-il, dans le seul méristème primitif. Ordinairement, à la formation de ces tissus participent en partie le méristème primitif, en partie le méristème secondaire produit par une ou même par deux zones cambiales distinctes (p. 361). » L'une de ces zones est située à la périphérie du corps central, l'autre immédiatement sous l'épiderme. Par contre, l'auteur ne signale pas d'activité génératrice entre le bois et le liber des faisceaux.

M. Baranetzky n'ayant étudié aucune Commélinée, ses recherches et les miennes n'offrent pas de point de contact. Il me sera peut-être permis de formuler cependant quelques réserves sur les résultats fournis par l'examen de coupes isolées obtenues par une technique qui me paraît insuffisante.   *(Note ajoutée pendant l'impression.)*

191 et 193 de ce mémoire, on constate que l'histogène n° 3 (appartenant évidemment au cylindre central) pousse une sorte de diverticulum dans chaque feuille en soulevant l'écorce de la tige, laquelle devient le mésophylle de la feuille. Ce diverticulum est très exactement indiqué dans un remarquable schéma de **Sachs** (151, pl. V, fig. 5). Peut-être, cependant, le savant professeur de Würzbourg a-t-il eu le tort de représenter ce diverticulum parcouru par une trajectoire de cloisons *c c c*. Dans le *Tradescantia*, le troisième histogène, en pénétrant dans la feuille naissante, reste à l'état d'assise simple.

De la comparaison des coupes transversales successives dans un sommet végétatif correspondant à une région dont l'organisation est parfaitement connue à l'état adulte, on peut déduire l'ordre d'apparition des faisceaux dans un même entrenœud quelconque. C'est ce qui a été fait page 112. Cet ordre d'apparition confirme la distinction qui a été faite de quatre catégories de faisceaux dans le *Tradescantia :* foliaires internes, foliaires externes, anastomotiques internes, anastomotiques externes. D'une façon générale, les foliaires apparaissent avant les anastomotiques, les internes avant les externes, mais dans chaque catégorie, la formation étant progressive, il y a une sorte d'imbrication dans l'ensemble du phénomène.

La différenciation libéro-ligneuse des faisceaux procambiaux nous a montré un stade très intéressant, quoique très éphémère : c'est celui durant lequel on constate d'une façon précise l'existence d'un arc cambial entre le bois et le liber de chaque faisceau (fig. 187, 188 et 216). Ce cambium est aussi bien caractérisé que celui des jeunes faisceaux des Dicotylées. **Mœbius** (121) a signalé dans le *Listera ovata* et dans quelques autres espèces d'Orchidées indigènes, le commencement d'une activité cambiale comparable à celle de la couche génératrice normale des Dicotylées. Mlle **S. Andersson** (1[b], pp. 586 et 618) a également cité plusieurs Monocotylées chez lesquelles la zone cambiale entre bois et liber est reconnaissable à un stade suffisamment jeune. Il est probable que des exemples semblables ne sont pas rares chez les Monocotylées, mais qu'ils sont ignorés à cause des difficultés de leur observation. D'ailleurs **Nægeli** (131, p. 19), dans son étude du développement d'un faisceau du *Chamœdorea elatior*, a remarqué, à un certain stade, une couche de cellules comprimées, à parois minces et ordinairement plus petites que toutes les autres, couche qui disparait totalement par la suite. Malgré l'absence de figure et la différence considérable qui existe entre la nomenclature de 1858 et celle d'aujourd'hui (*), je crois que la couche de petites cellules comprimées dont parle l'illustre anatomiste correspond à l'arc cambial du *Tradescantia*.

La notion de faisceaux ouverts et de faisceaux fermés, introduite dans la science par **Schleiden** (164) et généralement admise, doit donc être comprise en ce sens que, dans les faisceaux ouverts, le cambium exerce manifestement son activité pendant un temps plus ou moins long, parfois même d'une façon illimitée; tandis que dans les faisceaux fermés, l'activité du cambium entre le bois et le liber naissants n'est pas nulle, mais de très courte durée. Nægeli (131, p. 8) avait déjà fait remarquer avec raison que l'opposition entre les faisceaux ouverts et les faisceaux fermés n'est pas absolue, en ce sens que dans beaucoup de tiges annuelles dicotylées, l'activité génératrice n'est pas illimitée, mais au contraire cesse assez tôt.

L'existence d'un vrai cambium, dans chaque faisceau jeune encore d'une tige monocotylée, vient confirmer heureusement l'affirmation énoncée plus haut, à savoir que la zone d'accroissement des *Dracena, Cordyline*, etc., n'est pas un cambium, mais un périméristème.

IV. — *Différenciation des tissus du système fondamental.*

Dans les tiges du *T. virginica,* tout le système fondamental provient du méristème primitif. La région corticale est reconnaissable de bonne heure; le reste, c'est-à-dire la région interfasciculaire, se différencie progressivement de l'intérieur vers l'extérieur. L'écorce est engendrée par un histogène spécial : elle forme donc une région bien définie, même lorsqu'elle ne parait pas nettement limitée en dedans à l'état adulte. A la suite de ses études sur les *Ruscus* et *Polygonatum,* **Sanio** (156) admettait que l'écorce des Monocotylées, aussi bien que celle des Dicotylées, constitue une couche autonome, issue directement du méristème primitif. D'après **M. Falkenberg** (51, p. 144), l'assise sous-épidermique du méristème primitif est réservée

(*) Cambium pour procambium, cambiforme pour liber, etc.

pour former l'écorce de l'*Allium cepa,* du *Cordyline vivipara* et du *Tradescantia argentea* (*).

Dans le rhizome du *T. virginica,* les cellules de la région corticale interne se recloisonnent tangentiellement ; celles de la région interfasciculaire externe restent longtemps vivantes. Il en résulte une bande annulaire plus claire, constituée par des éléments plus petits, à parois minces et sans méats. C'est cette bande d'origine mixte que **Guillaud** (69) a envisagée comme un périméristème ou propériméristème (**). Les mêmes phénomènes s'observent dans le rhizome de beaucoup de Monocotylées. Ceci explique pourquoi Guillaud a cru devoir séparer du tissu fondamental la région qu'il a nommée « zone intermédiaire » et sur laquelle il a basé sa classification des types monocotylés.

M. **Mangin** (110, p. 243) a déjà signalé l'erreur commise par Guillaud : il a montré que « M. Guillaud a confondu sous le nom de périméristème des choses distinctes : la différenciation lente et dernière du méristème primitif, le cloisonnement tardif qui s'effectue souvent dans l'écorce et l'évolution de la zone génératrice des racines adventives ». Mes observations, tant histologiques qu'histogéniques, confirment l'opinion de M. Mangin sur ce point.

Les recloisonnements tangentiels et centripètes, qui se manifestent dans la partie profonde de l'écorce d'un grand nombre de rhizomes, constituent selon moi un phénomène de tubérisation plus ou moins efficace. Ils aboutissent, en effet, à la production d'assises assez nombreuses (notamment chez les *Convallaria, Asphodelus, Musa* et *Strelitzia*) qui se remplissent de réserves alimentaires. Dans la tige démesurément renflée du *Testudinaria,* le parenchyme servant de réservoir a une tout autre origine : c'est le tissu fondamental secondaire interne issu d'un périméristème.

(*) Mes observations ayant confirmé et précisé celles de Sanio et de M. Falkenberg, je ne puis admettre avec M. Baranetzky (2⁴, p. 361) que « l'écorce primaire, comme une assise de tissu embryologiquement autonome, n'existe pas dans la tige des Monocotylédones ».   *(Note ajoutée pendant l'impression.)*

(**) Après avoir fait une distinction entre ces deux termes dans la partie générale de son ouvrage (69, pp. 13 et 145), l'auteur semble l'abandonner dans la partie descriptive, notamment à l'occasion du *Tradescantia virginica* (p. 75). M. Mangin a fait la même remarque (110, p. 242).

§ 5. — Cellules a raphides et a mucilage.

Lorsqu'on détache une partie quelconque du *T. virginica* vivant, un liquide hyalin et mucilagineux s'échappe de la blessure à la façon du latex de certains végétaux; ce mucilage contient de grandes quantités de raphides. Si, d'autre part, on recherche ces cristaux dans les coupes de parties fraîches ou conservées à l'alcool, on est surpris de n'en trouver qu'en très petit nombre, et fort éparpillés. C'est que le contenu des cellules cristalligènes (mucilage et raphides) a été presque entièrement expulsé au moment où l'organe a été séparé de la plante, ou bien s'est perdu lors de la manipulation des coupes dans des liquides aqueux.

Pour observer le contenu *in situ,* j'ai opéré de la façon suivante : une ligature en coton a été bien serrée en bas d'une tige florifère encore enracinée, puis la tige sectionnée au-dessous de la ligature a été conservée tout entière, avec ses feuilles, ses rameaux et ses fleurs, dans un grand flacon rempli d'alcool. Des racines aussi intactes que possible ont également été recueillies. Plusieurs mois plus tard, le mucilage étant complètement durci, des coupes transversales et longitudinales furent étudiées dans de la glycérine anhydre.

J'ai constaté plus tard que l'expulsion du mucilage et des raphides ne se fait pas à travers les nœuds de la tige, probablement parce que les cellules cristalligènes d'un entrenœud ne sont pas en contact avec celles de l'entrenœud voisin. Un entrenœud intact, compris entre deux nœuds, peut donc être durci à l'alcool et fournir des préparations à observer par voie anhydre.

Nous ferons ici une étude comparée des cellules à raphides et à mucilage dans toutes les parties de la plante, pour ne plus revenir sur ce sujet à propos des feuilles et des racines.

Les cellules dont il s'agit sont toujours superposées en files longitudinales assez nombreuses et disséminées dans le parenchyme des organes. Dans leur jeunesse, elles sont identiques dans toutes les parties de la plante et mesurent $0^{mm},045$ de longueur au moment de leur différenciation, c'est-à-dire quand les raphides commencent à se former au sein du protoplasme, à côté du noyau. Leur forme à ce moment diffère peu de celle des cellules voisines (fig. 247, 248 et 249 représentant des cellules à raphides jeunes dans une tige, une feuille et une racine).

Les cellules cristalligènes ne se recloisonnent jamais, mais elles s'allongent d'une manière très variable. Il suffira d'indiquer, à titre d'exemples, les cellules suivantes observées dans des organes adultes : cellules cristalligènes d'un entrenœud souterrain long de 2 millimètres à l'état adulte (fig. 251); idem d'un entrenœud aérien long de 120 millimètres (fig. 252); idem du limbe d'une feuille normale (fig. 253); idem d'une racine (fig. 254). On ne perdra pas de vue que la figure 252 a été grossie trente-six fois seulement, tandis que les autres sont représentées au grossissement de 120 diamètres.

La longueur des cellules cristalligènes adultes est déterminée par certains facteurs que nous allons chercher à préciser.

Dans les organes souterrains, dont l'accroissement intercalaire est toujours peu considérable, les cellules à raphides sont relativement courtes et toutes à peu près de même taille : dans les entrenœuds les plus courts d'un rhizome adulte, elles mesurent de $0^{mm},09$ à $0^{mm},1$; dans les racines, de $0^{mm},7$ à $0^{mm},78$.

Dans les organes aériens, dont l'accroissement intercalaire est toujours plus considérable, les cellules à raphides sont généralement beaucoup plus étendues. Celles d'une même file longitudinale sont encore de longueur sensiblement égale entre elles, mais celles appartenant à des files différentes sont de longueur assez inégale. Ainsi vers le milieu du limbe d'une feuille rendue transparente, trois files parallèles ont été considérées : la première dans le voisinage du faisceau M, la deuxième près du faisceau L, la troisième près de l'un des faisceaux m''. Dans la première file, les cellules mesuraient en moyenne $0^{mm},517$; dans la deuxième, $0^{mm},399$; dans la troisième, $0^{mm},294$. Ces moyennes ont été calculées d'après vingt cellules prises dans chaque file. — Dans un entrenœud très long d'une tige aérienne, les cellules cristalligènes mesuraient près de 6 millimètres, dans le voisinage du centre; tandis que dans la région périphérique, en dedans de la gaine de sclérenchyme, elles mesuraient seulement de 2 à 3 millimètres (dans la même coupe radiale bien entendu).

D'une façon générale, les cellules à raphides qui se trouvent dans le voisinage des faisceaux les plus anciens sont les plus allongées. Cela revient à dire que les cellules les plus longues sont celles qui se sont différenciées dès le début de l'accroissement intercalaire des tissus, tandis que les autres se sont différenciées successivement pendant le cours de l'accroissement intercalaire. Dans le *T. virginica*, les cellules à raphides suivent donc docilement l'allongement des organes sans jamais se recloisonner transversalement. Connaître la longueur de ces éléments dans toute la plante, ce serait connaître toutes les particularités de la croissance intercalaire dans chacun des organes et dans chacune de leurs parties. Sans prétendre à un résultat aussi complet, le tableau suivant contient quelques indications suffisamment démonstratives.

Membres et régions à l'état adulte (*).	LONGUEUR des plus grandes cellules à raphides.	COEFFICIENT d'allongement de ces cellules (**).
TIGE — Portion souterraine — entrenœud 3 (long. 2mm)	0mm,104	2,31
TIGE — Portion souterraine — entrenœud 6 (long 5mm)	0mm,250	5,55
TIGE — Portion aérienne : entrenœud 8 (long. 120mm)	5mm,900	131,11
FEUILLES — Feuille 3 (long. 46mm) — à gaine longue (38mm)	1mm,340	29,77
FEUILLES — Feuille 3 (long. 46mm) — à limbe court (8mm)	0mm,810	18
FEUILLES — Feuille 8 (long. 193mm) — à gaine courte (13mm)	1mm,200	26,66
FEUILLES — Feuille 8 (long. 193mm) — à limbe long (180mm) vers le milieu	1mm,800	40
FEUILLES — Feuille 8 (long. 193mm) — à limbe long (180mm) vers le sommet	1mm,050	23,33
RACINE	0mm,780	17,33

(*) Les entrenœuds de la tige, de même que les feuilles, sont toujours comptés à partir de la base d'insertion sur la tige mère.

(**) Ce coefficient a été obtenu en divisant la longueur des cellules adultes par la longueur des cellules jeunes, soit 0mm,045.

Il résulte de l'examen de ce tableau, que l'allongement des premières cellules cristalligènes est très faible dans les entrenœuds souterrains, mais s'accentue énormément dans les entrenœuds aériens. Parmi les feuilles, il faut distinguer celles insérées sur les segments souterrains et celles portées par les segments aériens. Dans les premières, les cellules cristalligènes les plus longues se trouvent dans la gaine; dans les secondes, elles existent dans le milieu du limbe. Dans les racines, enfin, l'allongement est peu considérable et uniforme; il est cependant notablement plus fort que dans le rhizome.

En résumé, la longueur des cellules à raphides *les plus anciennes* est partout proportionnelle à la longueur des entrenœuds, des gaines et des limbes. Les dimensions de ces cellules résultant de l'intensité variable de l'accroissement intercalaire peuvent servir de mesure à cet accroissement. Les chiffres contenus dans la dernière colonne du tableau ci-dessus donnent donc une idée assez exacte des variations notables de l'accroissement intercalaire dans le *T. virginica*.

Les trachées initiales des faisceaux les plus anciens peuvent également donner des indications du même ordre : leurs anneaux, en effet, sont d'autant plus espacés à l'état adulte que l'allongement des organes a été plus intense. Les hypocotyles, dont la longueur est si variable selon les circonstances, fournissent de bons exemples de ce phénomène (fig. 84, 85 et 86). Il faut cependant faire des réserves pour le cas où il y a formation d'une lacune à la place du bois, car alors les trachées, étant presque entièrement détachées, ne suivent plus fidèlement l'allongement général des parties voisines. La figure 151 montre du côté gauche une trachée dissociée dont les anneaux sont très peu écartés malgré l'énorme allongement de l'entrenœud. Ces sortes de trachées ne se joignent plus bout à bout : elles ont été séparées mécaniquement les unes des autres dans le sens longitudinal.

L'accroissement intercalaire ne laisse, au contraire, pas de trace apparente dans le parenchyme et dans l'épiderme. La longueur des cellules du parenchyme interfasciculaire varie peu dans la portion souterraine et dans la portion aérienne des tiges adultes : elle est généralement comprise entre $0^{mm},1$ et $0^{mm},2$. Dans le parenchyme cortical des racines adultes, les cellules sont plus longues : elles mesurent en moyenne 0^{mm},4. Les cellules épidermiques, qui sur les entrenœuds aériens des tiges et sur le limbe des feuilles atteignent généralement 0^{mm},2 de longueur, ont près du double sur les gaines foliaires.

Dans les tissus doués d'une grande vitalité, comme le parenchyme et l'épiderme, les dimensions des cellules dépendent de la fréquence des recloisonnements. Des quelques chiffres qui viennent d'être cités, on peut déjà conclure que les recloisonnements sont beaucoup moins nombreux dans les axes souterrains que dans les axes aériens, dans les gaines que dans les limbes. Pour ce qui est des axes, ces conclusions sont corroborées par des remarques et des calculs dont je me bornerai à signaler ici les résultats : dans les entrenœuds souterrains les plus courts, les cellules du parenchyme interfasciculaire ne se recloisonnent pas, tandis que dans les entrenœuds aériens les plus longs, chacune de ces cellules se recloisonne transversalement vingt à trente fois. Dans les racines, les cellules du parenchyme cortical se recloisonnent transversalement deux ou trois fois seulement.

Après avoir déterminé la longueur des cellules à raphides, il reste à dire quelques mots de leur constitution. Leur membrane cellulaire est toujours mince, cellulosique et sans ponctuations. Les cloisons terminales sont particulièrement délicates. Lorsqu'on détache sans précaution un morceau de la plante vivante, ces cloisons terminales se perforent : dès lors toutes les cellules d'une même file communiquent et laissent écouler leur contenu. On peut constater ces perforations sur des coupes longitudinales.

Le contenu mucilagineux remplit toute la cavité cellulaire; sa réaction est très nettement acide. Coagulé par l'alcool, il prend une légère coloration jaunâtre (fig. 252, 253 et 254). En gonflant sous l'action de l'eau, il redevient incolore et invisible. L'iode et le chlorure de zinc iodé ne lui communiquent aucune coloration. Dans les feuilles, le mucilage durci par l'alcool prend l'aspect de granulations ou même de grains blancs qui ressemblent à de l'amidon; ces granulations se dissolvent rapidement au contact d'une très faible quantité d'eau.

Quant aux raphides toujours très courtes, elles sont disposées en une botte ou en une traînée vers le milieu de la cellule (fig. 252, 253 et 254).

Cette disposition régulière ne s'observe plus lorsque les matériaux ont été cueillis sans précaution : la majeure partie des raphides ont été expulsées, celles qui restent ont été éparpillées ou bien se sont accumulées irrégulièrement à certains endroits.

Dans les coupes transversales, les cellules à raphides ne peuvent se reconnaître qu'à leur contenu (fig. 255); elles passent donc facilement inaperçues dans les matériaux qui n'ont pas été récoltés en vue de leur examen.

HISTORIQUE.

Cette étude des cellules à raphides paraîtra peut-être bien minutieuse. Elle est cependant justifiée par les erreurs auxquelles ces éléments ont donné naissance.

Hanstein (75, p. 705) a donné le nom de « vaisseaux utriculeux » (Schlauchgefässe) à des tubes observés par lui pour la première fois dans les Liliacées, Amaryllidées, Commélinées, Aroïdées et Pandanées. Ces tubes très longs, à parois minces, présentent en coupe transversale l'aspect des méats; ils contiennent soit un suc clair avec ou sans raphides, soit un suc laiteux. Dans le genre *Tradescantia*, il n'y a aucun doute, dit-il, que ces tubes proviennent de séries de cellules fusionnées par la résorption des parois de séparation. L'analogie et de nombreux degrés de transition le portent à admettre le même mode de formation dans tous les cas. Enfin, il leur attribue un rôle dans la circulation des sucs nourriciers ou des liquides sécrétés.

Les recherches, dont il vient d'être rendu compte démontrent que ces prétendus vaisseaux utriculeux sont simplement des cellules cristalligènes parfois démesurément longues. Cette grande longueur ne témoigne nullement d'une fonction circulatoire : devenues de bonne heure incapables de se cloisonner, les cellules à raphides s'allongent en même temps que les éléments voisins qui, eux, se cloisonnent activement.

L'erreur de Hanstein résulte de ce que, s'étant servi de matériaux cueillis sans précaution spéciale, il a constaté des cloisons transversales accidentellement perforées. A cette cause principale, il faut ajouter la difficulté qu'il y a de trouver fréquemment les extrémités de cellules mesurant souvent 5 à 6 millimètres de longueur.

Sachs (149, p. 149) décrit les vaisseaux utriculeux comme formés de cellules superposées, fermées aux extrémités, ou bien, au contraire, fusionnées entre elles. D'après lui, ces éléments ont tant d'analogie avec les vaisseaux laticifères, qu'il propose de les réunir sous le nom de tubes séveux. Pour les Commélinées, il se borne à reproduire fidèlement les idées de Hanstein.

M. Gérard (58, p. 162) pense que les vaisseaux utriculeux sont formés par la superposition de cellules closes; il les rapproche des vaisseaux laticifères imparfaits des Convolvulacées.

M. Van Tieghem (194, p. 621) reconnaît aux Commélinées et à beaucoup d'autres Monocotylées un tissu sécréteur formé de files de cellules à cloisons transverses persistantes, et il ajoute : « Il est vrai que, sur les préparations, le contenu gommeux se gonflant sous l'influence de l'eau, ces cloisons se déchirent souvent; mais cette rupture est un phénomène anormal qui, dans ces mêmes conditions, se produit aussi, comme on sait, aux extrémités des cellules à raphides isolées.

D'après mes expériences, la perforation des cloisons transverses, chez le *T. virginica,* n'est pas le résultat du gonflement du contenu des cellules sous l'influence de l'eau absorbée dans la préparation : elle résulte de la tension du mucilage dans les cellules. C'est ce que prouve déjà l'émission abondante et brusque du mucilage qu'on constate en sectionnant les organes végétatifs du *T. virginica* vivants. C'est ce que démontrent aussi les préparations faites, par voie anhydre, dans des fragments détachés les uns après ligature de l'organe, les autres sans ligature. Dans le premier cas, les cloisons transverses sont conservées; dans le second cas, elles sont déchirées malgré les procédés anhydres dont il a été fait usage.

§ 6. — Observations physiologiques.

I. — *Rôle de la lacune ligneuse.*

Nous savons qu'une lacune se montre à la place du bois dans certains faisceaux du *T. virginica*. Dans la portion souterraine des tiges, les éléments ligneux (trachées et vaisseaux) sont toujours conservés intacts : il n'y a pas de lacune. Dans la portion aérienne des tiges, les nœuds ne montrent jamais de lacune ; les entrenœuds, au contraire, présentent des lacunes plus ou moins développées. Dans ces entrenœuds, la lacune ligneuse (*) est d'autant plus large que les faisceaux se sont différenciés plus tôt : elle est toujours très développée dans les faisceaux de la trace foliaire, ordinairement elle est moins grande dans les faisceaux anastomotiques internes et à peine indiquée, souvent même nulle, dans les anastomotiques externes.

On constate aussi que c'est dans les plus gros faisceaux foliaires qui se rendent aux feuilles les plus grandes que la disparition des éléments ligneux est la plus complète (fig. 149 représentant un faisceau M). Ce fait semble en contradiction avec la fonction bien établie des éléments ligneux comme conducteurs d'eau !

Dans le *Tinantia fugax* var. *erecta*, tous les éléments ligneux se détruisent de bonne heure dans tous les faisceaux de tous les entrenœuds. Dans cette plante, il existe donc une lacune dans tous les faisceaux, sauf aux nœuds, et cette lacune est beaucoup plus large dans les foliaires que dans les anastomotiques. On doit donc se demander si, au point de vue physiologique, ces lacunes ne remplacent pas les vaisseaux.

La question étant ainsi posée, j'ai essayé de la résoudre en expérimentant simultanément sur le *Tradescantia virginica* et le *Tinantia fugax* ; j'ai pris aussi comme terme de comparaison quelques plantes aquatiques (*Potamo-*

(*) La lacune résultant de la dissociation et de la destruction des trachées a été désignée de diverses manières : l'expression de « lacune ligneuse » me paraît la meilleure parce qu'elle ne préjuge rien du contenu, ni du rôle de cette lacune ; elle indique simplement la place qu'elle occupe dans la région ligneuse du faisceau.

geton, Nymphea) et une plante terrestre de consistance charnue (*Balsamine*). Cinq séries d'expériences ont été faites au moyen de procédés différents.

PREMIÈRE SÉRIE : Observation du contenu des vaisseaux et de la lacune ligneuse.

En pratiquant des coupes dans des tiges vivantes, on peut craindre l'envahissement des vaisseaux et des lacunes par de l'air ou par de l'eau, selon qu'on opère dans l'air ou dans l'eau. Cependant des coupes épaisses transversales ou longitudinales, faites de diverses manières et examinées rapidement dans l'huile, ont donné les résultats suivants :

La lacune ligneuse des faisceaux du *Tradescantia* et du *Tinantia* contient de l'eau avec quelques bulles d'air lorsqu'on examine des tiges coupées au jardin pendant les journées chaudes de l'été. La lacune ne contient que de l'eau dans les tiges de plantes tenues à l'ombre et arrosées abondamment. Enfin, dans les tiges à demi fanées qui ont été laissées quarante-huit heures à sec après avoir été détachées de la plante, les lacunes contiennent de longues colonnes d'air. Dans ces trois circonstances, le contenu des vaisseaux chez le *Tradescantia* a été trouvé le même que celui des lacunes ligneuses.

Lorsqu'il y a des bulles d'air dans les lacunes et dans les vaisseaux, l'observation prolongée d'une même coupe longitudinale dans l'eau permet d'assister à la diminution graduée de la longueur des bulles et finalement à leur disparition complète en deux ou trois heures. L'envahissement par l'eau est beaucoup plus rapide si l'on examine l'extrémité amincie d'une tige encore garnie de feuilles. Des morceaux d'entrenœud fanés, longs de plusieurs centimètres, se gorgent d'eau en moins d'un demi-jour, au point que seuls les méats intercellulaires du parenchyme renferment encore de l'air.

Il est donc permis de conclure de cette première série d'expériences que les lacunes ligneuses, comme les vaisseaux, se remplissent facilement de liquide, mais se vident lorsque la transpiration l'emporte sur l'absorption.

DEUXIÈME SÉRIE : Injection de liquides colorants dans les vaisseaux et la lacune ligneuse.

Essais préliminaires. — J'ai cru devoir expérimenter d'abord l'action des liquides colorants sur la tige feuillée du *Balsamine hortensis,* qui possède des trachées et des vaisseaux ; sur le pétiole des feuilles aériennes du *Nymphea alba* dont les faisceaux contiennent ordinairement une lacune et un vaisseau ; sur la tige feuillée du *Potamogeton natans* dont les faisceaux ne renferment qu'une lacune dans les entrenœuds. Après avoir été détachés de la plante par une section faite sous l'eau, ces tiges et pétioles ont été placés dans un petit flacon contenant une solution convenablement concentrée d'hématoxyline, de violet Dahlia ou d'éosine : le bas de la tige ou du pétiole, sur une étendue de 3 centimètres, était seul immergé dans le bain colorant, le reste était tenu dans l'air (*Balsamine, Nymphea*) ou dans de l'eau pure (*Potamogeton*) et exposé au soleil.

Après un temps qui a varié de une à huit heures, l'organe en expérience a été exploré par des coupes transversales pratiquées de haut en bas. Les résultats furent toujours les suivants : dans le haut, la paroi des trachées, des vaisseaux et des lacunes ligneuses est seule colorée ; plus bas, les cellules qui entourent les vaisseaux et les lacunes sont en outre colorées ; plus bas encore, le liber lui-même est imprégné ; tout en bas, la gaine des faisceaux et même une partie du tissu fondamental voisin commencent à se colorer.

Dans le *Nymphea,* on peut voir, à un moment donné, la coloration localisée uniquement à la paroi des vaisseaux et à celle des lacunes ligneuses. Dans le *Potamogeton,* la coloration se manifeste même dans les trachées formant les nervures des feuilles qui cependant flottaient sur de l'eau pure comme il vient d'être dit.

Il semble donc que le liquide coloré montant rapidement par la cavité des vaisseaux et des lacunes ligneuses (lorsque ces conduits sont au préalable remplis d'eau) arrive jusqu'aux trachées terminales du sommet de la tige et du limbe foliaire ; mais ce liquide ne tarde pas à se déverser dans les cellules voisines et même dans tous les tissus lorsque l'expérience est trop prolongée.

Je me suis, par la suite, servi uniquement d'éosine, parce que cette matière colorante donne des résultats plus rapides.

Expériences sur les Commélinées. — 1. Plantes de *Tradescantia* cultivées en pots depuis trois mois : quelques-uns de ces pots furent laissés dans l'eau pendant quarante-huit heures pour que les lacunes ligneuses puissent se gorger d'eau. Les tiges coupées sous l'eau ont été placées dans des flacons contenant une solution d'éosine, puis exposées au soleil (*). Après six heures, les nervures, examinées par transparence, sont colorées. Les coupes montrent que dans toute l'étendue des tiges (50 à 60 centimètres) et des feuilles (au nombre de six ou sept), le liquide coloré a pénétré dans presque tous les vaisseaux et les lacunes.

2. Tiges feuillées de *Tradescantia* coupées sans précaution aucune et abandonnées pendant vingt-quatre heures sur une table au laboratoire : ces tiges à demi fanées ont été recoupées sous l'eau, puis placées dans l'éosine au soleil, comme les précédentes. Après six heures, la coloration des vaisseaux et des lacunes ne se voit que dans un petit nombre de faisceaux. Dans la plupart des faisceaux, la lacune et même les vaisseaux contiennent de l'air, et ces faisceaux n'ont pas de coloration.

Quelques tiges de ce lot ayant été maintenues dans le bain colorant vingt-quatre heures de plus, ont repris toute leur turgescence. Les coupes font voir que l'air a été expulsé de presque tous les faisceaux et que ceux-ci alors se sont colorés.

Il est à noter que la coloration est souvent plus visible dans les nœuds que dans les entrenœuds, parce que dans les nœuds les vaisseaux courent horizontalement dans l'épaisseur de la coupe. Les nombreuses anastomoses des régions nodales permettent d'ailleurs au liquide coloré amené par quelques-uns des faisceaux de se répandre dans les autres.

Les mêmes expériences ont été répétées avec le même succès sur le *Tinantia fugax* (tiges de 30 à 40 centimètres, portant de dix à quinze feuilles). Pour la démonstration, cette espèce est même préférable, parce que, dans toute l'étendue des entrenœuds, les éléments ligneux ayant disparu de tous les faisceaux, la circulation de l'eau ne peut se faire que par les lacunes

---

(*) La solution d'éosine formait dans chaque flacon une couche de 3 à 4 centimètres d'épaisseur : le bas de la tige plongeait seul dans le liquide colorant.

ligneuses. Cette circulation est beaucoup plus rapide que dans le *Trades-cantia,* probablement à cause du plus grand développement de la surface foliaire et du calibre plus considérable des lacunes. Lorsque la tige est gorgée d'eau, un séjour d'une demi-heure dans l'éosine au soleil suffit pour faire apparaître le liquide coloré à la base des feuilles. On voit ce liquide progresser si rapidement dans les nervures longitudinales et transversales que, deux heures après le début de l'expérience, toutes les nervures sont injectées jusqu'au sommet du limbe et se détachent en rouge vif sur le fond vert du limbe. Cette expérience mérite de devenir classique, tant elle est démonstrative et rapide.

Les coupes faites dans des *Tinantia* injectés de cette façon sont également très intéressantes : elles montrent parfaitement la coloration de la paroi des lacunes et des éléments qui les bordent; la coloration des vaisseaux dans les nœuds; la coloration des trachées au fur et à mesure de leur différenciation au sein des massifs procambiaux au sommet de la tige; la coloration des éléments ligneux des nervures.

Bien que M. **Strasburger** ait suffisamment justifié l'emploi des solutions colorées et en particulier de la solution aqueuse d'éosine (179, pp. 542 et suiv.), je ne crois pas devoir passer sous silence une expérience bien concluante faite au moyen du *Tinantia :* Deux tiges feuillées aussi semblables que possible, gorgées d'eau, sont sectionnées sous l'eau et placées dans l'éosine, l'une au soleil, l'autre à l'obscurité. Après deux heures, toutes les feuilles de la première montrent des nervures colorées, tandis que les feuilles de la seconde ne laissent voir aucune trace de coloration. Les résultats obtenus par l'usage des matières colorantes ne peuvent donc être attribués à la simple diffusion ou à l'imbibition des membranes : il faut nécessairement faire intervenir le transport, par la cavité des vaisseaux et des lacunes, du liquide coloré sous l'influence de la transpiration.

Troisième série : Obstruction des vaisseaux et de la lacune au moyen de la gélatine.

J'ai appliqué ce procédé, imaginé par M. **Errera** (46), à des tiges feuillées de *Tradescantia* et de *Tinantia.* Trois catégories de tiges ont été utilisées : les unes provenaient de plantes cultivées en pot et tenues dans l'eau pendant quarante-huit heures (tiges gorgées d'eau à tension positive); d'autres provenaient de plantes cultivées en pleine terre et avaient été coupées à midi, par une journée ensoleillée et chaude (tiges relativement pauvres en eau); d'autres enfin avaient été détachées vingt-quatre heures auparavant et étaient à demi fanées au moment de l'expérience (tension négative).

Deux moitiés d'une écuelle en bois, convenablement entaillées, furent assemblées à la base de la tige à sectionner; l'écuelle étant remplie de gélatine fondue avec de l'encre de Chine, la section fut pratiquée au rasoir sous la surface de la gélatine. La base injectée fut ensuite laissée à l'air pendant quelques minutes; une nouvelle section fut faite, après solidification de la gélatine. Il faut avoir la précaution de faire cette seconde section aussi près que possible de la première, parce que la gélatine pénètre assez difficilement dans tous les vaisseaux et toutes les lacunes. Dans le *Tradescantia*, l'écoulement du mucilage est, en outre, un sérieux obstacle à la pénétration régulière de la gélatine.

Les tiges ainsi préparées ont été déposées dans des vases contenant une couche de 3 centimètres d'eau. Le tout a été placé, à 1 heure de relevée, dans une serre très sèche, en plein soleil, à la température de 40° C., en même temps que des tiges-témoins sectionnées sous l'eau et tenues dans des vases pareils. Quatre heures plus tard, l'expérience était terminée : toutes les tiges traitées à la gélatine étaient flétries et couchées; les témoins étaient turgescents et droits. Les Commélinées supportant très bien pendant plusieurs jours la privation d'eau à l'ombre, l'expérience, pour être concluante, doit être faite dans des conditions particulièrement dures (soleil, chaleur, air sec).

Ici encore les résultats obtenus avec le *Tinantia* sont particulièrement démonstratifs, puisqu'ils prouvent que la cavité des lacunes ligneuses est nécessaire à la circulation de l'eau : lorsque ces cavités sont bouchées avec de la gélatine solidifiée, la plante se flétrit rapidement.

QUATRIÈME SÉRIE : Injection de gélatine dans les vaisseaux et la lacune.

On peut faciliter la pénétration de la gélatine en modifiant légèrement le procédé de M. Errera. Il suffit de préparer une gélatine noircie à l'encre de Chine fusible à 20°, de maintenir cette gélatine à l'état liquide au moyen d'une étuve chauffée à 30° et d'y conserver longtemps des tiges feuillées de *Tradescantia* et de *Tinantia*. J'ai opéré sur trois catégories de tiges comme dans la série précédente, en prolongeant l'expérience pendant trois jours dans une serre sèche et ensoleillée, dont la température atteignait 40 à 44° C. pendant la journée. Les tiges se sont gardées en assez bon état, bien que les limbes foliaires fussent pliés longitudinalement et que les entrenœuds fussent ridés dans le sens de leur longueur (signes d'une alimentation d'eau insuffisante).

Les coupes transversales et longitudinales ont montré que la gélatine noircie avait pénétré dans la plupart des vaisseaux et des lacunes sur une longueur de 3 centimètres dans les tiges à demi fanées au commencement de l'expérience, sur une longueur de 7 à 9 centimètres dans celles qui étaient gorgées d'eau au début. Dans aucun cas cependant la gélatine n'avait dépassé le premier nœud. Il était manifeste que les lacunes non comblées par la gélatine étaient occupées par des bulles d'air.

Cinquième série : observation directe du courant circulatoire dans les vaisseaux et la lacune.

Un procédé ingénieux a permis à **Vesque (197)** de constater le mouvement de l'eau dans les vaisseaux. En appliquant ce procédé à une tige de *Tinantia* cueillie sur une plante bien gorgée d'eau, j'ai vu le précipité d'oxalate de chaux entraîné dans les lacunes ligneuses : les choses se passent exactement comme Vesque l'a décrit pour les vaisseaux. J'ai même vu des raphides, qui se trouvaient en suspension dans le liquide ambiant, pénétrer et circuler dans les lacunes (*).

Avec le *Tradescantia*, l'expérience réussit plus difficilement, pour plusieurs raisons : diamètre assez faible des lacunes, opacité des tissus environnants et surtout existence d'un mucilage abondant qui recouvre la coupe. Ce mucilage obstrue les orifices et filtre le précipité qui n'arrive presque

---

(*) Ceci explique l'existence accidentelle de raphides éparpillées dans les lacunes ligneuses du *Tradescantia*. Lorsqu'on détache une tige de cette plante, le mucilage qui s'écoule de la blessure peut être partiellement absorbé par les lacunes et entraîné à une assez grande distance.

jamais jusqu'à la préparation elle-même. Cependant, en renouvelant à plusieurs reprises les surfaces sous l'eau, j'ai pu éliminer partiellement cette cause d'insuccès et voir les granulations d'oxalate de chaux pénétrer en torrent dans la lacune des faisceaux centraux aussi bien que dans les vaisseaux des faisceaux périphériques du *Tradescantia*. J'ai pu voir aussi des grains d'amidon entraînés par le courant entrer dans des lacunes et y circuler rapidement avec l'oxalate.

HISTORIQUE.

L'existence d'une lacune dans la partie ligneuse des faisceaux est un fait connu depuis longtemps chez les Commélinées, aussi bien que chez les plantes aquatiques ou marécageuses. Cette lacune est désignée sous le nom de « lacune antérieure » par M. Bertrand (4), sous le nom de « lacune vasculaire » par d'autres anatomistes. Peu d'auteurs cependant se sont prononcés sur son contenu et sur son rôle.

Falkenberg (51, p. 117) qualifie cette lacune d'aérifère dans le *Tradescantia argentea*.

De Bary (3, p. 340), au contraire, pense que cette lacune, chez toutes les plantes qui en possèdent et notamment les plantes aquatiques, contient de l'eau.

M. Westermaier (210) confirme cette assertion et croit que la lacune sert à la circulation du liquide.

Tout en admettant la présence d'eau dans la lacune, **M. Schenck** (163) soutient que les vaisseaux disparaissent parce que l'absorption se fait par diffusion à travers la mince cuticule des feuilles aquatiques. A défaut de preuve directe, il invoque comme argument la réduction du système radiculaire et du système vasculaire des plantes submergées.

Au cours de recherches sur les échanges gazeux chez les plantes aquatiques, **M. Devaux** (30, p. 48) dit incidemment que les vaisseaux sont comme atrophiés, parfois même détruits de bonne heure et remplacés par des espaces pleins d'air.

M. Strasburger (179, p. 935) se rallie à l'opinion de Schenck et pense que la partie vasculaire des faisceaux ne fonctionne plus que comme appareil d'excrétion.

D'après le mode de formation et le contenu de la lacune existant au bord interne de certains faisceaux collatéraux, M. **Van Tieghem** (194, p. 760) distingue deux cas : dans le premier, la lacune se forme par dissociation des cellules mêlées aux premiers vaisseaux et contient de l'air (Cypéracées, Commélinées, Équisétacées, Nymphéacées, etc.); dans le second, la lacune prend naissance par la destruction directe d'un ou de plusieurs vaisseaux et se remplit d'eau (*Colocasia, Potamogeton, Zostera,* etc.).

M. **Sauvageau** (159, p. 292), qui s'est fait une spécialité de l'étude des plantes aquatiques submergées, conclut de ses expériences qu'il se produit, chez ces végétaux, un courant d'eau semblable au courant d'eau de transpiration des plantes terrestres. L'entrée de l'eau se fait par les racines ou par toute la surface; sa sortie peut se faire soit par diffusion à travers l'épiderme, soit par une ouverture apicale jouant le rôle de stomate aquifère. L'auteur n'a pas cherché à déterminer expérimentalement par quelles voies le liquide circule à travers la plante. Il admet seulement que dans le *Zostera* « la circulation de l'eau est essentiellement lacunaire » (160, p. 295) et que dans l'*Hydrocleis nymphoides,* après la dissociation des vaisseaux, « la lacune commence à fonctionner comme conduit aquifère » (160, p. 302).

C'est donc avec raison que M. **Hochreutiner** (80, p. 165) a réalisé des expériences sur le *Ranunculus aquatilis,* les *Potamogeton pectinatus, crispus* et *densus,* en vue d'élucider la fonction de la lacune ligneuse. Ses conclusions sont : 1° que « l'absorption de l'eau et des sels en dissolution se fait, chez les espèces considérées, de la même manière que chez les plantes terrestres »; 2° que « la lacune vasculaire et les vaisseaux qu'elle contient encore, servent dans une large mesure à conduire l'eau ».

En résumé, les plus grandes divergences d'opinion règnent encore au sujet du contenu et de la fonction de la lacune ligneuse : selon les uns, elle contient de l'air; selon les autres, elle renferme de l'eau. Mais cette eau circule-t-elle des racines vers les feuilles, ou bien tient-elle simplement en solution des produits de sécrétion? Pour les plantes aquatiques, les expériences de M. Hochreutiner semblent décisives : la lacune fonctionne réellement comme conduit aquifère. Pour les Commélinées, on s'est borné à l'observation du contenu sans pouvoir se mettre d'accord. Vesque, qui a constaté le mouvement de l'eau dans les vaisseaux du *Tradescantia zebrina* (*), ne s'est pas occupé de la lacune qui existe dans les faisceaux internes de cette plante (197).

En présence de ces incertitudes, il convenait de tenter des expériences en vue de préciser le contenu et la fonction des lacunes ligneuses si développées dans les entrenœuds du *Tradescantia* et surtout du *Tinantia*.

Toutes mes expériences démontrent que ces lacunes se comportent comme les vaisseaux : elles se remplissent d'eau lorsque l'absorption est abondante; elles contiennent des bulles d'air quand la transpiration est accélérée ou l'absorption ralentie; leurs parois se colorent au passage des liqueurs colorées; elles se bouchent par le refroidissement de la gélatine; elles livrent passage à la gélatine lorsque celle-ci est tenue longtemps fluide; enfin, on peut voir dans les lacunes ligneuses la circulation de l'eau entrainant un fin précipité d'oxalate de chaux et même des corps plus gros, tels que des raphides et des grains d'amidon.

Les conclusions que **Vesque** tirait de ses études sur les vaisseaux s'appliquent parfaitement aux lacunes ligneuses (197, p. 14). Nous dirons donc :

1° Il y a translation de l'eau dans les lacunes quand celles-ci sont pleines d'eau; il y a stagnation lorsque les lacunes sont obstruées de bulles d'air;

2° Dans le cas de transpiration active, le débit devenant insuffisant, les lacunes se vident partiellement et sont envahies par de l'air;

3° Dans le cas de transpiration ralentie, l'air contenu dans les lacunes diminue de volume et finit par disparaitre complètement.

Comme les vaisseaux, les lacunes ligneuses sont donc des *conducteurs d'eau* et des *réservoirs d'eau*.

La destruction des trachées et la formation d'une lacune fonctionnant comme un vaisseau sont comparables au remplacement physiologique

(*) *Zebrina pendula* Schnizl.

d'un organe par un autre. La substitution d'une large lacune à quelques
éléments ligneux étroits est avantageuse chez les plantes qui n'ont pas besoin
de conduits aquifères pourvus de parois épaisses. Tel est surtout le cas des
plantes aquatiques. Les quelques expériences que j'ai faites sur le *Potamogeton* et le *Nymphea* me permettent de me rallier à l'opinion de MM. Sauvageau et Hochreutiner.

II. — *Fonction aquifère du parenchyme interfasciculaire.*

Dans le chapitre consacré à l'étude anatomique et physiologique des
feuilles, il sera établi que l'épiderme et l'hypoderme remplissent, dans ces
organes, une fonction aquifère importante. Ce qui vient d'être dit de la lacune
des faisceaux de la tige démontre que, tout en servant à la circulation de
l'eau, cette lacune fonctionne également comme réservoir d'eau. Le parenchyme interfasciculaire des tiges tient aussi en réserve une grande quantité
de liquide qui permet à la plante de supporter de longues périodes de
sécheresse.

Ce parenchyme consiste en grandes cellules à parois minces, contenant
une mince utricule protoplasmique, des grains d'amidon et beaucoup de suc
cellulaire. Les méats, pleins d'air, sont les uns petits, triangulaires ou quadrangulaires, les autres plus grands et limités par des cellules dont le
nombre est compris entre cinq et huit. Lorsque la plante est gorgée d'eau,
les cellules sont gonflées et le contour des méats est un polygone à faces
concaves (fig. 165). Lorsque la plante manque d'eau, les cellules du parenchyme diminuent de volume ; les méats, toujours pleins d'air, s'arrondissent
parce que leurs faces deviennent convexes. Cette disposition se reconnaît
dans la figure 166, qui provient d'une tige coupée et laissée à sec pendant
cinq jours au laboratoire (*).

(*) Dans les figures 165 et 166, qui proviennent d'un même entrenœud observé à cinq
jours d'intervalle, les méats ont été teintés pour éviter leur confusion avec les cellules
voisines.

Une autre tige qui avait passé dix jours à sec au laboratoire, était ridée longitudinalement, ses feuilles étaient flasques et le poids total réduit de moitié environ. A ce moment, la déformation du parenchyme était encore beaucoup plus marquée que dans la figure 166 : la plupart des cellules du parenchyme interfasciculaire étaient complètement aplaties, mais les cellules de l'épiderme, du collenchyme et du parenchyme chlorophyllien avaient conservé leur forme normale. Or cette tige, séparée du rhizome et tenue à sec depuis dix jours, a cependant repris toute sa turgescence lorsqu'elle fut déposée dans l'eau. Son parenchyme interfasciculaire a repris exactement le même aspect que dans la figure 165.

Pour se rendre compte de l'état du parenchyme dans les expériences de ce genre, il faut prélever des morceaux de tige, les tuer par la teinture d'iode et les inclure à la celloïdine tous de la même manière; les coupes doivent être observées et dessinées dans la glycérine anhydre. La celloïdine qui a pénétré dans les méats contribue ainsi à maintenir leur volume invariable.

Dans notre pays, les étés les plus chauds et les plus secs n'ont d'autre effet que de dessécher l'extrémité des feuilles. Les expériences suivantes mettent en évidence l'extrême endurance du *T. virginica*.

Des tiges feuillées adultes ont été coupées au niveau du sol en juillet et abandonnées sur une table dans un laboratoire très sec et très éclairé dont la température oscillait entre 18 et 24° C. Après huit jours, ces parties avaient perdu de 36 à 40 % de leur poids. Les feuilles pliées le long de leur nervure médiane étaient flasques, les entrenœuds ridés longitudinalement étaient affaissés et comme écrasés. Il a suffi cependant de renouveler la section à la base de la tige et de plonger celle-ci dans quelques centimètres cubes d'eau pour voir ces tiges feuillées reprendre toute leur turgescence et retrouver presque entièrement leur poids primitif. La floraison interrompue s'est manifestée ensuite régulièrement. Les feuilles vieilles supportent moins bien la privation d'eau : elles jaunissent, puis brunissent et meurent parfois après l'expérience.

Diverses autres espèces soumises aux mêmes épreuves se sont montrées beaucoup moins endurantes. Après un, deux, trois ou au maximum quatre

jours d'exposition sur les tables du laboratoire, les tiges feuillées de ces
espèces étaient incapables de reprendre leur turgescence dans l'eau.

ESPÈCES.	MORT APRÈS	PERTE DE POIDS.
Hordeum vulgare L..	1 jour.	43 °/₀
Zea Mais L..	2 jours.	54
Impatiens Noli tangere L..	1 jour.	28
Balsamine hortensis Desp.	2 jours.	32
Impatiens Royleri Walp..	3 jours.	51
Symphytum officinale L..	1 jour.	32
Borago officinalis L..	2 jours.	41
Sonchus oleraceus L..	1 jour.	36
Tagetes erecta L.	2 jours.	45
Carpinus betulus L.	2 jours.	53
Clematis vitalba L..	4 jours.	48

J'ai cherché par quelques tâtonnements à ne pas prolonger le séjour
dans le laboratoire au delà du temps nécessaire pour tuer les plantes. Malgré
cela, les chiffres consignés dans le tableau ci-dessus ne peuvent donner
qu'une approximation grossière. Ils suffisent cependant pour montrer que
toutes les espèces expérimentées résistent beaucoup moins longtemps que le
T. virginica, parce qu'elles perdent beaucoup plus rapidement l'eau qui est
nécessaire à l'entretien de leur vie.

III. — *Effet utile du mucilage.*

Le contenu des longues cellules à raphides est soumis à une tension
considérable, comme le prouve l'émission abondante du mucilage lorsque les
organes vivants sont sectionnés. Cette émission se fait encore avec force
lorsque les tiges fanées ont perdu près de 50 °/₀ de l'eau qu'elles contenaient.
Cette dernière constatation suffit, semble-t-il, pour écarter l'idée d'une
fonction aquifère du mucilage; le faible volume des cellules à mucilage
rendrait d'ailleurs cette fonction à peu près nulle.

L'effet utile du mucilage me paraît devoir être cherché dans sa tension même. En effet, si l'on compare la rigidité d'un entrenœud intact à celle du même entrenœud lorsqu'il a été sectionné aux deux extrémités, on est frappé du changement qui s'est produit. Ce changement est surtout manifeste dans les entrenœuds où la gaine de sclérenchyme est peu développée. Bien qu'on puisse le constater sans instrument, il vaut mieux expérimenter de la façon suivante.

Un long entrenœud est disposé horizontalement à la façon d'un levier du premier genre, c'est-à-dire le point d'appui (A) au milieu, la résistance (R) vers l'une des extrémités, la puissance (P) vers l'autre. Cette dernière est mesurée au moyen de poids qu'on place dans un petit plateau suspendu en P. On peut déterminer ainsi l'effort nécessaire pour faire fléchir l'entrenœud de façon à obtenir un angle RAP égal à 170° : 1° quand l'entrenœud est intact; 2° quand il a été sectionné aux deux extrémités au delà des points R et P; 3° quand, étant sectionné, il a été tué par l'eau bouillante (*).

Ces données ne sont comparables que pour un même entrenœud, et encore faut-il que les points R, A et P soient soigneusement inscrits sur l'entrenœud au moyen d'encre de Chine. Je ne donnerai pas ici le détail des chiffres obtenus et je me bornerai à dire qu'il m'a paru que la rigidité des entrenœuds pauvres en sclérenchyme est doublée par la tension du mucilage.

La part qui revient au mucilage dans la rigidité des entrenœuds est d'autant plus importante que la tension de ce mucilage n'est pas, comme celle du parenchyme interfasciculaire, sujette à diminuer beaucoup par le fait de la transpiration. Cette persistance de la tension du mucilage provient sans doute de l'avidité bien connue de cette substance pour l'eau. Le latex, outre les matières alimentaires et les produits de sécrétion qu'il peut contenir, joue peut-être un rôle semblable chez quelques plantes herbacées.

(*) Pour ces expériences, on doit se servir d'un entrenœud intact, compris entre deux nœuds conformément à ce qui a été dit page 129. Il suffit d'enlever ces nœuds par deux sections au rasoir pour laisser échapper le mucilage.

CHAPITRE IV.

LES FEUILLES.

§ 1. — Caractères extérieurs.

Dans les plantules florifères (fig. 59), chaque feuille comprend une gaine fermée, longue de 1 centimètre au plus, et un limbe dont la longueur peut atteindre 15 centimètres. Les deux feuilles qui précèdent l'inflorescence sont rapprochées l'une de l'autre et dépourvues de gaine.

Dans les plantes adultes, on peut distinguer le long de la tige primaire quatre catégories de feuilles qui, à la vérité, passent insensiblement des unes aux autres : la préfeuille, ou première feuille, toujours réduite à une gaine déchirée longitudinalement ; les feuilles souterraines à longue gaine, sans limbe ou à limbe court ; les feuilles aériennes dont la gaine est d'autant plus courte et le limbe d'autant plus long qu'elles sont insérées plus haut sur la tige ; les deux bractées foliiformes qui précèdent l'inflorescence et qui sont dépourvues de gaine. Le long des rameaux on reconnait : une préfeuille, des feuilles à gaine courte et deux bractées foliiformes sans gaine.

§ 2. — PARCOURS DES FAISCEAUX.

Chacune des nervures est constituée par un faisceau unipolaire dont l'orientation est toujours normale : bois tourné vers l'épiderme interne ou épiderme supérieur. Le nombre maximum des faisceaux est de trente-cinq dans le limbe des feuilles les plus larges. Ces faisceaux, loin d'être identiques, se distinguent entre eux par divers caractères dont les principaux sont la position, la grosseur et le moment de leur apparition. On peut reconnaître ainsi :

Un faisceau *médian*, le plus gros, qui apparaît le premier (faisceau M);

Deux faisceaux *latéraux*, de taille un peu moindre, apparaissant simultanément après le médian (faisceaux L);

Dans chaque moitié de la feuille, il y a en outre un à trois faisceaux *intermédiaires* situés entre le médian et le latéral (faisceaux i); un à treize faisceaux *marginaux* situés entre le latéral et le bord de la feuille (faisceaux m).

Les intermédiaires et les marginaux sont de divers ordres, c'est-à-dire qu'ils apparaissent successivement et sont de taille de plus en plus petite. Il suffira de les désigner comme suit : i, i', i''... m, m', m'', m'''... (Voyez fig. 224 représentant la moitié d'un limbe très large) (*).

Lorsque le nombre des faisceaux contenus dans une feuille est considérable, les plus gros pénètrent seuls dans la tige pour y constituer une trace foliaire ; les autres s'arrêtent dans le limbe ou dans la gaine en se reliant aux faisceaux voisins. Le nombre des faisceaux passant d'une feuille à la tige est compris entre six et vingt et un ; pour les préfeuilles, ce nombre est ordinairement réduit à deux. Normalement, le nombre des faisceaux communs à la tige et à la feuille est impair ; cependant, lorsque la gaine d'une feuille est assez longue, on y trouve souvent un faisceau marginal (m', m'' ou m''')

(*) Pour l'étude des tiges, nous avons supposé l'observateur dans l'axe même de la tige regardant la feuille qui va se détacher; il est donc logique d'orienter toutes les coupes transversales d'appendices de manière que leur face interne soit tournée vers le bas de la planche. Au moment de sa formation dans le bourgeon terminal, la feuille est dressée parallèlement à l'axe de la tige, une de ses faces, dite interne, étant appliquée contre la tige. Dans le *Tradescantia*, comme dans la majorité des végétaux, la feuille s'incline ensuite et tourne vers le ciel sa face interne qui devient supérieure, mais c'est là un fait secondaire qui, dans certaines espèces, ne se produit pas ou se complique de torsion. Dans nos figures, la feuille est représentée dans sa position primordiale : l'épiderme qualifié ordinairement de supérieur est donc le plus rapproché du lecteur.

en plus, de sorte que le nombre des faisceaux de la trace foliaire est pair. C'est ainsi qu'il y a parfois huit faisceaux à la base de la deuxième feuille et dix faisceaux à la base de la troisième feuille de la tige principale ; douze faisceaux à la base d'une feuille de la portion souterraine d'une tige primaire, etc. Le faisceau marginal en plus occupe, dans la gaine, une position diamétralement opposée à celle du faisceau M ; il passe ensuite dans le limbe en suivant l'un des bords. Le limbe contenant ainsi une nervure en plus d'un côté est rendu légèrement inéquilatère.

Il n'existe pas de limite anatomique entre la gaine et le limbe : les faisceaux, en effet, passent de la gaine dans le limbe sans subir de déviations, d'anastomoses ou de ramifications.

Dans le limbe comme dans la gaine, les nervures sont parallèles ; elles s'unissent de distance en distance par des anastomoses très grêles, transversales ou obliques. En approchant du sommet du limbe, les petits faisceaux, à commencer par ceux de l'ordre le plus élevé, se jettent les uns après les autres sur les faisceaux voisins plus forts et se confondent avec eux. A un certain niveau, il n'y a plus que sept faisceaux : m L i M i L m. Les intermédiaires et les marginaux disparaissent à leur tour en se jetant sur les latéraux. Finalement, les trois faisceaux L M L se rapprochent et s'unissent par de nombreuses trachées courtes. La figure 198 représente le sommet de la feuille [1] d'une tige principale qui renfermait sept nervures dans sa gaine et dans son limbe. La figure 199 représente de même le sommet d'une feuille très ample de la tige primaire adulte contenant vingt et une nervures dans sa gaine et trente-cinq au milieu de son limbe.

Dans les préfeuilles ainsi que dans les feuilles réduites à leur gaine, les nervures se terminent, au contraire, en pointe libre. Cela provient sans doute de l'arrêt de développement qui a frappé le limbe de ces feuilles. (Voyez fig. 201, préfeuille à deux nervures provenant d'un bourgeon inséré sur la portion souterraine d'une tige primaire ; fig. 202, préfeuille à sept nervures provenant d'un bourgeon de la portion aérienne de la même tige. Les lignes en traits interrompus indiquent les sections faites au scalpel qui ont permis d'étaler ces deux préfeuilles.) Le mode de terminaison des nervures, très différent au sommet des feuilles complètes et à celui des feuilles réduites à leur gaine, fournit donc le moyen, chez le *T. virginica* du moins, de reconnaître l'atrophie du limbe à un caractère anatomique.

§ 3. — HISTOGENÈSE.

Les coupes transversales et longitudinales dans les bourgeons représentant l'état jeune des tiges primaires, fournissent l'occasion de reconnaître le développement histologique des feuilles.

Au premier stade (fig. 215), la coupe transversale montre un mésophylle à trois assises cellulaires entre deux épidermes.

L'assise moyenne du mésophylle est formée d'éléments un peu plus grands que les autres. Dans cette assise, une cellule cloisonnée une fois marque l'emplacement du faisceau L ; une autre, cloisonnée plusieurs fois, a constitué le faisceau M à l'état procambial.

Au deuxième stade (fig. 216), le mésophylle comprend de cinq à sept assises. L'assise moyenne (*Més. m.*) ne s'est pas dédoublée : elle se reconnaît encore, surtout sur les coupes longitudinales (fig. 217). L'assise interne (*Més. i.*) et l'assise externe (*Més. e.*) se sont, au contraire, recloisonnées tangentiellement.

Les faisceaux principaux, en voie de différenciation, montrent très nettement une zone cambiale. Les autres, moins avancés, prennent naissance dans le mésophylle moyen, comme on le constate au bord du limbe.

Au troisième stade (fig. 218), le mésophylle comprend de sept à neuf assises. L'assise moyenne, entre les faisceaux M et *i*, s'est recloisonnée pour produire une petite anastomose transversale ; partout ailleurs, elle est restée simple. Au contraire, des cloisonnements tangentiels continuent à se faire dans le mésophylle interne et dans le mésophylle externe. Ces cloisonnements ont progressé de l'intérieur de la feuille vers l'extérieur, c'est-à-dire en direction centrifuge : dans le mésophylle interne comme dans le mésophylle externe, l'assise la plus ancienne est celle qui touche au mésophylle moyen, la plus récente celle qui est située contre l'épiderme.

Les coupes longitudinales (fig. 176 et 177) montrent les mêmes phénomènes ; elles permettent, en outre, de constater de la façon la plus certaine les rapports existant entre les histogènes de la tige et les tissus de la feuille.

Les deux épidermes de la feuille font suite au dermatogène de la tige. Le mésophylle interne et le mésophylle externe de la feuille dérivent du deuxième histogène; ils correspondent donc exactement à la région corticale de la tige. Enfin, le mésophylle moyen et les nervures dérivent du troisième histogène; ils représentent donc la partie externe du cylindre central de la tige.

Le développement histologique de la feuille [1] de la tige principale se fait exactement de la même manière. Une feuille très jeune (fig. 219) ne contient que les trois faisceaux LML au stade procambial; le mésophylle est formé de trois assises seulement. Une feuille plus âgée (fig. 220) montre l'apparition des faisceaux i et m au sein du mésophylle moyen ainsi que des recloisonnements tangentiels dans le mésophylle interne et dans le mésophylle externe. (Voyez aussi les fig. 191 et 193 représentant des coupes longitudinales dans le sommet végétatif des plantules.)

§ 4. — Histologie.

Nous considérerons d'abord les feuilles susceptibles de prendre le plus grand développement, c'est-à-dire celles qui sont insérées sur la portion aérienne des tiges primaires. Quelques mots suffiront ensuite pour préciser les caractères des autres feuilles.

I. — *Feuilles de la portion aérienne des tiges primaires.*

Une feuille des plus amples présente les dimensions suivantes : gaine, 17 millimètres de longueur; limbe, 295 millimètres de longueur et 27 millimètres de largeur maxima.

1. Limbe (fig. 221). L'ensemble de la section montre trente-cinq faisceaux; contre l'épiderme interne, des cellules aquifères forment un hypoderme discontinu; le reste est occupé par du parenchyme chlorophyllien.

Faisceaux : Ils sont entourés d'une gaine complète de cellules sans méats : la plupart de ces cellules ont des parois épaissies et semblent vides; elles forment deux arcs dont l'un contourne le bois et l'autre le liber. Les autres cellules de la gaine ont des parois minces, elles contiennent du protoplasme et des corps chlorophylliens en petit nombre; elles se trouvent principalement à droite et à gauche du faisceau. Les plus gros faisceaux sont, en outre, accompagnés, du côté externe, d'un massif de collenchyme (fig. 222).

La première trachée, étroite et annelée, est fortement étirée; les autres trachées, de plus en plus larges, sont spiralées (fig. 223, coupe longitudinale radiale).

Cellules aquifères hypodermiques : Elles forment, entre les nervures, des massifs situés contre l'épiderme interne. Ces massifs comprennent une, deux ou trois assises cellulaires; ils sont d'autant plus forts qu'ils sont plus rapprochés de la nervure médiane.

Les cellules aquifères dérivent du mésophylle interne primitif et non de l'épiderme. Elles sont très larges, assez longues et sans méats (fig. 224, coupe longitudinale radiale). Elles contiennent une très mince couche protoplasmique pariétale, un noyau et une grande quantité de suc cellulaire. Leurs parois minces sont garnies de ponctuations simples, en forme de boutonnières transversales (autrement dit perpendiculaires à la surface de la feuille). Ces ponctuations sont visibles après l'action du chlorure de zinc iodé, parce qu'elles apparaissent alors parfaitement blanches sur le fond bleu de la membrane.

Le nombre des cellules aquifères est beaucoup moindre dans les feuilles à limbe étroit qui garnissent le bas des tiges.

Parenchyme chlorophyllien (fig. 222) : Il dérive du mésophylle externe, du mésophylle moyen et d'une partie du mésophylle interne (l'assise *Més. i* ^{1} est toujours chlorophyllienne; les autres assises, *Més. i* ^{2} et *Més. i* ^{3}, sont également chlorophylliennes en face des faisceaux).

Des méats aérifères se trouvent, non seulement aux angles des cellules à chlorophylle, mais encore le long de leurs faces longitudinales et transversales ; ces méats sont constitués par des replis de la membrane à l'intérieur des cellules. On le constate sur toutes les coupes, notamment sur les coupes tangentielles passant par le mésophylle chlorophyllien interne (fig. 225), par le mésophylle moyen (fig. 226) ou par le mésophylle externe (fig. 227). Ces trois figures, représentant des coupes successives au même endroit, montrent également que par leur forme et leur longueur les cellules à chlorophylle sont plus différentes les unes des autres qu'on pourrait le croire d'après l'examen d'une simple coupe transversale (fig. 222).

Çà et là, on observe des cellules étroites, très allongées, contenant des raphides et du mucilage (fig. 222 et 227). Ces cellules ont été décrites en même temps que les éléments correspondants qui existent dans les tiges.

Épidermes : Les deux épidermes sont aquifères et garnis de stomates. Les cellules épidermiques sont grandes (celles situées au-dessus des nervures sont plus allongées que les autres); elles contiennent toutes une couche protoplasmique pariétale, un noyau, des leucoplastes et beaucoup de suc cellulaire. Les parois extérieures sont épaisses et nettement formées de deux couches, l'une cutinisée, l'autre cellulosique; les parois latérales possèdent de nom-

breuses ponctuations semblables à celles de l'hypoderme aquifère. Reconnaissables déjà sur les préparations d'épidermes vus de face, ces ponctuations
sont surtout apparentes sur les coupes longitudinales radiales de la feuille
après traitement par le chlorure de zinc iodé. Elles assurent la continuité
protoplasmique de toutes les cellules de l'épiderme, comme il sera démontré
plus loin.

Les stomates, formés de deux cellules stomatiques assez allongées, sont
entourés de quatre cellules annexes reconnaissables à leur forme, à leur petite
taille et à leur contenu pauvre en suc cellulaire. Leur nombre varie de la
façon suivante : à la face interne (supérieure), il y a trois ou quatre stomates
par millimètre carré vers la base du limbe, quatre ou cinq vers le milieu et
six ou sept vers le sommet ; à la face externe (inférieure), il y en a dix ou
onze par millimètre carré vers la base, douze ou treize vers le milieu et dix-
huit ou dix-neuf vers le sommet (*).

La disposition des stomates présente aussi certaines particularités : à la
face interne, ils sont situés à droite et à gauche des fortes nervures et juste
au-dessus des petites (fig. 221 et 228) ; à la face externe, ils sont éparpillés
dans les intervalles compris entre les nervures et jamais devant elles
(fig. 221 et 229). Dans la figure 221, la position des stomates est indiquée
par de petites croix.

Les poils sont en nombre très variable, les feuilles de certains individus
étant fortement poilues, celles d'autres étant presque glabres à l'état adulte.
Lorsqu'ils sont abondants, les poils se trouvent sur les deux faces du limbe et
sur les bords (quatre ou cinq par millimètre carré); les plus longs (sur
la nervure médiane) mesurent $3^{mm},5$; les plus courts (sur les bords)
mesurent $0^{mm},7$.

Ils sont formés de trois ou quatre cellules. La cellule basilaire est très
courte et un peu renflée au-dessus d'un léger étranglement; elle est implantée
dans l'épiderme par une sorte de coin visible sur les coupes longitudinales

(*) Ces chiffres sont des moyennes obtenues en comptant tous les stomates visibles
à la surface de carrés d'un centimètre de côté coupés dans une feuille bien développée.
Cette méthode est nécessaire à cause de l'inégale répartition des stomates.

radiales de la feuille (fig. 236). Le corps est formé par une ou deux cellules cylindriques à parois épaisses. La cellule terminale est très longuement effilée en une pointe aiguë (fig. 234) (*).

Outre ces poils pointus, il y a quelques poils obtus : ils sont toujours plus courts (longueur, $0^{mm},16$), à sommet arrondi ; ils sont comme atrophiés, bien que leurs cellules soient vivantes (fig. 238 et 239).

Au point de vue de la genèse, un poil est formé par une proéminence qui apparaît à l'extrémité supérieure d'une cellule épidermique et qui s'isole bientôt par une cloison oblique. Dans la figure 237, *d e* indiquent cette cloison et *b* la cellule épidermique productrice du poil.

2. GAINE. Dans la gaine, le mésophylle est à peu près homogène (fig. 234). Le mésophylle interne ne contient plus de cellules aquifères : il est formé de cellules cylindriques laissant entre elles des méats ordinairement quadrangulaires. En descendant du limbe vers la gaine par des coupes successives, on voit le tissu aquifère perdre peu à peu ses caractères et les méats apparaître successivement.

La position de l'assise moyenne du mésophylle primitif n'est reconnaissable qu'aux petits faisceaux à son niveau.

L'épiderme interne ne porte pas de stomates. L'épiderme externe en présente un petit nombre (quatre ou cinq par millimètre carré). Aux deux faces, les cellules épidermiques sont plus longues que dans le limbe ; en outre, leurs cloisons radiales sont notablement épaissies et les ponctuations y sont plus visibles.

II. — *Feuille* [1] *de la tige principale.*

Cette feuille est la plus petite des feuilles aériennes : sa gaine ne dépasse pas 1 centimètre de longueur, et son limbe 6 centimètres de longueur sur 5 à 6 millimètres de largeur.

Les nervures, au nombre de sept, sont constituées par les faisceaux

(*) Exceptionnellement, sur quelques pieds cultivés en serre froide, les poils mesuraient jusqu'à 8 millimètres de longueur et étaient formés de six cellules.

m L i M i L m (fig. 232). Le mésophylle comprend de trois à cinq assises cellulaires (fig. 233) : les cellules hypodermiques aquifères sont peu nombreuses ; les cellules à chlorophylle, peu différenciées les unes des autres, ont leurs parois ondulées et sont entremêlées de quelques cellules à raphides. L'épiderme interne porte des stomates vis-à-vis des nervures (trois par millimètre carré) ; à l'épiderme externe, les stomates sont situés entre les nervures (quatorze par millimètre carré). Quelques poils.

III. — *Bractées foliiformes.*

Elles ne se distinguent des autres feuilles aériennes par aucun caractère histologique, si ce n'est par un nombre moindre de cellules aquifères.

IV. — *Feuilles de la portion souterraine des tiges primaires.*

Dans ces feuilles à longue gaine et à limbe rudimentaire (fig. 214), les faisceaux sont ordinairement en nombre pair (six à douze): un faisceau marginal, soit m, m' ou m'' selon les cas, se trouve dans la gaine en face du faisceau médian. C'est ce qui donne souvent aux coupes transversales des gaines foliaires une fausse symétrie rayonnée.

La structure de ces feuilles, à l'état adulte, ressemble à celle des gaines foliaires aériennes : mésophylle homogène, composé ordinairement de sept couches ; la partie interne se détruit facilement ; pas de cellules aquifères ; cellules épidermiques allongées ; pas de stomates à la face interne, peu à la face externe (trois ou quatre par millimètre carré).

V. — *Préfeuilles.*

1. *Préfeuille des tiges primaires :* Dans les jeunes bourgeons situés sur le rhizome, la première feuille a la forme d'une gaine conique, ouverte par une fente étroite (fig. 203, représentant une préfeuille rendue transparente). Cette fente, située près de l'extrémité supérieure de la gaine et du côté opposé à la tige mère du bourgeon, ressemble d'abord beaucoup à la fente

d'un cotylédon. Plus tard, elle s'élargit et devient un orifice elliptique, un peu oblique. Lorsque le bourgeon se développe, la préfeuille se déchire de haut en bas (fig. 200) et devient bicarénée, à la façon de beaucoup de bractées chez les Monocotylées.

La préfeuille, d'ailleurs, ne possède le plus souvent que deux nervures, une dans chaque carène. Une de ces nervures représente le faisceau médian (M) ; l'autre correspond au faisceau latéral (L), qui serait compris entre le bourgeon et la tige mère. Ainsi comprimé, ce faisceau L est dévié et rejeté à l'opposé du faisceau M. Les figures 204 et 205 représentent des coupes transversales pratiquées vers le milieu et vers le sommet d'un bourgeon souterrain (*).

Parfois il existe une troisième nervure correspondant à l'autre faisceau L; elle se trouve alors sur la face opposée à la tige mère du bourgeon (fig. 206 et 207).

Les caractères histologiques sont ceux d'une gaine foliaire ordinaire. Le mésophylle comprend trois ou quatre assises cellulaires dans l'une des moitiés, et une seule assise dans l'autre moitié (celle qui est comprimée entre le bourgeon et la tige mère, fig. 212).

2. *Préfeuille des tiges secondaires :* La préfeuille des rameaux est toujours plus développée que celle des tiges primaires. Dans sa jeunesse, elle consiste en une gaine cylindro-conique, comprimée, ouverte seulement par une fente étroite voisine du sommet et du côté opposé à la tige primaire (fig. 209). Plus tard, cette fente s'allonge vers le bas par une déchirure qui permet la sortie des feuilles suivantes (fig. 210 et 211).

A l'état adulte, la préfeuille, nettement bicarénée, mesure de 11 à 25 millimètres de longueur. Sa nervation variable dépend de ses dimensions dans le sens transversal. A ce point de vue, on peut distinguer :

1° Les préfeuilles faibles, d'un diamètre de 2 millimètres environ : elles ne possèdent qu'une seule nervure correspondant au faisceau M logé dans l'une des carènes ;

(*) Les figures 204 à 208, 212 et 214 sont orientées par rapport à la tige mère supposée vers le bas de planche.

2° Les préfeuilles plus fortes, d'un diamètre de 3 à 4 millimètres : elles possèdent une nervure dans chaque carène, soit un faisceau M et un faisceau L, ce dernier rejeté presque à l'opposé du premier par suite de la pression exercée par la tige mère du bourgeon. C'est le cas le plus ordinaire.

3° Les préfeuilles vigoureuses, d'un diamètre de 5 à 7 millimètres : elles contiennent de cinq à sept faisceaux, savoir :

$$m\,L\,i\,M. \ldots \ldots \ldots \ldots L$$
$$m\,L\,i\,M. \ldots \ldots \ldots \ldots L\,m$$
$$m\,L\,i\,M\,i. \ldots \ldots \ldots \ldots L\,m$$

On remarquera, dans ces formules, que l'une des moitiés contient toujours trois faisceaux, tandis que l'autre en contient un, deux ou trois. Cette dernière moitié est celle qui est appliquée contre la tige mère. Le faisceau L de ce côté est rejeté au loin et séparé du médian par un long espace dans lequel le mésophylle est réduit à une seule assise cellulaire ou parfois manque entièrement, les deux épidermes se trouvant appliqués l'un contre l'autre (fig. 213). La figure 202 représente une préfeuille étalée contenant sept nervures; la figure 208 est la coupe transversale d'une préfeuille semblable.

Les préfeuilles faibles n'ont pas de bourgeon à leur aisselle (la préfeuille des bourgeons souterrains présente le même caractère); les préfeuilles vigoureuses, au contraire, ont un bourgeon dans leur aisselle.

§ 5. — Continuité protoplasmique des cellules épidermiques.

L'existence de cette continuité protoplasmique est rendue vraisemblable par les nombreuses ponctuations qui garnissent les cloisons latérales et aussi par l'observation suivante (fig. 240). Il s'agit de l'épiderme externe d'une feuille coupée transversalement après un long séjour dans l'alcool. Dans chaque cellule, on constate que la masse protoplasmique plasmolysée s'est détachée de la paroi, excepté le long des cloisons latérales au niveau des ponctuations.

Mais pour démontrer d'une façon péremptoire le fait soupçonné, il faut recourir à un procédé analogue à celui de M. Gardiner. Dans la figure 241, un épiderme vu de face a été traité comme il sera dit plus loin : les cloisons latérales fortement gonflées et en partie détruites permettent de voir des prolongements protoplasmiques qui, au niveau de chaque ponctuation, se rendent d'une cellule à l'autre. Lorsqu'ils n'ont pas été rompus par un gonflement exagéré des cloisons, ces prolongements paraissent parfaitement continus, même quand ils sont examinés au moyen d'objectifs à immersion.

Le procédé imaginé par M. Gardiner pour mettre en évidence la continuité protoplasmique des cellules dans l'albumen corné de diverses plantes, ne peut s'appliquer à l'épiderme du *Tradescantia*. Après l'action de l'acide sulfurique, les cellules épidermiques sont si fragiles qu'il est impossible de les laver et de les colorer convenablement. J'ai donc été amené à modifier le procédé de la façon suivante :

Les lambeaux d'épiderme, arrachés d'une feuille bien fraîche, sont déposés pendant une heure dans la teinture d'iode, afin d'opérer la fixation du protoplasme. J'ai employé la teinture d'iode des pharmaciens diluée de son volume d'alcool absolu. Les lambeaux d'épiderme sont ensuite lavés dans de l'alcool absolu jusqu'à complète décoloration, puis ils sont colorés à l'hématoxyline : pour cela, une solution aqueuse d'alun de potasse à 2 °/₀ est additionnée de quelques gouttes d'une solution alcoolique concentrée d'hématoxyline cristallisée. Le bain colorant doit être extrêmement foncé, opaque même en couche de 3 ou 4 millimètres d'épaisseur. Après un séjour de vingt-quatre heures dans ce bain, les lambeaux d'épiderme sont devenus absolument noirs, toutes les parties de la cellule, y compris la membrane, étant fortement colorées.

Une petite goutte d'acide sulfurique concentrée est alors étalée sur une lame de verre; un lambeau d'épiderme coloré, rapidement lavé à l'eau, puis épongé sur du papier buvard, est déposé sur la mince couche d'acide. L'épiderme devient instantanément rouge, il s'éclaircit et se dilate en tous sens. On laisse l'acide agir pendant un temps variable de quinze à trente secondes, puis on laisse tomber sur la préparation une goutte de glycérine diluée de son volume d'eau, et finalement on couvre d'une lamelle. L'observation doit se faire immédiatement.

La membrane cellulaire gonflée et complètement décolorée est presque partout détruite; le protoplasme et le noyau possèdent une teinte rouge, comme s'ils avaient été colorés au carmin. Après quelques jours, cette coloration disparaît. Si l'on veut conserver les préparations plus longtemps, il convient de neutraliser l'acide par de l'eau ammoniacale avant de mettre la glycérine. La coloration présente alors une teinte brune analogue à celle du brun de Bismarck.

Pour donner de bons résultats, ce procédé exige une certaine expérience : l'action de l'acide ne doit pas être trop prolongée; il faut éviter aussi que la glycérine et l'eau ammoniacale ne produisent une contraction violente de l'épiderme dilaté par l'acide. Il est bon de faire reposer la lamelle sur deux bandelettes de papier, de façon à ne pas écraser l'objet. L'expérience réussit difficilement avec des feuilles vieilles, parce que, dans ces feuilles, les membranes cellulaires résistent davantage à l'acide, tandis que les utricules protoplasmiques se désagrègent plus facilement. On choisira donc, en été, des feuilles vertes nouvellement formées; en hiver, on se servira de jeunes feuilles contenues dans les pousses hivernantes, dans les régions où les stomates sont déjà formés.

Appliqué à l'albumen du Dattier, ce nouveau procédé réussit moins bien, parce que la coloration est peu accentuée. Il donnera, je pense, de bons résultats dans tous les tissus mous et chez les Algues.

§ 6. — Historique.

I. — *Organogénie.*

Dans les organes appendiculaires, si l'on excepte ceux qui restent à l'état rudimentaire, comme les écailles pérulaires, les bractées, etc., la croissance intercalaire est ordinairement très intense, de durée relativement longue et capable de se produire selon plusieurs types.

Trécul (181), l'un des premiers, a cherché à déterminer les modifications successives de la forme des feuilles naissantes dans un grand nombre de plantes. Il a distingué quatre modes de formation : basifuge, basipète, mixte et parallèle. La formation parallèle appartiendrait à beaucoup de plantes monocotylées et s'observerait notamment dans plusieurs Palmiers, le *Carex riparia*, l'*Iris germanica* et le *Tradescantia zebrina*. De l'aveu de l'auteur, la formation parallèle et la formation basipète présentent entre elles de nombreuses analogies (p. 287) et la gaine est fort difficile à apercevoir dans les très jeunes feuilles (p. 288).

D'après mes observations sur le *T. virginica,* le sommet de la feuille apparaît d'abord, bientôt suivi par la gaine; bien qu'il n'y ait pas de lobes foliaires capables de servir de points de repère, la croissance semble se produire ensuite de haut en bas, comme **A.-P. de Candolle** (11, t. I, p. 354), **Steinheil** (174) et **Mohl** (125) l'ont admis pour diverses Monocotylées.

A la suite de recherches ultérieures, **Trécul** (182) a soutenu que les premiers vaisseaux des nervures naissent, les uns de bas en haut et les autres de haut en bas. Dans le cas d'une feuille appartenant au type basipète, le développement du bois primaire peut être ascendant ou se faire simultanément à partir de plusieurs points qui se relient ensuite les uns aux autres. Dans le *Sambucus canadensis,* d'après M. Massart (112, p. 233), la différenciation des faisceaux de la feuille est acropète, alors que la croissance et la ramification de ce membre sont nettement basipètes.

Je ferai remarquer que si, dans les fortes nervures, les trachées montent généralement de la tige vers le sommet de la feuille, les stomates certainement se forment dans un ordre inverse. Je crois que le moment de l'apparition des trachées et des stomates aux divers niveaux de la feuille est déterminé principalement par des raisons physiologiques : ascension de l'eau, épanouissement du limbe commençant par le sommet.

On peut aller plus loin et supposer que le type primordial d'accroissement est basifuge pour les appendices comme pour l'axe (*). Par suite du rapprochement des appendices naissants au sommet végétatif, la région terminale de la feuille se dégage la première, tandis que la région basale reste plus longtemps emprisonnée. Dès lors, la multiplication des cellules, l'apparition des lobes et la différenciation des tissus peuvent prendre l'avance dans la région terminale et progresser de là vers la région basale, à mesure que celle-ci se dégage. On sait combien les jeunes feuilles sont comprimées dans un bourgeon, surtout chez les Monocotylées à cause des gaines foliaires. C'est cette action mécanique qui aurait donné naissance au type basipète. Lorsqu'une partie seulement de la feuille croît en direction basipète, le reste continue à croître en direction basifuge et un troisième type est réalisé : le type mixte ou divergent.

Ces considérations sont de nature, me semble-t-il, à rendre compte des faits contradictoires enregistrés par les observateurs les plus consciencieux, relativement à l'ordre d'apparition des premiers éléments ligneux. Il faut en tirer cette conclusion que, au point de vue morphologique, on ne peut pas attacher une grande importance à l'ordre d'apparition des trachées en direction acropète ou en direction basipète. Quoi qu'il en soit, il ne semble pas nécessaire de maintenir comme type spécial le mode de formation dit parallèle de Trécul. Tel est aussi l'avis de M. Gœbel (64, p. 227) et de M. **Van Tieghem** (194, p. 860). **Eichler** (44) et M. **Massart** (112, p. 249) reconnaissent, il est vrai, une ramification parallèle dans certains cas semblables à celui du *Filipendula,* mais même dans cette dernière plante, l'ensemble de la formation est en partie basifuge et en partie basipète, de

---

(*) On sait que les feuilles des Fougères sont capables de se développer et de se ramifier très longtemps par leur sommet. Divers auteurs ont insisté sur l'analogie que présentent la croissance des appendices et celle des axes chez ces végétaux anciens.

sorte qu'il ne s'agit en somme que d'un mode subordonné au type mixte ou divergent.

En se plaçant au point de vue de la récapitulation dans l'organogénie, **M. Massart** a su mettre en lumière des conclusions intéressantes : « Sous l'influence de la sélection naturelle et de l'hérédité, les organes qui doivent fonctionner les premiers naissent les premiers; les organes qui doivent fonctionner en même temps naissent par ordre de taille » (112, p. 236). Il faut donc admettre qu'une adaptation hâtive des éléments est capable de modifier d'une façon très sensible l'histoire du développement des organes.

M. Massart pense que des « variations individuelles » fixées sous l'influence de la sélection naturelle et de l'hérédité ont pu modifier le type primitif du développement acropète des feuilles. Je crois qu'on peut ajouter que, dans bien des cas, les variations de ce type primitif ont été déterminées par des causes mécaniques, comme la pression réciproque des feuilles dans le bourgeon et l'épanouissement de la partie terminale avant celle de la partie basale des appendices.

II. — Histogenèse.

M. **Cave** (18, p. 374) a soutenu que dans les feuilles le développement du parenchyme se fait au moyen d'une zone génératrice située « à la face supérieure ou interne de l'organe ». Il considère « comme plus âgé le tissu inférieur, et comme plus jeune la région voisine de l'épiderme supérieur ».

M. **Le Monnier** (97, p. 292) a contesté avec raison l'existence d'une zone génératrice semblable, mais cet auteur semble avoir perdu de vue que les diverses assises du mésophylle n'apparaissent cependant pas simultanément. Dès lors on peut rechercher l'ordre d'apparition de ces assises.

Partant d'un mésophylle primitif à trois assises, nous avons reconnu, dans le *Tradescantia*, que l'assise moyenne reste simple entre les nervures et que les deux autres se cloisonnent tangentiellement en direction centrifuge. Dans le mésophylle externe, comme dans le mésophylle interne, l'assise la plus âgée est la plus profonde, celle qui est adossée au mésophylle moyen.

Les travaux qui traitent réellement de la croissance terminale de la feuille sont peu nombreux. M. **Warming,** dans ses recherches sur la ramification des Phanérogames, a eu l'occasion d'assister à la première apparition d'un certain nombre de feuilles. Il a constaté, dit-il, que les « phyllomes naissent, dans tous les cas, dans les couches extérieures du périblème » (**207**, résumé p. vi). Il ajoute que les feuilles florales naissent de préférence dans la première couche du périblème qui, parfois même, est seule active. Ce dernier cas se présente notamment pour les appendices peu développés comme les bractées de diverses inflorescences. Enfin, le dermatogène participe seul à la formation de la spathe du *Vallisneria*, des bractées de l'inflorescence des Graminées, etc... On remarquera que, d'après M. Warming, le cylindre central n'interviendrait jamais dans la genèse de la feuille.

M. Haberland, dont je n'ai malheureusement pu me procurer le mémoire (**70**), a trouvé, au sommet des jeunes feuilles du *Ceratophyllum demersum*, deux cellules mères superposées : la supérieure est l'initiale de l'épiderme, l'inférieure, l'initiale du parenchyme et des nervures. Les feuilles de l'*Elodea canadensis* ne se distinguent que par l'absence de parenchyme, la nervure médiane se trouvant comprise entre les deux épidermes accolés.

M. Van Tieghem, après avoir rappelé l'origine des feuilles de *Ceratophyllum* et d'*Elodea*, ajoute que « dans les autres Phanérogames où ce phénomène a été étudié, le groupe de cellules initiales comprend un certain nombre de cellules épidermiques et un certain nombre de cellules corticales sous-jacentes. Les premières ne donnent que l'épiderme; les autres donnent à la fois le parenchyme et les faisceaux » (**194**, p. 861).

Un résultat intéressant de mes observations sur le développement histologique des organes appendiculaires du *T. virginica*, est la découverte de trois histogènes dans la feuille, savoir : le dermatogène; l'assise génératrice du mésophylle interne et du mésophylle externe; l'assise génératrice des nervures et du mésophylle moyen. Ces trois histogènes de la feuille ne sont, pour ainsi dire, qu'un soulèvement des trois histogènes qui dans la tige donnent naissance respectivement à l'épiderme, à l'écorce et à la partie externe du cylindre central. Existe-t-il des feuilles possédant un quatrième histogène correspondant à celui de la partie centrale du cylindre central de la tige? Peut-être dans les feuilles très épaisses de certaines Monocotylées qui ont des nervures disposées sur plusieurs rangs.

L'importance du mésophylle moyen comme couche continue et comme lieu d'origine des nervures me paraît établie par le fait que, d'après mes observations, cette couche existe dans les feuilles jeunes de plantes appartenant à des espèces diverses, bien qu'à l'état adulte elle se confonde ordinairement avec le reste du mésophylle.

D'autre part, il est non moins manifeste, dans le *Tradescantia,* qu'une partie seulement du mésophylle (la portion interne et la portion externe) est homologue de l'écorce primordiale de la tige. Non seulement il y a continuité, comme on s'est borné à le constater, mais il y a genèse commune aux dépens d'un même histogène. L'écorce primordiale de la tige ne comprend que sept ou huit assises (fig. 189) qui se sont formées, semble-t-il, en ordre centrifuge, comme celles des deux mésophylles. A l'état adulte, l'écorce se distingue des mésophylles, dans le *T. virginica,* par l'absence de cellules aquifères, par l'abondance du collenchyme et surtout par des recloisonnements tangentiels centripètes. Ces recloisonnements centripètes se produisent en très petit nombre dans les entrenœuds aériens, mais ils sont très nombreux dans les entrenœuds souterrains (comme dans les racines). Ils manquent complètement dans la feuille du *Tradescantia,* mais on les retrouvera peut-être dans certaines feuilles très épaisses, comme celles des Agaves.

Ces résultats sont en opposition avec ceux obtenus par MM. Warming et Haberland. Cette contradiction me semble provenir de ce que M. Warming, ayant porté ses recherches principalement sur les inflorescences, n'a guère rencontré que des bractées, c'est-à-dire des feuilles peu épaisses. Peut-être aussi la limite entre le périblème et le plérome a-t-elle été parfois reportée, par le savant danois, trop vers l'intérieur, de façon à attribuer à l'écorce une partie du cylindre central non encore différencié. J'ai déjà attiré l'attention sur ce point à la page 116.

Quoi qu'il en soit, au sommet végétatif du *Melilotus officinalis* (207, fig. 1, intercalée à la page 44 du texte danois), je suis porté à croire que le cylindre central pénètre dans la feuille aussi bien que dans le bourgeon. Chez le *Vallisneria spiralis* (207, pl. VI, fig. 4), on remarque, au contraire, que la feuille naissante n'est constituée que par le dermatogène et l'assise unique du périblème; mais il s'agit ici d'une bractée, comme le texte de la page vi le fait pressentir. La spathe de la même plante est plus simplifiée encore puisque, d'après M. Warming, elle serait formée presque uniquement par le dermatogène (**207**, pl. VI, fig. 5 et 6).

Je crois donc pouvoir conclure que le nombre des histogènes, qui a été trouvé de trois dans les feuilles du *Tradescantia virginica* (et, me semble-t-il, aussi dans le *Melilotus officinalis* de Warming), peut se réduire à deux et même à un seul dans certains organes appendiculaires plus ou moins rudimentaires. Assez souvent cette réduction se manifeste dans certaines régions de la feuille seulement : vers le sommet, vers les bords ou entre les nervures.

D'autre part, les recherches d'Haberland ayant porté sur des plantes aquatiques, par conséquent sur des plantes dégradées et simplifiées, ses conclusions ne peuvent pas être étendues d'emblée aux plantes terrestres.

Les résultats et les considérations exposés ci-dessus doivent être rapprochés de ceux formulés assez récemment par **M. Strasburger**, qui semblent les corroborer (**179**, p. 484). Au point de vue théorique, il est très important, dit-il, de constater que le tissu fondamental du cylindre central de la tige accompagne les faisceaux dans la feuille. L'auteur fait ressortir le contraste morphologique et physiologique qui existe entre le cylindre central contenant le système conducteur et l'écorce ou mésophylle contenant le système d'assimilation. Il cite ensuite, dans certaines Monocotylées et Dicotylées, des exemples de phlœoterme différencié en endoderme à l'intérieur des feuilles.

Dans la feuille du *Tradescantia*, l'équivalent du phlœoterme de la tige doit être cherché dans les assises *Més. i*[1] et *Més. e*[1] (fig. 222); mais ces deux assises ne sont pas différenciées du reste du mésophylle. Quant aux assises plissées pour lesquelles M. Strasburger réserve le nom d'endoderme, il ne faut leur attribuer qu'un caractère fonctionnel et non une valeur morphologique. On sait, en effet, combien est variable l'origine des assises à plissements dans les tiges; il en est vraisemblablement de même dans les feuilles. D'ailleurs, ce qui a été dit plus haut de la gaine des faisceaux dans les feuilles du *T. virginica* prouve qu'il est impossible d'y reconnaître un endoderme et un péricycle.

22

D'après M. **Douliot** (33, p. 321), il y a « indépendance complète des trois histogènes » dans le développement de la feuille du *Tradescantia Martensii*. Mes recherches sur le *T. virginica* conduisent au même résultat et permettent en outre de préciser exactement le rôle qui revient à chacun de ces histogènes dans la genèse des tissus de la feuille. Aussi ne peut-on se défendre d'un sentiment de surprise en lisant, dans un travail ultérieur de M. Douliot, que chez les Graminées tous les tissus du limbe foliaire sont engendrés par « l'épiderme primitif », c'est-à-dire par le dermatogène du sommet de la tige (34, pp. 97 et 101). Dans les figures 5 et 6 du mémoire de M. Douliot, les traits de force, destinés à séparer les tissus provenant des divers histogènes de la tige, ne semblent pas occuper des positions suffisamment justifiées. Il serait bien surprenant que la feuille des Graminées eût un mode de formation si différent de celui des Commélinées.

III. — *Histologie.*

1. Faisceaux. — **Duval-Jouve** (40, p. 355, 41, pp. 304 et 333) a distingué, dans les feuilles de Cypéracées et de Graminées, des faisceaux de divers ordres qu'il a qualifiés de primaires, secondaires, tertiaires et quaternaires. Ces faisceaux sont caractérisés par leur grosseur, par la nature, le nombre et le calibre des vaisseaux qu'ils renferment.

Trécul (182, p. 332) a reconnu aussi, dans diverses Liliacées, Iridées, etc., des nervures primaires ainsi que des nervures secondaires, tertiaires et quaternaires interposées entre les primaires.

Pour M. **Lignier** (105, p. 82), le système libéro-ligneux foliaire, autrement dit le « mériphyte », comprend tantôt un seul faisceau, tantôt quelques faisceaux dits principaux, tantôt enfin un plus grand nombre de faisceaux parmi lesquels il y a des faisceaux principaux et des cordons surnuméraires.

L'existence, dans la feuille, de faisceaux d'ordres différents est donc hors de doute, mais il me semble que ces ordres n'ont pas été précisés encore avec toute la netteté désirable. Aux caractères tirés de la grosseur, de la composition et de l'emplacement des faisceaux, il y a lieu d'ajouter ceux fournis par leur longueur, leur parcours et le moment de leur différenciation. En tenant compte de toutes ces différences on peut, non seulement établir les catégories de faisceaux, mais les soumettre à une nomenclature rationnelle. Dans la feuille, comme dans la tige des Commélinées, on peut reconnaître :

> Un faisceau de 1ᵉʳ ordre : M (médian).
> Des faisceaux de 2ᵉ — : L (latéraux).
>   de 3ᵉ ··· : m et i (marginaux et intermédiaires).
>   de 4ᵉ — : m' et i'.
>   de 5ᵉ ··· : m'' et i''.
>   de 6ᵉ ··· : m'''.
> Etc., etc...

Je me propose de développer ce sujet dans un travail ultérieur, de justifier cette nomenclature par des exemples pris dans les familles les plus diverses, tant dicotylées que monocotylées, et enfin d'en montrer les applications à l'anatomie comparée.

On sait que chez les Monocotylées, la première feuille de chaque bourgeon est située entre la tige mère et le bourgeon. Les botanistes allemands lui ont donné le nom de « Vorblatt », qui a été traduit par « préfeuille » par **J. Gay**. Plus tard **Duval-Jouve** a proposé de remplacer ce terme par celui de « primefeuille » (**42**, p. 78). L'atrophie des nervures, par suite des pressions, a déjà été constatée par divers auteurs qui se sont occupés de la préfeuille des Monocotylées et de la glumelle supérieure des Graminées, plus particulièrement par **E. Cosson** (**23**, p. 715).

2. Mésophylle et épiderme. — La feuille des Commélinées ne paraît pas avoir souvent fixé l'attention des anatomistes. **Pfitzer**, cependant, a reconnu (**135**) que les deux hypodermes aquifères du *Tradescantia discolor* dérivent du tissu fondamental follaire et que les deux épidermes restent simples. Dans le *Begonia manicata*, au contraire, le tissu aquifère des deux faces proviendrait, selon lui, d'un recloisonnement tangentiel de l'épiderme.

L'épiderme des Commélinées a fourni l'un des types classiques de l'appareil stomatique. Dès 1854, **Garreau** (**54**) a saisi les traits principaux de la formation des stomates de l'Éphémère des jardins et de l'évolution des cellules qui les avoisinent. Cette étude, qui remonte à une époque où les phénomènes de la division cellulaire étaient encore mal connus, contient quelques erreurs qu'il est inutile de relever ici.

M. **Strasburger** (**176**, p. 331) a décrit et figuré avec soin la formation des stomates du *Tradescantia zebrina* et du *Commelina communis*. **Sachs** (**154**, p. 104) a fait la même chose pour le *Commelina cœlestis*. M. **Dewildeman** (**31**) a trouvé dans la genèse des stomates du *Tradescantia virginica* un bon exemple de l'application des règles qui régissent l'attache des cloisons cellulaires. Je n'ai pu que confirmer les observations de ces botanistes et je me suis dispensé de reproduire les dessins que j'ai exécutés à cette occasion.

L'histologie des feuilles dans diverses familles monocotylées a fait l'objet de plusieurs monographies importantes. Outre les recherches rappelées ci-dessus de **Duval-Jouve** sur les Cypéracées et les Graminées (**39 à 41**), je mentionnerai encore celles de M. **Sauvageau** sur les Zostéracées (**158**), celles de M. **Ross** sur les Iridées (**142**), celles de M. **Chodat** et de Mme **Balicka-Iwanowska** (**19**) sur le même sujet, etc. Tous ces travaux ont été faits au point de vue systématique, de façon à permettre la détermination des genres et des espèces appartenant à une même famille. Ils présentent un très grand intérêt, et cela se conçoit aisément depuis que Vesque a montré que la structure des feuilles est éminemment propre à préciser les diagnoses spécifiques (**200**). Au point de vue de l'anatomie générale, je n'ai guère trouvé, dans ces mémoires, l'indication de faits de nature à être discutés ici et comparés à ceux qui nous ont été offerts par les feuilles du *Tradescantia*.

§ 7. — Observations physiologiques sur l'épiderme et l'hypoderme
DES FEUILLES.

Je ferai connaitre ici quelques observations et expériences sur la fonction
aquifère et sur la turgescence de certaines cellules.

1. — *Fonction aquifère de l'épiderme et de l'hypoderme.*

Probable déjà au simple examen de la structure de l'épiderme et de
l'hypoderme, la fonction aquifère de ces tissus peut être démontrée par les
expériences suivantes, qui permettent de mesurer le volume des cellules dans
diverses circonstances.

Trois feuilles adultes de *T. virginica*, choisies aussi semblables que
possible, ont été coupées contre la tige, puis abandonnées sur une table,
exposées à la lumière diffuse et à une température de 18 à 20° C. Après
trois jours, elles étaient légèrement fanées et s'étaient pliées le long de leur
nervure médiane, l'épiderme interne (supérieur) étant tourné en dedans (*);
elles étaient cependant encore vivantes, comme on le constatera par la suite.

La première feuille, après trois jours, fut tuée par la teinture d'iode,
lavée à l'alcool 94, puis soumise à l'inclusion dans la celloïdine. Les coupes
colorées au moyen de solutions alcooliques ont été montées au baume de
Canada. La coupe transversale (fig. 242) montre, à un faible grossissement,
des étranglements entre les nervures, étranglements particulièrement
accentués à la face interne où se trouve l'hypoderme. A un grossissement
plus fort (fig. 245), on reconnait que toutes les cellules épidermiques et
hypodermiques se sont affaissées et que leurs cloisons latérales se sont
plissées. Il y a eu collabescence dans ces deux tissus; les cellules à chlorophylle, au contraire, sont parfaitement intactes.

(*) Les feuilles du *Tradescantia virginica* se plient de cette façon chaque fois que la
transpiration est beaucoup plus active que l'absorption de l'eau. Ce phénomène rappelle
l'enroulement des feuilles de certaines Graminées qui se protègent ainsi contre un excès
de transpiration. Chez le *T. virginica*, le pliement de la feuille résulte de la collabescence
des cellules hypodermiques aquifères; elle ne peut guère avoir d'effet efficace parce que la
majeure partie des stomates sont situés à la face externe (inférieure).

Les cellules collabescentes de l'épiderme interne de la figure 245 ne mesurent, en moyenne, que 25 μ d'épaisseur, tandis que sur une feuille fraîche, tuée par la teinture d'iode et soumise à l'inclusion dans la celloïdine, les mêmes cellules mesurent 85 μ d'épaisseur (fig. 222). Leur volume a donc diminué de plus des deux tiers! Le poids de l'eau cédée par l'épiderme interne est de 0ᵍʳ,006 par centimètre carré de surface foliaire.

La deuxième feuille a été traitée exactement comme la première, sauf qu'elle a séjourné trois heures dans de l'eau avant d'être tuée par la teinture d'iode. Elle a donc pu absorber et emmagasiner de l'eau après un flétrissement partiel. La coupe transversale (fig. 243) montre, en effet, que les étranglements ont presque entièrement disparu. Les cellules épidermiques ont repris tout leur volume, mais les cellules hypodermiques sont encore légèrement déprimées (fig. 246).

La troisième feuille a séjourné quatre jours sur la table au lieu de trois. Elle est restée ensuite dans l'eau pendant six heures; malgré cela elle est restée flasque. Traitée par la teinture d'iode et soumise à l'inclusion comme les deux précédentes, cette feuille a fourni des coupes complètement chiffonnées (fig. 244). Toutes les cellules sont affaissées et mortes; c'est ce qui explique que les cellules épidermiques et hypodermiques ont été incapables d'absorber et d'accumuler de l'eau (*).

Ces expériences démontrent donc que l'emploi de la teinture d'iode, l'inclusion à la celloïdine et le montage des coupes dans un milieu anhydre fixent les cellules collabescentes d'une façon complète. Cette fixation parfaite permet d'étudier commodément, au moyen de coupes, les variations de la forme et du volume des cellules épidermiques et hypodermiques du *T. virginica*. La fonction de ces cellules est bien d'accumuler de l'eau pour la céder, aux heures de grande transpiration, aux cellules à chlorophylle qui résistent ainsi plus longtemps au flétrissement.

(*) On remarquera que les feuilles détachées de la tige sont mortes après quatre jours, tandis que celles laissées sur une tige coupée au niveau du sol sont encore vivantes après huit ou dix jours (voir p. 147). Ces faits confirment ce qui a été dit de l'efficacité des réserves d'eau contenues dans les lacunes ligneuses et le parenchyme interfasciculaire de la tige (pp. 136 et 146).

HISTORIQUE.

Lorsque **Vesque** (196) eut montré que l'absorption et la transpiration ne sont pas nécessairement proportionnelles, on comprit l'utilité d'une réserve transpiratoire dans les plantes. Plusieurs travaux de Vesque (notamment 197) aboutirent à cette conclusion, que les vaisseaux et parfois les trachéides jouent le rôle de réservoirs d'eau.

MM. **Pfitzer** (135), **Westermaier** (209), **Haberland** (72) et plusieurs autres auteurs ont attribué le même rôle à certains hypodermes, particulièrement à celui du *Tradescantia discolor* (*).

La démonstration de la fonction aquifère de certains épidermes n'a été faite par **Vesque** que plus tard (198). Ses expériences ont été réalisées au moyen d'une méthode ingénieuse : mensuration par la vis micrométrique de la hauteur des cellules épidermiques traitées par des solutions salines. Après avoir constaté que l'épiderme de presque toutes les plantes terrestres joue le rôle de réservoir d'eau, l'auteur s'est attaché à étudier quelques cas dans lesquels cette fonction est surtout manifeste. Ses études ont porté principalement sur le *Tradescantia zebrina* (**), espèce pourvue d'un épiderme aquifère très développé, mais privée de cellules hypodermiques aquifères.

Une première série d'expériences a démontré qu'en général l'épiderme supérieur (interne) cède de l'eau au parenchyme beaucoup plus facilement que l'épiderme inférieur (externe). Une autre série a prouvé que toutes les cellules épidermiques sont solidaires, en d'autres termes que la perte d'eau subie par l'une d'entre elles est répartie aussitôt sur toutes les autres. Cette solidarité s'explique par la présence des ponctuations en forme de boutonnières qui sont échelonnées sur les parois latérales.

D'expériences osmotiques très variées, l'auteur a conclu : 1° que la cellule turgescente résiste bien à des pressions mécaniques modérées, tandis qu'après plasmolyse la membrane cellulaire devient le jouet des actions mécaniques

(*) *Rheo discolor* Hance.
(**) *Zebrina pendula* Schnizl.

les plus faibles; 2° que l'absorption et l'émission de l'eau par les cellules de l'épiderme et par conséquent leurs changements de volume, reposent sur des phénomènes osmotiques. Dans une solution de salpêtre à 2 °/₀ abandonnée à l'évaporation, les cellules épidermiques du *T. zebrina* peuvent perdre près du tiers de leur volume initial sans se plasmolyser (sans qu'il y ait contraction du protoplasme).

Une grande partie de la propriété osmotique de l'épiderme paraît revenir au nitrate de potasse : l'évaporation d'une gouttelette de suc cellulaire abandonne, en effet, de nombreux cristaux de ce sel. Quant à la quantité d'eau mise à la disposition du tissu transpirateur, Vesque l'estime à $0^{gr},012$ par centimètre carré d'épiderme.

Il est facile de comparer ces résultats à ceux obtenus dans le *T. virginica*, bien que les méthodes d'observation aient été différentes (*).

1° Les cellules de l'épiderme interne du *T. zebrina* sont beaucoup plus volumineuses que celles du *T. virginica* : toutes leurs dimensions sont plus grandes, comme j'ai pu le constater par un grand nombre de mesures, mais la différence porte principalement sur l'épaisseur : 330 μ dans le premier de ces épidermes, 85 μ seulement dans le second.

2° Vesque évalue à $0^{gr},012$ par centimètre carré de surface foliaire la quantité d'eau cédée par l'épiderme supérieur, tandis que dans le *T. virginica* j'ai trouvé seulement $0^{gr},006$, soit la moitié.

3° Dans le *T. zebrina*, Vesque a observé que la réduction du volume des cellules est d'un tiers environ; dans le *T. virginica*, j'ai constaté une diminution de plus des deux tiers.

4° La fonction aquifère de l'épiderme dans le *T. zebrina* est beaucoup plus considérable que dans le *T. virginica*, mais la première de ces espèces ne possède pas de cellules hypodermiques aquifères comme la seconde.

(*) Vesque a mesuré les variations du volume des cellules sous l'influence des solutions salines. Je les ai mesurées, au contraire, sous l'influence de la transpiration et de l'absorption de l'eau. La méthode de Vesque ne peut s'appliquer commodément qu'aux tissus susceptibles d'être isolés en lame mince et intacte comme l'épiderme; la nouvelle méthode, consistant dans l'exécution de coupes après fixation et inclusion convenables, pourra être appliquée à l'examen des tissus les plus profonds, tels que le parenchyme des feuilles de Crassulacées, des tiges des Cactées, etc.

II. — *Turgescence des cellules épidermiques, des cellules hypodermiques et des cellules stomatiques.*

Des expériences ont été faites à l'arrière-saison au moyen des gaines foliaires qui entourent les jeunes pousses hibernantes; d'autres ont été exécutées l'été suivant avec le limbe des feuilles aériennes de la plante adulte. Sur les gaines foliaires, il est facile d'arracher l'épiderme à la pince, parce que ce tissu adhère peu au mésophylle. Les cellules épidermiques, qui sont alors parfaitement intactes, se prêtent très bien aux expériences de plasmolyse. Sur le limbe des feuilles aériennes, il est plus difficile d'obtenir, par arrachement, des lambeaux d'épiderme suffisamment intacts. Les cellules épidermiques y adhèrent plus fortement au mésophylle et l'on ne peut parfois les séparer sans déchirure des cloisons inférieures, ce qui empêche la plasmolyse de se manifester par la suite. Dans le limbe des feuilles, il convient donc d'opérer des coupes tangentielles au scalpel, coupes qui ont d'ailleurs l'avantage de fournir en même temps un certain nombre de cellules aquifères hypodermiques et de cellules chlorophylliennes intactes.

La préparation bien fraîche, obtenue par arrachement dans le premier cas, par section dans le second, peut être plasmolysée graduellement ou brusquement. Parfois, enfin, il est préférable de soumettre la feuille tout entière à l'action des liquides plasmolysants. De là trois méthodes qu'il faut préciser.

Première méthode : La préparation étant dans l'eau, on fait passer lentement, entre la lame et la lamelle, une solution de chlorure de sodium, de nitrate de potassium, de sucre ou de glycérine. La concentration du liquide qui baigne l'objet augmente alors graduellement et on peut suivre, sous le microscope, toutes les phases de la plasmolyse, puis rendre aux cellules leur turgescence en faisant passer en sens inverse un courant d'eau pure.

Deuxième méthode : La préparation fraîche est placée directement dans une goutte d'une solution titrée de $NaCl$ ou de KNO^5, puis examinée immédiatement. La même préparation peut être portée successivement dans des solutions titrées de plus en plus concentrées (1 °/₀, 1 ¹/₂ °/₀, 2 °/₀, 2 ¹/₂ °/₀, 3 °/₀, 4 °/₀, 5 °/₀, 6 °/₀, 8 °/₀, 10 °/₀, 15 °/₀, 20 °/₀...), mais il vaut mieux, en général, faire une série de préparations et déposer chacune d'elles dans une seule solution. On trouve ainsi, assez exactement, le degré de concentration nécessaire pour amener la contraction de l'utricule protoplasmique de chaque catégorie de cellules.

Troisième méthode : Des feuilles adultes bien vivantes sont déposées pendant plusieurs heures ou même plusieurs jours, soit dans l'eau, soit dans des solutions titrées de KNO^3. C'est seulement lorsque tous les tissus ont pris le degré de turgescence ou de plasmolyse en rapport avec le liquide ambiant qu'on pratique des sections tangentielles ou des coupes transversales. Les premières peuvent se faire au scalpel et s'observer dans une goutte du liquide ambiant. Pour les secondes, il faut tuer par la teinture d'iode les feuilles au sortir du liquide dans lequel elles ont séjourné, puis les inclure à la celloïdine et les couper au microtome. L'expérience m'a démontré que dans ces préparations les cellules ont gardé les caractères qu'elles présentaient au moment de la fixation par l'iode.

Nous ferons connaître successivement les résultats obtenus avec les cellules épidermiques, les cellules hypodermiques aquifères, les cellules à chlorophylle et les cellules stomatiques.

1. Cellules épidermiques.

Les cellules épidermiques très jeunes ne sont pas susceptibles de se plasmolyser d'une façon appréciable : leur protoplasme très dense, en effet, ne contient pas encore de vacuoles de suc cellulaire. Un peu plus tard (lorsque les cellules mères des stomates existent, mais ne sont pas encore accompagnées des cellules annexes), le protoplasme des cellules épidermiques proprement dites commence à se détacher de la membrane cellulaire sous l'influence d'une solution de KNO^3 contenant au moins 5 % de ce sel (fig. 256). Plus tard encore (lorsque les cellules mères des stomates sont accompagnées des cellules annexes et commencent à se cloisonner), le même phénomène se produit avec une solution de KNO^3 à 3 $^1/_2$ % (fig. 257). A l'état adulte, enfin, une solution de KNO^3 à 2 % suffit (fig. 258). Conservées dans l'eau pure, les cellules épidermiques adultes meurent généralement après deux ou trois jours et leur utricule protoplasmique perd toute turgescence (fig. 259).

Ces premiers résultats, obtenus d'une façon précise par la deuxième méthode, démontrent que la quantité des substances avides d'eau contenues dans les cellules épidermiques diminue avec l'âge ou du moins n'augmente pas proportionnellement à l'accroissement de ces cellules.

D'autre part, si l'on cherche à calculer, par la méthode plasmolytique de H. de Vries (202), la valeur de la turgescence des cellules épidermiques adultes, on trouve 4 $\frac{1}{2}$ atmosphères. Mais ce chiffre me semble trop élevé. On sait, en effet, par l'exemple classique du *Cephalaria leucantha* (204), qu'au moment où l'utricule protoplasmique commence à se détacher de la membrane cellulaire, la cellule a déjà perdu une certaine quantité d'eau. L'expérience suivante démontre que, dans le *Tradescantia,* cette quantité est loin d'être négligeable. Un lambeau d'épiderme adulte bien intact, déposé dans l'eau sur une lame de verre, est replié sur lui-même, la cuticule en dedans. En mettant au point la partie recourbée, on peut dessiner à la chambre claire la coupe optique des cellules complètement turgescentes (fig. 260). On fait ensuite passer très lentement une solution saline très diluée (première méthode). Le volume des cellules diminue progressivement jusqu'à se réduire à la moitié environ de ce qu'il était au début, l'utricule protoplasmique restant adhérente à la membrane cellulaire (fig. 261). Puis brusquement, sous l'influence d'une concentration un peu plus grande, l'utricule se détache de la paroi (*).

Les phénomènes qui se produisent dans les cellules vivantes sous l'action des substances avides d'eau comprennent donc deux périodes : durant la première, le corps protoplasmique, en se contractant, entraîne avec lui la membrane cellulaire, il y a *déturgescence ;* durant la seconde, il abandonne la membrane et continue à se contracter seul, il y a *plasmolyse.* La durée relative de ces deux périodes doit certainement varier beaucoup suivant la

---

(*) Cette expérience ne réussit bien qu'avec l'épiderme des gaines foliaires, probablement parce que la cuticule y est plus souple et permet de recourber convenablement l'épiderme.

nature des cellules considérées dans diverses espèces de plantes. La première période est sans doute négligeable lorsque les membranes cellulaires sont peu extensibles et incapables de collabescence (cellules du *Cephalaria leucantha* cité plus haut); elle acquiert, au contraire, une grande importance lorsque les membranes cellulaires sont très extensibles ou capables de collabescence : l'épiderme du *Tradescantia* est dans ce cas (*).

Par une tout autre méthode, Vesque a constaté, dans le *Tradescantia zebrina*, qu'une cellule de l'épiderme peut « perdre, sans se plasmolyser, près du tiers de son volume initial dans une solution de salpêtre à 2 °/₀ abandonnée à l'évaporation » (198, p. 467).

Puisqu'il est bien établi que le début de la plasmolyse ne marque pas le commencement de la détente du corps protoplasmique, il est évident que la méthode de H. de Vries ne peut fournir d'indication précise sur la valeur de la turgescence des cellules capables de collabescence : le chiffre trouvé en basant les calculs sur le titre de la solution produisant la plasmolyse est certainement trop élevé dans ce cas (**).

(*) A l'état de turgescence on oppose généralement l'état de plasmolyse, mais ce dernier ne marque que la seconde phase du phénomène de détente. Dès lors, il me parait utile de pouvoir désigner par le terme « déturgescence » ce qui se produit avant la plasmolyse. Parfois même, celle-ci ne se manifeste pas. Ainsi lorsqu'on plonge une Spirogyre dans la glycérine, toutes les cellules de cette algue s'écrasent sans que l'utricule protoplasmique se détache de la membrane : dans ce cas, il y a déturgescence, mais il n'y pas de plasmolyse.

On conçoit que la plasmolyse se produira à un moment variable selon les qualités physiques de la membrane (extensibilité, souplesse, collabescence). Si dans certains cas la plasmolyse est si rapide qu'elle rend la déturgescence à peu près nulle, l'épiderme du *Tradescantia* montre clairement qu'il n'en est certainement pas toujours ainsi.

(**) Il m'a paru que ce sujet méritait de fixer l'attention. Dès la fin de l'année 1897, je l'ai soumis à M. le professeur L. Errera, si compétent en ces questions délicates de physiologie. Je dois m'en féliciter puisque, à la suite de cette communication, mon savant collègue a bien voulu m'adresser la lettre suivante, que je reproduis avec son autorisation. Je saisis cette occasion pour remercier cordialement M. le professeur L. Errera pour l'intérêt qu'il a bien voulu porter à mes recherches et pour la bienveillance avec laquelle il m'a permis de publier à cette place des renseignements dont l'importance n'échappera à personne.

« Mon cher Collègue,

Vous avez bien voulu me communiquer vos remarques au sujet de la détermination

Après avoir déterminé, aux divers âges de la cellule, les quantités minima de KNO^3 nécessaires pour plasmolyser le corps protoplasmique, nous allons étudier l'effet des solutions salines diversement concentrées sur des cellules adultes vues de face.

du pouvoir osmotique des cellules *collabescentes* et me demander mon avis sur cette question.

Évidemment, lorsque la cellule subit une diminution notable de volume avant de se plasmolyser, on doit, comme vous le dites, en tenir compte : car il en résulte une concentration croissante de son suc cellulaire, et les valeurs fournies par la méthode plasmolytique ordinaire seront donc supérieures à sa turgescence initiale. Bien que l'on ne paraisse pas s'être beaucoup préoccupé de cette correction, certains physiologistes y ont déjà songé, et Pfeffer, par exemple, dans la nouvelle édition de sa *Pflanzenphysiologie* (2° éd., 1897, I, p. 127), y fait nettement allusion. .

Comment trouver alors le *pouvoir osmotique exact* de la cellule? On ne peut chercher à déterminer une solution-limite qui amènerait le début de la diminution de volume de la cellule, car une telle limite n'existe pas : toute solution extérieure, pour peu qu'elle soit plus concentrée que le milieu normal, doit provoquer une certaine rétraction des cellules collabescentes, la pression interne étant toujours diminuée du montant de la pression extérieure, quelque minime que soit celle-ci.

Mais il y a un moyen bien simple de tourner la difficulté. Il suffit, en effet, de mesurer les dimensions de la cellule avant de la soumettre à aucune expérience, puis de déterminer la solution (de nitrate de potassium, par exemple) qui amène chez elle le début de la plasmolyse, et de mesurer de nouveau ses dimensions à ce moment. Si la forme de la cellule n'est pas trop compliquée, on déduira de là la diminution de volume qu'elle a subie ; et, en supposant que l'on ajoute à son suc cellulaire — dont on connaît le pouvoir osmotique au moment de la plasmolyse — la quantité d'eau nécessaire pour lui faire reprendre son volume initial, on obtiendra, très approximativement, le pouvoir osmotique (en NO^3K) qu'il avait avant toute collabescence.

Les expériences de vérification que M. Van Rysselberghe a eu l'obligeance d'exécuter à l'Institut botanique de Bruxelles, confirment pleinement ce qui précède.

Tout d'abord, des cellules de *Cladophora* et de *Spirogyra*, dont la plasmolyse se produit respectivement par des solutions de 0.17 et 0.15 molécule-gramme de nitrate de potassium par litre, diminuent déjà sensiblement de volume dans une solution de 0.02 molécule-gramme de NO^3K — solution d'un pouvoir osmotique certainement inférieur au leur.

Voici maintenant le calcul du *pouvoir osmotique exact* dans le cas d'une cellule cylindrique.

Soit R le rayon de la cellule à l'état normal ;

    L sa longueur à l'état normal ;

    r le rayon de la cellule au moment de la plasmolyse ;

    l sa longueur au même moment ;

    p son pouvoir osmotique déterminé par plasmolyse ;

    x son pouvoir osmotique vrai, avant toute collabescence.

Les solutions de KNO^3 à $^1/_2$ %, 1 %, 1 $^1/_2$ % ne produisent aucun résultat visible au microscope parce que la déturgescence a simplement pour effet

D'après le principe que la pression osmotique d'une solution donnée est en raison inverse de sa dilution, c'est-à-dire du volume qu'elle occupe, on a :

$$\frac{x}{p} = \frac{\pi r^2 l}{\pi R^2 L},$$

d'où

$$x = \frac{p r^2 l}{R^2 L}.$$

Exemples : I. *Spirogyra jugalis.*

Pouvoir osmotique déterminé par la méthode plasmolytique (trois expériences concordantes) :

$$p = 0.18 \text{ mol.-gr. } NO^3K.$$

Dimensions dans le milieu normal $\Big\{$ Longueur du protoplaste : L $= 22$ divis. microm.
             Diamètre : $2R = 14$ —

Id. dans 0.17 mol.-gr. NO^3K $\Big\{$ Longueur : $l = 20.5$ div. microm.
                Diamètre : $2r = 14$ —

Pouvoir osmotique vrai :

$$x = \frac{p r^2 l}{R^2 L} = \frac{0.18 \times 7^2 \times 20.5}{7^2 \times 22} = 0.168.$$

II. *Spirogyra orbicularis.*

Pouvoir osmotique déterminé par la méthode plasmolytique (une expérience) :

$$p = 0.19 \text{ mol.-gr. } NO^3K.$$

Dimensions dans le milieu normal $\Big\{$ Longueur du protoplaste : L $= 11$ divis. microm.
             Diamètre : $2R = 15$ —

Id. dans 0.18 mol.-gr. NO^3K $\Big\{$ Longueur : $l = 11$ divis. microm.
                Diamètre : $2r = 13.75$ —

Pouvoir osmotique vrai :

$$x = \frac{p r^2 l}{R^2 L} = \frac{0.19 \times 6.87^2 \times 11}{7.5^2 \times 11} = 0.159.$$

La correction due à la rétraction de la cellule avant la plasmolyse n'est donc nullement négligeable, même pour les *Spirogyra* ; elle doit être plus sensible encore quand il s'agit de cellules très collabescentes, comme celles de l'épiderme de *Tradescantia* que vous avez étudiées avec tant de soin.

Bien amicalement à vous,

ERRERA.

Ce 10 août 1898. »

de diminuer la hauteur des cellules. Dans la solution à 2 %, le protoplasme commence à se détacher de la membrane cellulaire aux points de jonction des cloisons (fig. 262). Cela semble indiquer que l'utricule protoplasmique adhère plus fortement aux endroits garnis de ponctuations. Avec des solutions à 4 %, 6 %, 8 %, 10 % et 20 %, la contraction s'accentue de plus en plus.

L'utricule protoplasmique plasmolysée se présente sous divers aspects : masse irrégulièrement étoilée, restant adhérente aux parois latérales par de larges surfaces (fig. 263); masse étoilée comme la précédente, mais montrant en plus de nombreux fils protoplasmiques très fins (fig. 264); masse plus arrondie avec des fils fins (fig. 265); masse tout à fait arrondie, rattachée à la membrane par un grand nombre de fils très fins (fig. 266). Dans tous ces cas, la plasmolyse est normale (*).

Ces divers aspects ne sont pas des formes successives, car elles se produisent d'emblée et conservent longtemps leurs caractères propres. Je n'ai pu préciser exactement les conditions qui les déterminent. Les formes étoilées s'obtiennent ordinairement lorsqu'on opère graduellement (première méthode); les formes arrondies dominent quand on fait agir brusquement une solution plasmolysante assez concentrée (deuxième méthode). Dans certaines circonstances cependant la première méthode donne aussi toutes formes arrondies. Un facteur important semble être le degré de vitalité des cellules.

Les fils protoplasmiques si fins qui rattachent la masse plasmolysée à la membrane, aboutissent aux ponctuations : presque toujours, ils se correspondent exactement d'une cellule à l'autre (fig. 265 et 266). Ces fils ne doivent pas être confondus avec les cordons protoplasmiques qui existent dans les cellules avant la plasmolyse et qui sont encore visibles lorsque celle-ci est peu accentuée. Les premiers vont de l'utricule plasmolysée à la membrane et ne sont jamais ramifiés; ils résultent de la continuité du protoplasme à travers les ponctuations. Les seconds vont du protoplasme circumnucléaire à l'utricule protoplasmique, et souvent sont ramifiés.

(*) Lorsque la plasmolyse s'est produite, les ponctuations des parois latérales des cellules épidermiques deviennent beaucoup plus visibles (fig. 263 à 266).

Si l'on fait passer un courant d'eau pure sur les cellules plasmolysées, on voit l'utricule gonfler comme si elle était soufflée intérieurement et reprendre sa position primitive. Si, au contraire, on conserve durant vingt-quatre heures les cellules à l'état de plasmolyse dans la solution saline, les prolongements et les fils protoplasmiques disparaissent; la matière colorante du suc cellulaire diffuse à l'extérieur; le passage de l'eau pure ne fait plus gonfler l'utricule : les cellules sont mortes. Il est à noter que des cellules épidermiques déposées dans de l'eau distillée sans avoir subi l'action d'aucun réactif, meurent après un temps plus ou moins long. Dans ces cellules mortes, le protoplasme flétri et contracté ne présente jamais de fils le rattachant aux ponctuations de la membrane cellulaire (fig. 259).

Lorsqu'on traite l'épiderme au moyen d'une substance très avide d'eau, comme la glycérine anhydre, une solution concentrée de sucre ou de gomme arabique, en suivant la deuxième méthode, les cellules sont instantanément comprimées : leur protoplasme ne se détache pas de la membrane cellulaire. On voit à la figure 267 une cellule ainsi traitée. Son aspect est exactement celui d'une cellule écrasée entre deux verres : les cloisons latérales, normalement verticales, sont couchées et la cavité cellulaire n'existe plus. Il n'y a pas eu plasmolyse, mais brusque déturgescence.

2. Cellules hypodermiques aquifères.

Ces éléments se comportent comme les cellules épidermiques. Leur étude, rendue plus difficile par leur situation, nécessite l'usage de coupes tangentielles ou radiales. Ces cellules sont éminemment collabescentes, comme on peut s'en assurer par des coupes transversales de feuilles fixées par la teinture d'iode et soumises à l'inclusion (fig. 245). Après plasmolyse, la membrane cellulaire laisse apercevoir des ponctuations analogues à celles des cellules épidermiques (fig. 268).

3. Cellules a chlorophylle.

Les cellules à chlorophylle possèdent une turgescence notablement plus
forte que celle des cellules épidermiques. Dans une feuille adulte, il suffit
d'une solution à 2 % de KNO^3 pour plasmolyser l'utricule protoplasmique
des cellules épidermiques, tandis qu'il faut une solution à 5 % pour obtenir
le même effet dans les grandes cellules pauvres en chlorophylle et une
solution à 8 ou 10 % pour les petites cellules riches en chlorophylle.
De plus, les cellules à chlorophylle ne sont pas capables de collabescence.

4. Cellules stomatiques.

Les cellules de bordure des stomates, ou cellules stomatiques, contiennent
de la chlorophylle et sont aussi très turgescentes. Il faut parfois 7 ou 8 %
de KNO^3 pour contracter leur protoplasme au point de le détacher de la paroi
cellulaire. Mais bien au-dessous de cette limite, les variations de turgescence
des cellules stomatiques se manifestent par d'autres phénomènes importants :
l'ouverture et la fermeture de la fente du stomate. A ce point de vue, il y a
lieu de distinguer les phénomènes qui se produisent dans les conditions normales de la végétation et les phénomènes qui se manifestent dans certaines
conditions expérimentales spéciales.

A. Fonctionnement normal des stomates.

Dans les conditions ordinaires de la végétation, la fente des stomates
mesure environ $0^{mm},015$ de largeur, comme on peut le constater sur un
lambeau d'épiderme enlevé au scalpel et rapidement observé dans l'huile ou
dans une solution de KNO^3 à 1 % (fig. 269). Conservés durant plusieurs
heures dans cette solution à 1 %, les stomates d'ailleurs ne subissent aucune
modification.

Au moyen d'une solution saline plus concentrée, on peut enlever de l'eau
aux cellules stomatiques : leur turgescence diminuant, elles se rapprochent
l'une de l'autre et le stomate se ferme. Dans le *T. virginica*, ce résultat est

24

obtenu avec une solution de KNO^3 à 2 °/₀ (lorsqu'il fait chaud et sec) ou avec une solution de 4 à 5 °/₀ (lorsqu'il fait chaud et humide) (fig. 270). En été, dans l'air sec du laboratoire (température $= 25°$ C.), les stomates se ferment rapidement lorsqu'une feuille est détachée de la plante.

Si, au lieu de diminuer la turgescence des cellules stomatiques, on l'augmente en plongeant l'épiderme dans de l'eau distillée, les stomates ne tardent pas à se fermer également. Quatre ou cinq minutes suffisent parfois pour produire ce résultat.

Un lambeau d'épiderme étant amené à cet état de turgescence par un séjour d'une heure dans l'eau distillée, peut servir à une expérience extrêmement démonstrative. La préparation dans l'eau est maintenue fixe sous le microscope; on fait passer quelques gouttes d'une solution de KNO^3 à 1 °/₀, puis successivement quelques gouttes d'une solution à 1 ¹/₂ °/₀, à 2 °/₀, à 2 ¹/₂ °/₀, à 3 °/₀, à 3 ¹/₂ °/₀, à 4 °/₀ et finalement à 5 °/₀. L'expérience, conduite très lentement, dure une heure. Les stomates *fermés* dans l'eau distillée (fig. 271) s'*ouvrent* lorsque le liquide ambiant a atteint une concentration de 1 ¹/₂ °/₀ environ (fig. 272); ils se *referment* lorsque la concentration approche de 3 °/₀. A 5 °/₀, le protoplasme des cellules stomatiques commence à se plasmolyser. Le moment précis de l'ouverture des stomates, celui de leur fermeture et enfin celui de la plasmolyse varient d'ailleurs un peu d'une expérience à une autre. On conçoit en effet que les cellules stomatiques contenant de la chlorophylle puissent renfermer des quantités variables de substances assimilées; leur turgescence initiale ne sera donc pas toujours la même.

La forme des cellules stomatiques, vues en section transversale optique, varie selon le milieu dans lequel se trouve la préparation. Ainsi une coupe transversale, pratiquée dans une feuille vivante et observée dans l'eau, montre des cellules stomatiques semblables à celles de la figure 230ᵃ. Les réactifs hydratants, comme la potasse, l'eau de Javelle, etc., font gonfler certaines régions de la paroi cellulaire et rendent la cavité plus petite (fig. 230ᵇ, coupe traitée par l'eau de Javelle et observée dans la glycérine diluée). Au contraire, les réactifs déshydratants font paraitre les parois beaucoup plus minces et la cavité plus grande (fig. 230ᶜ, coupe traitée par l'alcool absolu, colorée au moyen d'une solution alcoolique et montée au baume de Canada). Les parois des cellules stomatiques sont donc partiellement collenchymateuses et les variations de leur degré d'imbibition sont certainement de nature à modifier la forme même de la section de ces cellules.

Un dernier point est à fixer. Désignons par d le diamètre transversal d'un stomate et par D le diamètre longitudinal (fig. 273 et 274). En comparant un grand nombre de dessins représentant des stomates observés dans diverses conditions, il est facile de s'assurer que le diamètre D se raccourcit très légèrement lorsque d augmente, c'est-à-dire quand le stomate s'ouvre. Comme exemple, on peut citer le stomate représenté par les figures 273 et 274 : sitôt arraché de la feuille, le stomate était ouvert, $d = 48$ μ, D $= 63$ μ. Dès que la fente fut fermée par l'action du KNO^3 à 4 %, $d = 41$ μ, D $= 65$ μ.

B. Fonctionnement des stomates dans certaines conditions expérimentales.

Premier cas : Nous venons de voir qu'en plongeant dans l'eau un lambeau d'épiderme ou une feuille entière, on provoque la fermeture des stomates. Mais si on laisse séjourner une feuille dans l'eau pendant un ou plusieurs jours en l'exposant à la lumière, on constate que tous les stomates s'ouvrent très largement et se remplissent d'eau. La fente mesure alors $0^{mm},03$ et même $0^{mm},04$ de largeur, au lieu de $0^{mm},015$ (fig. 275, feuille ayant séjourné trente-six heures dans l'eau; fig. 276, feuille ayant passé dix-neuf jours dans l'eau).

Lorsque la feuille a séjourné vingt-quatre heures dans l'eau, les stomates ne se ferment que dans une solution contenant de 8 à 10 % de KNO^3. Lorsque la feuille a passé quatre jours dans l'eau, il faut employer une solution à 20 %. Lorsqu'elle a séjourné dix jours au moins, il faut employer une solution à 35 %. Une fois la fermeture des stomates obtenue, une légère augmentation de la concentration entraîne la plasmolyse violente du contenu des cellules stomatiques.

Il faut en conclure, semble-t-il, que lorsqu'une feuille est conservée longtemps dans l'eau à la lumière, la turgescence des cellules stomatiques peut atteindre une valeur énorme et anormale.

Le même phénomène a été constaté dans des conditions qui se rapprochent davantage des conditions ordinaires de la végétation. Une plante cultivée en pot depuis longtemps a été placée sous une cloche recouverte d'un voile noir, le pot plongeant dans un récipient plein d'eau. Après un séjour de quarante-huit heures dans cette atmosphère saturée d'humidité, la plante étant gorgée d'eau, les stomates ont été trouvés largement ouverts; la fermeture ne s'est produite que dans le KNO^3 à 10 ou 12 $^o/_o$ (2 à 5 $^o/_o$ suffisent dans les conditions normales, comme il a été dit plus haut).

Deuxième cas : Les phénomènes décrits ci-dessus se produisent plus rapidement lorsque la feuille est conservée dans une solution de KNO^3 à 3 $^o/_o$ (fig. 277). Après une nuit déjà, le contenu des cellules épidermiques est plasmolysé et même désagrégé. Celui des cellules stomatiques est, au contraire, extrêmement turgescent. Les stomates, largement ouverts, ne se ferment que dans une solution de KNO^3 à 20 $^o/_o$ ou même 25 $^o/_o$. Quant à la plasmolyse, elle ne s'effectue dans les cellules stomatiques qu'avec une solution saturée, c'est-à-dire contenant près de 40 $^o/_o$ de sel.

Il est à remarquer que dans ce deuxième cas, la turgescence des cellules épidermiques ayant disparu, les cellules annexes à droite et à gauche des stomates n'exercent plus de pression sur les cellules stomatiques, et celles-ci peuvent plus facilement s'écarter l'une de l'autre.

Troisième cas : Des feuilles ont été laissées, pendant trois semaines, sur du papier mouillé, sous cloche, dans une atmosphère humide et à la lumière diffuse. Lorsque ces feuilles devenues brunes et flasques commencèrent à pourrir, j'ai constaté que toutes les cellules du mésophylle et de l'épiderme étaient mortes et envahies par des bactéries. Les cellules stomatiques, seules vivantes, avaient conservé leur contenu sensiblement intact. Elles étaient si fortement arquées que la fente du stomate était démesurément ouverte et même défigurée (largeur, $0^{mm},04$ à $0^{mm},05$) (fig. 278). On remarquera aussi que les cellules annexes de droite et de gauche étaient comprimées au point de n'être plus visibles parfois (fig. 279).

Les solutions de KNO^3 à 1, 2, 3, 5, 8, 10, 15 °/₀ n'ont donné aucun résultat; à partir de 20 °/₀, les stomates les plus déformés, comme celui de la figure 279, ont repris une forme plus régulière, indiquée par la figure 281, et les cellules annexes ont réapparu. Il a été impossible d'amener la fermeture complète d'aucun stomate. Quant à la plasmolyse, elle n'a pu être obtenue avec une solution saturée de KNO^3, mais seulement avec une solution contenant 35 °/₀ de NaCl (fig. 282). Dans ce cas, on observe donc la plasmolyse des cellules stomatiques bien que la fente du stomate soit encore ouverte; au contraire, dans les deux cas précédents, comme dans les conditions normales, la fermeture du stomate précédait toujours la plasmolyse.

Il est manifeste que dans ce troisième cas, les stomates ne fonctionnaient plus régulièrement : dans un petit nombre d'exemples, j'ai même pu constater que, les cellules annexes étant détruites, les cellules stomatiques étaient comme dissociées (fig. 280). Cependant, le haut degré de turgescence de ces cellules stomatiques ne semble pas pouvoir être mis en doute, vu leur résistance à la plasmolyse.

Les nombreuses observations qui ont fait l'objet de l'exposé analytique qui précède doivent être discutées et rapprochées des faits déjà connus. C'est cette synthèse que nous allons tenter dans l' « Historique » suivant, pour en tirer des conclusions.

HISTORIQUE.

Il n'est pas possible, à l'occasion des observations physiologiques faites sur l'épiderme et les stomates du *T. virginica,* d'analyser ici les beaux travaux de **H. de Vries** sur la plasmolyse (**203**), ceux de **Mohl** (**126**), de **Muller** (**130**), de **Schwendener** (**168**), de **Leitgeb** (**96**), de **Sachs** (**154**) et d'**Errera** (**49**) sur le fonctionnement des stomates. Ces sujets généraux nous entraîneraient trop loin des Commélinées. Je me bornerai donc à résumer les faits énoncés dans le paragraphe précédent, en les comparant aux faits semblables déjà étudiés par d'autres auteurs.

Les cellules épidermiques ne réagissent pas de la même manière à tous les moments de leur vie. Lorsqu'elles sont jeunes, elles opposent une grande résistance à la plasmolyse. Elles sont alors très riches en substances avides d'eau, ce qui facilite certainement leur accroissement; leur volume définitif équivaut, en effet, à quatre cents fois environ leur volume primordial. A l'état adulte, les cellules épidermiques, comme aussi les cellules hypodermiques aquifères, ont une turgescence notablement plus faible que celle des cellules à chlorophylle : elles cèdent donc de l'eau à ces dernières toutes les fois que l'absorption par les racines ne contrebalance pas la transpiration.

Toutes les cellules aquifères (épidermiques et hypodermiques) diminuent très facilement de volume en plissant leurs minces parois latérales. Dans les liquides plasmolysants dont la concentration va croissant, la collabescence se produit longtemps avant la plasmolyse du protoplasme. Il est possible de réduire ainsi de moitié le volume des cellules épidermiques sans provoquer la plasmolyse. Dans le cas de transpiration à l'air libre, l'épiderme interne d'une feuille séparée de la plante diminue de plus des deux tiers de son volume, tout en conservant la faculté de reprendre ses dimensions normales dès que la quantité d'eau disponible est suffisante. La grande amplitude de la période de déturgescence des cellules aquifères est éminemment favorable à leur fonction.

H. de Vries (203) a fait connaître, en opposition avec la plasmolyse normale, certains cas exceptionnels dans lesquels le protoplasme extérieur périt rapidement, tandis que le protoplasme formant la paroi des vacuoles subit seul la plasmolyse. Il a décrit ce phénomène notamment dans l'épiderme du *Tradescantia discolor* et dans les poils staminaux du *T. virginica*. J'ai pu l'observer plusieurs fois en me servant du salpêtre additionné d'éosine, mais j'ai cru inutile de reprendre un sujet si complètement élucidé par l'éminent physiologiste d'Amsterdam : toutes les plasmolyses dont je me suis occupé dans ce travail étaient normales.

Les cellules stomatiques possèdent une turgescence dont l'intensité est comparable à celle des cellules du parenchyme chlorophyllien. Elles constituent des appareils d'une extrême sensibilité et d'une très grande vitalité. Ces propriétés biologiques ont été mises en évidence dans des conditions expérimentales rendues bien plus variables que celles de la vie normale de la plante. C'est ce qui a permis d'exagérer la turgescence des cellules stomatiques et leur fonctionnement au point de les déformer.

Dans le tableau suivant se trouvent consignées les principales particularités du fonctionnement des stomates du *T. virginica,* tant à l'état normal que dans les conditions expérimentales extrêmes (*).

	LARGEUR de la fente des stomates.	PLASMOLYSE des cellules épidermiques.	FERMETURE des stomates.	PLASMOLYSE des cellules stomatiques.
Feuille normale cueillie par un temps chaud et sec.	$0^{mm},015$	2 % de KNO^3.	2 % de KNO^3.	5 % de KNO^3.
Feuille normale cueillie par un temps chaud et humide.	$0^{mm},02$	2 à 3 % de KNO^3.	4 à 5 % de KNO^3.	7 % de KNO^3.
Feuille ayant séjourné dans l'eau à la lumière pendant 24 heures.	$0^{mm},03$	2 % de KNO^3.	8 à 10 % de KNO^3.	12 % de KNO^3.
Feuille ayant séjourné dans l'eau à la lumière pendant 4 jours.	$0^{mm},03$	2 % de KNO^3.	20 % de KNO^3.	22 % de KNO^3.
Feuille ayant séjourné dans l'eau à la lumière pendant 10 jours.	$0^{mm},04$	2 % de KNO^3.	35 % de KNO^3.	Solution saturée de KNO^3.
Feuille ayant séjourné dans la solution de KNO^3 à 3 % et à la lumière pendant 24 heures.	$0^{mm},03$ ou $0^{mm},04$	Cellules mortes.	20 ou 25 % de KNO^3.	Solution saturée de KNO^3.
Feuille pourrissant dans une atmosphère humide, à la lumière, pendant 3 semaines.	$0^{mm},04$ et $0^{mm},05$ fente déformée.	Cellules mortes.	Les stomates ne peuvent plus se fermer complètement.	La solution saturée de KNO^3 ne suffisant plus, il faut 35 % de NaCl.

Ce tableau montre d'une façon frappante que la turgescence des cellules épidermiques proprement dites ne varie guère à l'état adulte; que la turgescence des cellules stomatiques, au contraire, est susceptible de s'exagérer dans certaines conditions expérimentales. Cet accroissement de turgescence se manifeste par l'élargissement de la fente du stomate, par la difficulté à

<hr>

(*) Ce tableau résume de nombreuses observations dans lesquelles les chiffres ont varié légèrement. On peut considérer les valeurs indiquées ici comme des moyennes.

fermer cette fente et par la résistance de plus en plus grande que le contenu des cellules stomatiques oppose à la plasmolyse.

La vitalité extraordinaire des cellules stomatiques se trouve également mise en évidence par le fait qu'elles continuent à vivre et à assimiler alors que toutes les autres cellules de la feuille sont mortes. D'autre part, leur sensibilité est telle qu'il suffit parfois de plonger dans l'eau un lambeau d'épiderme pour provoquer immédiatement soit l'ouverture, soit la ferme- ture des stomates. Dans ces cas, l'observation de l'épiderme dans l'huile est indispensable pour se rendre un compte exact de l'état des stomates à la surface de la feuille.

De toutes les expériences exécutées au moyen de l'épiderme du *T. virgi- nica*, il faut conclure que la turgescence très variable des cellules stomatiques peut produire quatre états successifs : deux fermetures et deux ouvertures des stomates, savoir :

1° Turgescence faible. . . . Fermeture par défaut ;
2° Turgescence normale . . . Ouverture normale ;
3° Turgescence forte . . . . Fermeture par excès ;
4" Turgescence exagérée. . . Ouverture anormale allant jusqu'à la déformation.

Les trois premiers états, bien connus des physiologistes, passent fréquem- ment de l'un à l'autre selon les fluctuations de l'intensité lumineuse, de la température, de l'humidité, etc. Quant au quatrième état, il ne se présente probablement pas dans les conditions normales de la végétation. Néanmoins son étude est de nature à jeter plus de lumière sur le mécanisme des sto- mates et surtout sur le rôle des cellules annexes.

Développons ce dernier point. On sait qu'un accroissement de la tur- gescence des cellules stomatiques a pour effet d'augmenter la courbure de ces cellules, c'est-à-dire d'augmenter la concavité de leur bord interne (du côté de la fente) et en même temps la convexité de leur bord externe (contre les cellules annexes latérales). Or, dans le *Tradescantia*, il est mani- feste que chaque fois que la courbure des cellules stomatiques augmente ou diminue, le diamètre d augmente ou diminue d'une façon très sensible ; en même temps le diamètre D subit des variations de sens inverse et d'amplitude beaucoup moindre dans les conditions normales (voyez fig. 273 et 274).

Les variations du diamètre d et du diamètre D sont limitées par les cellules annexes. Ces cellules, en effet, par leur position, leur forme, la direction de leurs cloisons, et surtout par leur turgescence toujours un peu supérieure à celle des cellules épidermiques proprement dites, forment un cadre qui restreint l'amplitude des mouvements exécutés par les cellules stomatiques. Que la rigidité de ce cadre s'amoindrisse par suite d'une turgescence plus faible des cellules annexes, la courbure des cellules stomatiques va s'exagérer et, par suite, l'ouverture du stomate. Que toute résistance du cadre disparaisse par le fait de la mort ou même de la destruction des cellules annexes, le diamètre d atteindra sa valeur maxima, le diamètre D sera réduit à zéro et le stomate prendra l'aspect représenté par la figure 279. Ces effets sont d'autant plus grands, dans nos expériences, que la diminution de résistance des cellules annexes coïncide avec une augmentation de la turgescence des cellules stomatiques. Il n'est pas impossible que ces dernières aient bénéficié des substances solubles contenues dans les premières.

On admet que, d'une façon générale, l'ouverture d'un stomate résulte de deux causes principales : tendance des cellules stomatiques, par suite d'une augmentation de turgescence, 1° à arrondir leur section transversale, 2° à augmenter leur courbure comme il vient d'être dit. La première cause domine sans doute dans le cas des cellules stomatiques à section aplatie; mais c'est la seconde qui semble surtout efficace dans les Commélinées dont les cellules stomatiques ont une section plus arrondie que d'ordinaire (fig. 222 et 230^a).

Les variations de l'imbibition des portions collenchymateuses de la paroi des cellules stomatiques semblent agir dans le même sens que les variations de la turgescence. L'hydratation de ces parois tend certainement à diminuer la capacité cellulaire et par suite à augmenter encore la tension du contenu.

Ce qui a été dit des variations du diamètre transversal d et du diamètre longitudinal D démontre que le fonctionnement d'un stomate ne dépend pas seulement des cellules stomatiques, mais encore, dans une certaine mesure, des cellules qui entourent les stomatiques. Dans l'hypothèse d'un épiderme aquifère dépourvu de cellules annexes, le volume et la rigidité des cellules épidermiques diminuant aux heures de transpiration active, il se produirait un relâchement de l'épiderme qui aurait pour effet de faciliter l'ouverture des stomates! C'est, je crois, pour remédier à ce défaut, dont les conséquences pourraient être désastreuses, que les cellules stomatiques sont entourées d'un cadre de cellules annexes. Celles-ci possèdent toujours (comme les expériences de plasmolyse le démontrent) une turgescence supérieure à celle des cellules épidermiques proprement dites; elles contiennent peu de suc cellulaire et *ne sont pas aquifères*. Leur fonction est donc de former autour de l'appareil stomatique un cadre de résistance constante au sein d'un épiderme dont la rigidité est très variable. A ce point de vue, les cellules annexes latérales sont évidemment bien plus efficaces que les deux autres; aussi existent-elles souvent seules (*Claytonia perfoliata*, **176**, fig. **118**); parfois même il y a deux cellules annexes de chaque côté (*Commelina communis*, **176**, fig. **154**; *C. cœlestis*, **154**, fig. **69**).

Mohl et **Leitgeb** ont déjà fait intervenir la turgescence des cellules épidermiques pour expliquer certaines particularités du fonctionnement des stomates. On admettra donc sans peine que l'appareil stomatique formé par les deux cellules réniformes ne doit pas être considéré comme isolé : dans le cas plus spécial d'un épiderme aquifère comme celui des Commélinées, le rôle des cellules annexes est certainement important.

CHAPITRE V.

ORGANOTAXIE.

Sous ce titre, je me propose d'examiner plusieurs questions relatives à la position respective des membres et à leur symétrie.

§ 1. — Phyllotaxie anatomique.

Certaines particularités anatomiques de la tige dépendent de la disposition des feuilles à sa surface. Il convient donc de rechercher d'abord cette disposition.

1. — *Phyllotaxie.*

Les feuilles du *T. virginica* peuvent être considérées comme distiques, bien qu'elles ne soient pas régulièrement disposées suivant deux lignes orthostiques opposées l'une à l'autre. Pour préciser leur arrangement, appelons *plan médian d'une feuille* le plan qui passe par l'axe de la tige et par le faisceau médian de cette feuille. La trace de ce plan sur une coupe transversale d'entrenœud de la tige est la droite CM^n (fig. 283).

Deux plans médians successifs font entre eux un angle qui est *l'angle de divergence foliaire* M^nCM^{n+1} dans la figure 283. Si l'on considère une tige quelconque dans son ensemble, on constate que tous les angles moindres que $180°$ sont superposés, en d'autres termes que toutes les feuilles sont rejetées d'un même côté. Cette disposition des feuilles date du moment de leur apparition au sommet végétatif. Elle se retrouve d'ordinaire très nettement marquée à l'état adulte. Quelquefois, cependant, elle est masquée par des torsions plus ou moins prononcées des entrenœuds qui amènent les feuilles dans des positions quelconques. Pour l'étude de la phyllotaxie, il est nécessaire de délaisser complètement les tiges tordues, afin de ne considérer que le fait primitif.

Dans les tiges d'origine axillaire (tiges primaires et tiges secondaires), les feuilles sont rejetées du côté opposé à la tige mère, comme il est aisé de le constater sur la section transversale des gros bourgeons insérés sur le rhizome après inclusion convenable (voyez fig. 284, dans laquelle la tige mère est indiquée à droite du dessin). Dans les tiges principales, les premières feuilles sont rejetées du côté opposé au pétiole cotylédonaire, c'est-à-dire du côté opposé à la courbure du cotylédon (fig. 285).

Pour mesurer les angles de divergence foliaire, on peut considérer une coupe transversale pratiquée dans un bourgeon, comme celle reproduite par la figure 284. On peut aussi recourir à une méthode plus longue, mais qui donne des indications plus complètes : elle consiste à pratiquer des coupes transversales dans tous les nœuds d'une tige adulte marquée d'un trait de repère longitudinal bien droit; la trace des plans médians foliaires de tous les segments est alors relevée à la chambre claire (sur un plan convenablement incliné pour éviter les déformations). C'est ainsi qu'a été obtenu le tracé de la figure 286, dans lequel il est facile de mesurer la valeur des angles successifs.

Il a été constaté que les feuilles des tiges primaires sont plus fortement déviées que celles des autres tiges et que la déviation est plus grande dans les premiers segments que dans les suivants. On peut admettre, pour la région inférieure des tiges primaires, que la valeur moyenne de l'angle de divergence M^nCM^{n+1} est comprise entre 160 et 165°.

II. — *Conséquences anatomiques.*

De ce que les feuilles sont toutes rejetées d'un même côté, il résulte qu'il y a, dans toute la longueur des tiges, deux moitiés inégales. Cette inéga‑ lité se manifeste dans un segment quelconque et se reconnait même à l'inspection d'une coupe isolée. Dans la moitié la plus large d'un segment, les faisceaux sont plus nombreux et la trace foliaire y est souvent plus complète. Le segment [3] d'une tige primaire représenté par les figures 131 et 132 fournit un bon exemple de cette asymétrie de la trace foliaire.

Dans la portion souterraine des tiges primaires du *T. virginica* (portion qui se dirige souvent un peu obliquement dans le sol), la petite moitié des segments correspondant à l'angle de divergence $M''CM''^{+1}$ est tournée vers le bas.

Dans les *Tradescantia* rampants, c'est également la petite moitié de la tige qui est appliquée contre le sol. Le long des tiges rampantes du *T. fluminensis*, les feuilles sont déviées, non pas vers le haut, comme on pourrait s'y attendre, mais vers le bas. Dans cette espèce, l'angle de divergence $M''CM''^{+1}$ est plus petit que dans le *T. virginica* : j'ai fréquemment mesuré des angles compris entre 145 et 150°. Il ne peut être question ici d'un exposé complet de l'organisation des *Tradescantia* rampants; cet exposé sera fait dans un travail ultérieur. Je tiens seulement à faire remarquer combien la déviation des feuilles et les particularités anatomiques qui en résultent, sont des faits constants dans le genre *Tradescantia*.

Les faits de cet ordre appartiennent à la catégorie de ceux qui sont généralement désignés par l'expression « structure dorsiventrale ». Il est intéressant de les constater dans une espèce à tiges dressées, comme le *T. virginica*. Toutes les observations qui ont été faites dans cette plante prouvent que la dorsiventralité des tiges primaires est plus marquée que celle des autres tiges, et en outre que la région inférieure d'une tige quelconque possède une organisation plus nettement dorsiventrale que la région supérieure, où ce caractère tend à s'effacer. Ces deux résultats concordent exactement avec ceux fournis par l'étude de la phyllotaxie.

III. — *Causes mécaniques.*

Dans le *T. virginica*, la dorsiventralité semble résulter uniquement du fait que les feuilles sont toutes déviées d'un même côté. Pour trouver l'origine de cette dorsiventralité, il suffit donc de rechercher les causes qui ont amené la déviation des appendices.

Les tiges axillaires (primaires et secondaires) proviennent d'un bourgeon appliqué contre une tige mère. La pression exercée par celle-ci repousse du côté opposé les nombreuses feuilles qui existent déjà dans le bourgeon (fig. 284). Cette influence perturbatrice se faisant moins sentir sur les feuilles qui se développent ultérieurement, ces dernières tendent de plus en plus à devenir distiques.

Les feuilles déterminant la position des faisceaux dans la tige, celle-ci présentera dans toute sa longueur deux moitiés inégales : la moitié tournée vers la tige mère sera la plus large et, par suite, les faisceaux y seront plus nombreux. La structure sera ainsi nettement dorsiventrale à la base, mais ce caractère s'effacera graduellement vers le haut de la tige. Pour la même raison, les tiges primaires accusent une dorsiventralité plus grande que les tiges secondaires, parce qu'elles proviennent de bourgeons qui ont été très serrés contre le rhizome et qui ont pris, dans cette situation, un grand développement pendant la première saison.

En ce qui concerne la tige principale, il suffit de rappeler que le cotylédon des plantules est toujours courbé, soit vers la droite, soit vers la gauche, et que les premières feuilles sont rejetées du côté opposé (fig. 285), comme si leur développement se faisait plus facilement du côté où le cotylédon s'est hypertrophié en se courbant.

§ 2. — Bourgeons axillaires.

I. — *Caractères extérieurs.*

La tige principale ne porte pas de bourgeon dans l'aisselle du cotylédon, mais elle en produit un dans l'aisselle de chacune des feuilles. Tous ces bourgeons s'atrophient généralement, sauf celui de la feuille [1] qui se développe, la seconde année, en une tige de remplacement.

Les tiges primaires produisent un bourgeon axillaire à chaque nœud, excepté dans l'aisselle de leur préfeuille. Les bourgeons des tiges primaires se comportent de trois manières :

1° Ceux qui sont insérés sur la portion souterraine restent latents pendant la première année et se développent durant la seconde en produisant de nouvelles tiges primaires;

2° Ceux qui sont insérés sur les premiers nœuds de la portion aérienne se dessèchent ordinairement peu de temps après leur formation;

3° Ceux qui sont insérés sur les autres nœuds de la portion aérienne se développent immédiatement en tiges secondaires ou rameaux.

Les tiges secondaires, à leur tour, portent des bourgeons axillaires qui restent ordinairement latents et ne prennent aucun développement ultérieur. Parfois cependant ils entrent en végétation vers la fin de l'été, notamment ceux qui sont à l'aisselle des larges préfeuilles. A l'approche de l'hiver, alors que toutes les parties aériennes commencent à se flétrir, ils montrent trois ou quatre petites feuilles bien vertes. Au moyen de coupes, on y reconnaît huit ou neuf feuilles (y compris leur préfeuille bicarénée), mais pas d'inflorescence.

Ces bourgeons tertiaires sont doués d'une grande vitalité. En hiver, on les retrouve parfois persistants au milieu des débris de la plante qui les a produits. Dans notre pays, ils ne semblent pourtant pas pouvoir hiverner. Un certain nombre de ces bourgeons ont été plantés en serre froide en octobre 1893. Ils ont pris racine et se sont développés au printemps suivant en tiges semblables à des tiges primaires. Sur seize de ces plantes, trois ont donné une inflorescence normale; neuf n'ont pas fleuri, leur inflorescence étant rudimentaire et desséchée entre les deux bractées foliiformes; les quatre autres n'ont produit que des feuilles sans bractées ni inflorescences. En octobre 1894, toutes ces plantes étaient parfaitement enracinées et possédaient, sur leur rhizome, des bourgeons de remplacement bien constitués. Il semble donc que les bourgeons tertiaires du *T. virginica* puissent constituer des organes de propagation dans des pays moins froids que le nôtre.

Les bourgeons tardivement développés sur les tiges primaires et ceux qui apparaissent parfois dans les inflorescences semblent posséder la même faculté d'hivernation. On sait d'ailleurs que certains végétaux, comme le *Cordyline vivipara* et le *Nasturtium amphibium*, développent, après leur floraison et sur les rameaux de leur inflorescence, des bourgeons feuillés qui forment boutures naturellement. D'autres, comme les *Foucroya*, produisent des bulbilles dans les mêmes conditions.

II. — *Disposition des bourgeons.*

Quel que soit le lieu d'insertion d'un bourgeon, sa préfeuille est orientée de telle sorte que son faisceau M est situé tantôt à droite, tantôt à gauche du plan médian de la feuille aissellière (*). Dans le premier cas, la préfeuille peut être qualifiée de *dextre;* dans le second cas, de *senestre* (comme dans la fig. 287). Sur cent quatre-vingt-deux bourgeons examinés, quatre-vingt-neuf appartenaient à la première catégorie, quatre-vingt-treize à la seconde, comme on le constatera dans le tableau suivant (**) :

Lieu d'insertion des bourgeons.	BOURGEONS à préfeuille dextre.	BOURGEONS à préfeuille senestre.
Sur des tiges principales	17	18
Sur la portion souterraine des tiges primaires	14	21
Sur la portion aérienne des tiges primaires	51	42
Sur des tiges secondaires	7	12
Totaux.	89	93

(*) L'observateur, ici comme dans toute autre circonstance, doit être supposé au centre de la tige dont la feuille et le bourgeon dépendent, soit en C de la figure 287.

(**) Toutes les précautions ont été prises pour éviter les erreurs : les bourgeons, encore adhérents à une portion de la tige mère et inclus à la celloïdine, ont toujours été orientés, coupés et dessinés de la même manière.

On peut se demander si la répartition des deux catégories de bourgeons est soumise à une règle générale. Nous comparerons entre eux des bourgeons de même génération, puis des bourgeons de générations différentes.

LES BOURGEONS DE MÊME GÉNÉRATION sont disposés le long d'une même tige. Le tableau suivant résume l'étude qui a été faite de douze tiges spécialement examinées à ce point de vue :

NUMÉROS des segments.	QUATRE TIGES PRINCIPALES.				QUATRE TIGES PRIMAIRES.				QUATRE TIGES SECONDAIRES.			
12								S*				
11							D*	S				
10						S	D	D				
9					D*	D*	S	S				
8					D	D	D	D				
7					S	D*	D*	S				
6					D	S*	D	D				D
5			D	D	S	S	S	D*				D*
4	S*	D	D*	D*	D	D	D	D				S*
3	S	S	S*	D	S	D'	S	D*	D	D	S	S
2	S*	D	S	S	D	D	D	S*	S	S	D	D
1	S	S	D	S*	—	—	—	—	—	D	S	—

La comparaison des bourgeons insérés sur une même tige mère n'indique pas, à première vue, qu'une loi simple régit la répartition des bourgeons à préfeuille dextre (marqués D dans le tableau précédent) et des bourgeons à préfeuille senestre (marqués S). Cependant, on remarquera que fréquemment les dextres et les senestres se suivent alternativement. Les bourgeons marqués * dans le tableau font exception à cette règle : ils sont au nombre de 19 sur 69, soit environ 27 %.

LES BOURGEONS DE GÉNÉRATIONS DIFFÉRENTES sont insérés les uns sur les autres. Certaines coupes transversales peuvent rencontrer trois tiges d'ordre

différent : la tige primaire, la tige secondaire et le bourgeon tertiaire. Dans
ce cas, les relations sont manifestes, comme dans la figure 288, dans laquelle
la tige secondaire possède une préfeuille dextre, tandis que le bourgeon
tertiaire a une préfeuille senestre. Il y a alternance.

D'autres fois, la préfeuille de la tige secondaire est senestre, celle du
bourgeon tertiaire est dextre. Dans tous les cas observés, cette loi d'alternance s'est vérifiée.

D'une façon générale, la position respective des axes de divers ordres
peut s'indiquer par le schéma de la figure 289, qui renseigne l'état des
choses pendant l'été 1893. On voit au milieu de ce dessin les portions souterraines persistantes des tiges primaires de 1890, de 1891 et de 1892;
à droite et à gauche, les tiges primaires A et B de 1893. De la tige primaire A, on a représenté les nœuds souterrains 1, 2, 3 et 4 : la préfeuille
de A ne couvre pas de bourgeon, les autres feuilles de A emprisonnent des
bourgeons latents en 1893, qui se développeront en 1894. De la tige primaire B, au contraire, on a représenté les nœuds aériens 5, 6, 7 et 8 : on
y remarque les quatre tiges secondaires florifères en 1893, portant des bourgeons tertiaires à l'aisselle de leur préfeuille.

Dans cette figure, si l'on compare les bourgeons de même génération, on
voit que ceux à préfeuille dextre et ceux à préfeuille senestre se suivent
alternativement le long de la tige mère. Il n'y a d'exception que pour le
bourgeon [7] de la tige B dont la préfeuille est senestre au lieu d'être dextre (*).

Si l'on compare, dans cette même figure, les bourgeons de générations
différentes, on les trouve toujours soumis à la loi d'alternance. Dans le
T. virginica, l'insertion des axes de générations successives est sensiblement
rectangulaire et cette disposition a pour effet de permettre à plusieurs tiges
primaires de se développer simultanément en formant touffe au sortir du
sol. La figure 289 représente en somme une petite partie d'une touffe semblable à celles qu'on peut voir dans les jardins.

(*) Pour juger si une préfeuille est dextre ou senestre, l'observateur doit, comme
il a été dit plus haut, se supposer dans la tige et dans le plan médian de la feuille aissellière, la face tournée vers celle-ci. Il doit donc changer de position à chaque nœud qu'il
considère successivement.

HISTORIQUE.

Les questions traitées dans ce chapitre se rattachent à des sujets variés qu'il conviendrait d'examiner isolément. Elles sont étroitement liées à la phyllotaxie, qui a fait l'objet d'un si grand nombre de travaux de la part de **C.-F. Schimper** et **A. Braun** (8), des frères **Bravais** (10), de **Th. Lestiboudois** (101), de **S. Schwendener** (167), de **W. Hofmeister** (82), de **C. de Candolle** (12, 14 et 15), de **Delpino** (28), de **Vesque** (199) et de bien d'autres auteurs. Elles ont été étudiées par **W. Hofmeister** au point de vue de la morphologie générale (81), par **J. Sachs** au point de vue de la physiologie (152 et 154), par **K. Gœbel** dans son travail sur la ramification des tiges dorsiventrales (61), par **L. Kolderup Rosenvinge**, qui a recherché l'influence des agents extérieurs sur l'organisation polaire et dorsiventrale (93), etc. Partout, dans ces questions, les notions de symétrie et d'hérédité se mêlent aux idées d'adaptation, de plagiotropie, de latéralité et d'anisotropie.

D'autre part, les espèces à tiges rampantes, telles que *Tradescantia fluminensis*, *Zebrina pendula*, offrent une structure dorsiventrale du même ordre que celle du *T. virginica*, mais beaucoup plus marquée. Je crois donc qu'il est préférable de remettre l'exposé historique et la discussion des faits observés au travail dans lequel j'espère pouvoir bientôt m'occuper de l'anatomie comparée de la famille des Commélinées.

CHAPITRE VI.

LES INFLORESCENCES.

A moins d'avoir été retardées dans leur développement par les intempéries, toutes les tiges du *T. virginica* (principale, primaires et secondaires) se terminent par une inflorescence. Celle-ci comprend : une hampe, deux bractées foliiformes et deux cymes unipares scorpioïdes avec bractéoles.

I. — *La hampe.*

La hampe est un entrenœud toujours plus mince et assez souvent plus long que ceux qui précèdent; sa structure diffère peu de celle d'un entrenœud aérien quelconque. On y trouve la trace foliaire complète de la première bractée et la trace foliaire généralement presque complète de la seconde. Ordinairement les faisceaux de ces deux traces foliaires présentent seuls une lacune ligneuse; encore est-elle assez étroite, les premières trachées étant seules détruites ou dissociées.

Premier exemple : La figure 290 représente la section d'une hampe choisie parmi les plus fortes. On y voit soixante-trois faisceaux dont seize constituant la trace foliaire complète de la première bractée

$$(m'' \, m' \, m'' \, m \, m' \, \mathrm{L} \, i \, \mathrm{M} \, i \, i' \, \mathrm{L} \, m' \, m \, m'' \, m' \, m'')$$

et treize autres constituant la trace foliaire presque complète de la seconde bractée

$$(m' \, m'' \, m \, m' \, \mathrm{L} \, i \, \mathrm{M} \, i \, \mathrm{L} \, m' \, m \, m'' \, m').$$

On remarquera que du côté droit, le faisceau *m* de la première trace foliaire est fusionné au faisceau L de la seconde trace foliaire. C'est un fait accidentel.

Deuxième exemple : Lorsque la hampe est plus grêle, le nombre des faisceaux peut se réduire à vingt-neuf (fig. 291), dont onze faisceaux pour la première trace foliaire complète

$$(m'\,m\,m'\;\text{L}\;i\;\text{M}\;i\;\text{L}\;m'\,m\,m')$$

et neuf autres pour la seconde trace foliaire presque complète

$$(m'\,m\;\text{L}\;i\;\text{M}\;i\;\text{L}\;m\,m').$$

Ici encore une fusion accidentelle s'est produite, du côté droit, entre le faisceau m' de la première trace et le faisceau i de la seconde.

Troisième exemple : La hampe qui termine la tige principale est plus grêle encore : elle ne contient souvent que dix-huit faisceaux (fig. 292) dont une trace foliaire complète comprenant sept faisceaux

$$(m\;\text{L}\;i\;\text{M}\;i\;\text{L}\;m)$$

La seconde trace foliaire, très incomplète, est réduite au faisceau M.

Au point de vue histologique, il est à noter que seules les hampes vigoureuses possèdent une gaine de sclérenchyme comme les autres entrenœuds aériens.

II. — *Les bractées.*

Les deux bractées sont foliiformes : elles ne diffèrent guère des feuilles aériennes que par leur situation et l'absence complète de gaine. Elles sont insérées l'une en face de l'autre, sans entrenœud séparatif (fig. 128, pl. VIII) (*).

(*) On pourrait critiquer l'application du terme bractée à des appendices qui diffèrent si peu des feuilles végétatives ordinaires. C'est sans doute en raison de la proximité de l'inflorescence que M. C.-B. Clarke, dans sa monographie (**21**, p. 288), a désigné ces organes par l'expression « bracteis foliaeformibus » que j'ai adoptée ici. D'après A.-P. de Candolle, « les bractées, en général, sont les feuilles à l'aisselle desquelles naissent les branches florales ou leurs ramifications » (**11**, vol. I, p. 438). Cette définition s'applique parfaitement aux deux appendices qui précèdent l'inflorescence du *T. virginica.*

III. — *Les cymes.*

La hampe ne porte pas de fleur terminale (*), mais deux cymes unipares opposées l'une à l'autre. Les deux cymes étant semblables, il suffira de décrire celle qui correspond à la première bractée.

Dans l'aisselle de cette bractée, un bourgeon (n° I ^{1}) s'est développé en un pédoncule portant une bractéole et une fleur. La bractéole représente la préfeuille du pédoncule. Dans son aisselle, un nouveau bourgeon (n° II ^{1}) s'est formé, portant, lui aussi, une bractéole et une fleur. Un grand nombre de bourgeons d'ordre différent (n°s III ^{1}, IV ^{1}, V ^{1}, etc.) se succèdent ainsi en se rapprochant de la bractée foliiforme qui enveloppe le tout.

La figure 293 reproduit exactement l'aspect d'une section transversale pratiquée au milieu d'une inflorescence après inclusion dans la celloïdine. Toutes les parties ont conservé leur position respective : en haut, la première bractée foliiforme (*Brc.* ^{1}); en bas, la seconde (*Brc.* ^{2}); au milieu, les pédoncules n^{os} I ^{1} et I ^{2} qui ont produit les bractéoles 1 ^{1} et 1 ^{2}; dans l'aisselle de celles-ci, les pédoncules n°s II ^{1} et II ^{2} avec leurs bractéoles 2 ^{1} et 2 ^{2}; puis, en s'écartant de plus en plus du centre, les pédoncules n°s III ^{1} et III ^{2}, IV ^{1} et IV ^{2}, V ^{1} et V ^{2}, etc., avec les bractéoles correspondantes 3 ^{1} et 3 ^{2}, 4 ^{1} et 4 ^{2}, 5 ^{1} et 5 ^{2}, etc. (**).

Par l'examen d'une série de coupes transversales successives, on peut se rendre compte que le mode d'insertion des pédoncules et des bractéoles est réellement celui qui est indiqué ici. On conçoit qu'une seule coupe, comme celle de la figure 293, ne peut suffire à cause de la direction oblique des bractéoles et des jeunes pédoncules.

(*) Il n'y a donc pas de « prime-fleur », selon l'heureuse expression de M. F. Hy (**85**, p. 387).

(**) Dans toutes les figures relatives aux inflorescences, les pédoncules sont désignés par des chiffres romains, les bractéoles par des chiffres arabes; l'exposant 1 et 2 désignent les deux cymes. Ainsi le pédoncule I ^{1} porte une bractéole 1 ^{1} dans l'aisselle de laquelle s'est développé le pédoncule II ^{1}, lequel porte une bractéole 2 ^{1}; dans l'aisselle de celle-ci se trouve le pédoncule III ^{1} et ainsi de suite.

Dans chaque cyme, les fleurs s'épanouissent successivement dans l'ordre que leur assigne leur rang morphologique : I, II, III, IV, V, etc. Mais si on considère l'ensemble des deux cymes, on constate que l'ordre de floraison est le suivant :

$$\text{I}^1, \text{I}^2, \text{II}^1, \text{II}^2, \text{III}^1, \text{III}^2, \text{IV}^1, \text{IV}^2, \text{V}^1, \text{V}^2, \text{etc.},$$

ce qui se comprend puisque la cyme située dans l'aisselle de la première bractée est un peu plus âgée que la cyme située dans l'aisselle de la seconde bractée. Ordinairement la fleur n° I^1 est seule épanouie durant la première journée; le lendemain, les fleurs n^{os} I^2 et II^1 s'ouvrent souvent presque simultanément; le troisième jour, c'est le tour des fleurs II^2 et III^1, et ainsi de suite. On pourrait donc croire à tort qu'il existe une fleur terminale au centre de l'inflorescence (fig. 294, représentant une inflorescence au premier jour de la floraison).

Les deux sympodes correspondant aux deux cymes sont extrêmement courts et dirigés obliquement de haut en bas en même temps que de dedans en dehors, comme on le voit sur les coupes longitudinales médianes (fig. 295). Dans le *Tinantia fugax*, au contraire, les deux sympodes se relèvent et s'allongent beaucoup pendant la floraison.

Une coupe longitudinale, en avant du plan médian de l'inflorescence du *Tradescantia virginica*, est reproduite par la figure 296 : elle montre distinctement les pédoncules insérés à l'aisselle des bractéoles (*).

Toutes les inflorescences ne sont pas identiques au point de vue de la disposition respective des premiers pédoncules et des premières bractéoles. Quatre cas peuvent se présenter.

Dans le premier cas, les fleurs I^1 et I^2 représentent des bourgeons à préfeuille dextre (**) (fig. 297); dans le deuxième cas, elles représentent des

---

(*) Les figures 294, 295 et 296 ont été choisies de façon à correspondre à la moitié droite de la figure 293 : les comparaisons sont ainsi rendues plus aisées.

(**) Au chapitre précédent, nous avons nommé préfeuille dextre celle qui est insérée à droite du plan médian de la feuille aissellière, et préfeuille senestre celle qui se trouve à gauche du même plan. Ici, dans un bourgeon floral, la bractéole représentant la préfeuille, il n'est pas surprenant de la voir tantôt dextre, tantôt senestre.

bourgeons à préfeuille senestre (fig. 298); dans le troisième cas, la fleur I [1] est un bourgeon à préfeuille dextre et la fleur I [2] un bourgeon à préfeuille senestre (fig. 299); dans le quatrième cas enfin, c'est l'inverse (fig. 300). Sur quinze inflorescences, il a été observé deux inflorescences de la première catégorie, six de la deuxième, quatre de la troisième et trois de la quatrième.

Quant aux fleurs suivantes (n°s II, III, IV, V, etc.), elles forment, dans chaque cyme, des séries toujours régulièrement alternantes, telles que D, S, D, S, D, S, ... ou S, D, S, D, S, D, ... (*). Il y a donc, dans chaque cyme, *hétérodromie* comme disent les auteurs, et les cymes sont bien *scorpioïdes*. Toutes les fleurs sont, par suite, disposées en deux rangées; toutes les bractéoles forment deux autres rangées (fig. 293).

IV. — *Les bractéoles.*

Les bractéoles sont disposées suivant deux rangées dans chaque cyme (fig. 293); elles sont incolores et molles; leur forme est assez irrégulière (fig. 301); leur longueur est comprise entre $3^{mm},5$ et 5 millimètres. Les bractéoles sont plus ou moins inéquilatères et vaguement bicarénées à leur base. Elles sont toujours comprises entre l'axe mère et l'axe nouveau. Ces caractères, notamment le dernier, assignent à chaque bractéole la valeur d'une préfeuille.

Celles qui sont exceptionnellement développées renferment quatre faisceaux (L M L m) rudimentaires, un mésophylle formé de quatre ou cinq assises, un épiderme externe et un épiderme interne dépourvus de stomates. Plus ordinairement, la structure est moins complète : il n'y a que trois faisceaux (L M L), ou deux (M L), ou un seul (M), souvent même il n'y a pas de faisceau. Les cellules du mésophylle sont alors moins nombreuses et celles situées contre l'épiderme interne sont généralement mortes et chiffonnées (fig. 302).

(*) Une comparaison familière fera mieux saisir les quatre manières d'être de l'inflorescence : Deux hommes, étant placés dos à dos, peuvent se mettre en marche en partant tous les deux du pied droit, ou bien tous les deux du pied gauche, ou encore l'un du pied droit, l'autre du pied gauche, ou enfin l'un du pied gauche, l'autre du pied droit. Mais une fois en marche, ils continueront à avancer en projetant alternativement les deux pieds.

V. — *Anomalies.*

Les inflorescences du *T. virginica* présentent assez fréquemment des anomalies qu'il convient de signaler brièvement, parce que, rencontrées au début des recherches, elles déroutent complètement l'observateur.

1. La première bractée foliiforme est seule normalement développée; l'autre est réduite à l'état d'écaille molle, très large et très courte qui n'est reconnaissable que par la dissection.

2. Trois bractées foliiformes sont normalement développées. La première porte dans son aisselle un bourgeon végétatif dont les feuilles se développent plus ou moins. Quelquefois ce bourgeon contient quelques boutons floraux. L'inflorescence consiste en deux cymes placées respectivement dans l'aisselle de la deuxième et dans l'aisselle de la troisième bractée foliiforme.

3. Trois bractées, comme au cas précédent, avec un bourgeon végétatif et deux cymes, mais la deuxième bractée, très rudimentaire, n'est visible qu'après dissection. Certaines coupes transversales pratiquées dans ces sortes d'inflorescences sont particulièrement embarrassantes, parce que la deuxième bractée ne se montrant pas à tous les niveaux, un bourgeon végétatif et une cyme semblent exister dans l'aisselle de la première bractée.

4. Trois bractées foliiformes sont normalement développées et chacune d'elles contient dans son aisselle une cyme unipare. La troisième bractée est déplacée de façon à ne pas se trouver au-dessus de la première.

5. Trois bractées et trois cymes comme ci-dessus, mais la troisième bractée étant rudimentaire, la première semble couvrir deux cymes.

C'est dans des cas d'anomalies semblables à celles signalées sous les n⁰ˢ 2 et 3 qu'on peut observer, notamment à l'arrière-saison, des pousses végétatives très développées à l'intérieur des bractées foliiformes.

HISTORIQUE.

L. et **A. Bravais** (9, pp. 199 et 206), auxquels on doit la distinction des cymes unipares et des cymes bipares, furent les premiers à reconnaître dans les Commélinées l'existence de « cimes uninodales scorpioïdes ». **H. Baillon** (2, p. 202) a admis également, dans cette famille, « des cymes unipares scorpioïdes, de configuration variable, souvent réduites à quelques fleurs ». M. **Van Tieghem** (194, p. 347) a cité le genre *Tradescantia* parmi les exemples d'inflorescences en cyme unipare scorpioïde. M. **Schönland** (165, p. 60) attribue aux Commélinées des inflorescences « meist Wickel oder Doppelwickel in den Achseln von Laubblatt ».

Au contraire, **M. Seubert**, dans le *Flora brasiliensis*, a écrit dans la diagnose du genre *Tradescantia :* « inflorescentia umbellata rarius paniculata terminata » ; il a ajouté : « nuda vel bracteis spathaceis bracteolisque squamaeformibus stipata » (172, p. 247). M. **C.-B. Clarke** (21, p. 288) a dit aussi à propos des *Tradescantia :* « Flores umbellati... umbellae sessiles ». Ce botaniste n'a pas fait mention des bractéoles chez le *T. virginica,* mais il les signale dans le *T. fluminensis.*

A.-P. de Candolle a expliqué l'origine de la « cime scorpioïde » des Boraginées en partant de la « cime dichotome » (= cyme bipare) des Caryophyllées : il a supposé l'avortement de « l'un des deux rameaux qui doivent se développer dans l'aisselle des deux bractées » (11, p. 414). Ce mode de dérivation est peut-être vrai pour les Silénés à fleurs dites en épis, par opposition aux Silénés à inflorescence dichotome; mais il ne l'est pas pour les Boraginées ni pour les Commélinées. En effet, si l'explication de A.-P. de Candolle était exacte pour ces deux familles, on trouverait des bractéoles en nombre double des pédoncules, tandis que les deux nombres sont égaux.

En réalité, il ne faut pas chercher à faire dériver l'une de ces cymes de l'autre : la cyme unipare provient de tiges à feuilles alternes, comme la cyme bipare provient de tiges à feuilles opposées.

M. **Gœbel** (61), dans ses recherches sur l'organogénie des cymes des Boraginées, a soutenu que la théorie de la disposition spiralée des feuilles se trouve en défaut parce que, dans ces inflorescences, les appendices naissent d'un seul côté de l'axe mère dorsiventral et qu'ils forment une, deux ou plusieurs rangées. Se fondant sur ces remarques, **J. Sachs** (154, pp. 497 et suiv.) a critiqué non seulement la théorie de la spirale génératrice de Schimper et Braun, mais encore celle de l'axillarité des bourgeons, théories qui seraient contredites par les axes dorsiventraux (tiges rampantes et certaines inflorescences).

Selon moi, l'inflorescence du *T. virginica* se compose de deux, quelquefois de trois cymes unipares scorpioïdes. Chacune de ces cymes résulte d'une superposition de bourgeons floraux, tous de générations différentes, insérés les uns sur les autres suivant la règle ordinaire d'alternance exposée au chapitre précédent pour les bourgeons végétatifs (*). Chaque bourgeon floral est réduit à un pédoncule produisant une préfeuille (= bractéole) et se terminant par une fleur. Dans cette manière de voir, les bractéoles n'étant pas de même génération ne sont pas régies par les lois de la spirale phyllotaxique (**). Ce qui parait être l'axe de la cyme est un sympode et non un axe monopodique dorsiventral. Là est, me semble-t-il, le nœud du litige soulevé par Gœbel. Comme argument en faveur de l'opinion que je défends, je puis faire valoir, outre l'organisation anatomique des axes florifères, l'existence de quatre catégories d'inflorescences : ces catégories résultent de l'agencement variable des deux premiers bourgeons floraux dont la préfeuille peut être dextre ou senestre (fig. 297 à 300).

Quant aux critiques de J. Sachs, elles ne paraissent nullement confirmées par l'étude attentive de l'inflorescence du *T. virginica*. Au contraire, cette inflorescence s'explique très simplement et très naturellement par l'idée qu'elle provient d'une métamorphose des axes et des appendices végétatifs,

---

(*) Au contraire, dans les « cymes unipares hélicoïdes », comme celles des *Alstrœmeria*, il n'y a pas d'alternance : tous les bourgeons de générations successives superposés ont tous une préfeuille dextre ou bien tous une préfeuille senestre. Dès lors les pédoncules et les bractéoles semblent disposés en hélice autour du sympode.

(**) L'expression « spirale phyllotaxique » semble préférable à celle de « spirale génératrice ». La spirale n'a rien de générateur ; c'est une conception idéale qui sert simplement à préciser l'arrangement des appendices le long des *axes monopodiques*.

les règles organotaxiques restant les mêmes. Une cyme unipare étant une réunion sympodique de bourgeons, tous de générations différentes, chaque bractéole doit représenter une préfeuille, et l'alternance, reconnue pour les bourgeons végétatifs, suffit pour rendre compte de la position respective des bractéoles et des pédoncules sur le sympode.

L'étude des anomalies que nous avons constatées dans certaines inflorescences est aussi éminemment propre à confirmer la théorie de l'axillarité des bourgeons chez toutes les plantes angiospermes. Malgré leur diversité, ces anomalies se réduisent à l'existence de trois bractées et de trois cymes au lieu de deux, à l'atrophie plus ou moins marquée de l'une des bractées et au remplacement d'une cyme par une pousse feuillée. Dans tous ces cas, les bourgeons, tant floraux que végétatifs, ont été trouvés dans l'aisselle d'organes appendiculaires.

La nomenclature des inflorescences a fourni à **M. F. Hy** l'occasion de réflexions judicieuses (85, p. 385). « Les nombreux et savants mémoires qui ont traité des inflorescences, dit-il, n'ont eu presque aucune influence jusqu'ici sur la langue couramment usitée en botanique descriptive. Il suffit, pour s'en convaincre, d'ouvrir une de nos Flores, même parmi les plus soignées; non seulement les incorrections y fourmillent, mais, ce qui est plus grave peut-être, on y constate l'omission d'une foule de caractères tirés de l'inflorescence qui pourraient avantageusement préciser les descriptions des espèces, des genres et même d'autres divisions d'ordre plus élevé. » L'auteur a cherché ensuite à établir pour les inflorescences une classification pratique et suffisamment rationnelle. Parmi les nombreux exemples cités dans son mémoire, il n'en est aucun malheureusement choisi dans la famille des Commélinées.

CHAPITRE VII.

LES RACINES.

§ 1. — Caractères extérieurs.

Le *T. virginica* produit trois sortes de racines :

1° La *racine principale,* formée dans le prolongement de l'hypocotyle, ne prend qu'un faible développement : elle demeure grêle (diamètre $= 0^{mm},5$) et atteint 5 centimètres au plus de longueur ; sa base, au contact de l'hypocotyle, est renflée de bonne heure et garnie de papilles (fig. 52, 53, 54, 80 et 81). Elle disparaît avec l'hypocotyle lui-même à la fin de la deuxième année de végétation au plus tard ;

2° Les *racines adventives,* insérées aux nœuds de la portion souterraine des tiges, sont longues, cylindriques et relativement épaisses (diamètre $= 2$ à 3 millimètres). Elles persistent plusieurs années : durant la première, elles fonctionnent comme organes d'absorption ; plus tard, elles perdent leurs radicelles et se gorgent de réserves alimentaires, pour constituer alors des organes de dépôt (*) ;

3° Les *radicelles,* nées sur les flancs de la racine principale et des racines adventives, sont assez nombreuses et grêles (diamètre de $0^{mm},3$ à $0^{mm},5$).

(*) Ce caractère s'accentue beaucoup dans le *Commelina tuberosa* L. et surtout dans le *Dichorisandra ovata,* dont les racines forment des tubercules renflés.

§ 2. — Histologie.

La structure des racines adventives sera décrite en premier lieu, parce qu'elle est la plus complète. La racine principale et les radicelles seront examinées ensuite.

I. — *Racines adventives.*

1. Faisceau (fig. 303 et 304). Le faisceau contient ordinairement six pôles ligneux et six pôles libériens; un large vaisseau central; des fibres primitives entre les massifs ligneux et les massifs libériens, ainsi qu'autour du vaisseau central; une assise péricyclique unique.

Les racines plus grêles n'ont que quatre ou cinq pôles; les racines plus vigoureuses en ont sept ou huit, avec deux ou trois vaisseaux au centre.

Les trachées possèdent des épaississements spiralés, spiro-annelés ou annelés très serrés (fig. 305). Les vaisseaux sont rayés de nombreuses ponctuations parallèles; les cellules vasculaires, toujours très longues, peuvent atteindre $1^{mm},4$ de longueur.

2. Système cortical. Il comprend :

Un *endoderme* dont les plissements se reconnaissent aussi facilement sur la coupe transversale que sur la coupe tangentielle (fig. 304 et 306);

Un *parenchyme cortical interne* composé de huit à douze assises de cellules sériées radialement, riches en amidon; méats quadrangulaires; cellules à raphides;

Un *parenchyme cortical externe* formé de trois ou quatre assises contenant peu ou pas d'amidon; méats triangulaires; des lacunes tangentielles existent parfois entre ce tissu et le précédent (fig. 307);

Une *assise sous-pilifère* formée de grandes cellules toutes semblables, bombées vers l'extérieur. Leur protoplasme, réduit de bonne heure à quelques rares cordons, contient un noyau qui persiste assez longtemps contre la paroi interne, du côté du parenchyme cortical; jamais d'amidon. Les parois externes et les parois latérales subissent une subérification précoce et prennent une coloration brune. Les cloisons latérales (radiales) sont en outre plissées d'une façon aussi marquée que celles de l'endoderme (fig. 307), comme on peut s'en assurer principalement par les coupes tangentielles (fig. 308). La cloison plissée vue de face, dans les coupes radiales de la racine, présente une disposition scalariforme très nette (fig. 309);

Une *assise pilifère* subérisée de bonne heure et persistant à la surface des racines les plus vieilles à l'état de cellules vides, à membrane brune et plus ou moins flétrie (fig. 307 et 309).

Blessures. — A la surface des racines adultes, on voit assez souvent des taches d'un brun très foncé, étroites et allongées dans le sens de l'axe (longueur = 1 à 2 millimètres). La coupe transversale, au niveau d'une tache semblable, montre : En dessous des assises pilifère et sous-pilifère restées ordinairement normales, un groupe de cellules mortes à parois d'un brun très foncé. Tout autour, les cellules restées vivantes se sont recloisonnées trois ou quatre fois tangentiellement, formant un tissu subéreux (fig. 312).

Ces blessures étant cicatrisées depuis longtemps, il n'est pas possible de préciser, en l'absence de preuves directes, quelle est la cause de ces lésions. Peut-être s'agit-il de galeries creusées par une larve dans le parenchyme cortical externe.

Cytologie. — Des coupes tangentielles permettent d'étudier facilement le contenu des cellules du parenchyme des racines adultes. Dans les cellules dépourvues d'amidon, le protoplasme montre nettement une couche pariétale ainsi que de très nombreux cordons ramifiés et anastomosés (fig. 326). Le noyau est souvent en voie de fractionnement : il y a même parfois de deux à quatre noyaux groupés au centre de la cellule. Un ou plusieurs gros nucléoles sont contenus dans chaque noyau. Le suc cellulaire est abondant et incolore. De nombreux leucoplastes amylogènes s'observent autour des noyaux et dans les principaux cordons protoplasmiques. Ces leucoplastes sphériques (diamètre = 2 $^1/_2$ à 3 μ) sont entraînés par la circulation protoplasmique qui se manifeste toujours lorsque la température est favorable (*). L'iode communique à ces corps une coloration jaune; lorsqu'ils s'échappent

(*) Observation faite en décembre durant une série de beaux jours. La température du laboratoire, devant une fenêtre au soleil, était de 20° C.

d'une cellule déchirée, l'eau les fait gonfler et apparaître à l'état de vésicule.

Dans d'autres cellules, on peut constater la présence de bâtonnets d'amidon entraînés par le courant protoplasmique à l'intérieur des cordons. Ces bâtonnets sont des grains d'amidon en voie de formation (longueur, 5 à 10 μ). Au contact de l'eau, ils sont entourés d'une grande vésicule claire qui est le leucoplaste amylogène gonflé.

Dans les cellules remplies de gros grains d'amidon, le protoplasme ne s'observe que difficilement; les grains elliptiques, très nombreux et immobiles, mesurent alors jusqu'à 17 μ suivant leur plus grand diamètre.

La turgescence des cellules du parenchyme cortical est très grande : elle correspond à peu près à une solution de nitrate de potassium à 5 °/₀. C'est seulement dans cette solution saline que le protoplasme commence, en effet, à se plasmolyser. Ici, comme dans l'épiderme, les masses protoplasmiques plasmolysées sont tantôt irrégulières et rattachées à la paroi par de nombreux fils très fins (fig. 327), tantôt arrondies et sans prolongements filiformes (fig. 328).

Quant à la membrane cellulaire, elle est entièrement cellulosique. Les cloisons, relativement épaisses, sont striées obliquement et munies de nombreuses ponctuations simples (fig. 329, coupe longitudinale, et 330, coupe transversale). Le procédé de Gardiner permet de constater que de fins prolongements protoplasmiques, correspondant aux ponctuations, relient entre elles toutes les cellules du parenchyme cortical (fig. 331).

Çà et là des cellules cristalligènes étroites, mais allongées (longueur moyenne = 0ᵐᵐ,75) (*), contiennent des raphides d'oxalate de chaux et du mucilage; leur section transversale est un polygone de quatre à six côtés. Ces cellules ont été décrites en détail, en même temps que les éléments correspondants des tiges et des feuilles (p. 129).

(*) Les autres cellules du parenchyme ont en moyenne 0ᵐᵐ,3 de longueur.

II. — *Racine principale.*

1. Faisceau (fig. 313) : Toujours trois pôles ligneux et trois pôles libériens. Un des pôles ligneux est antérieur, c'est-à-dire qu'il se trouve exactement dans le plan de symétrie de la plantule et en dessous du cotylédon.

2. Système cortical : Le parenchyme cortical interne comprend quatre assises (l'endoderme compris); l'externe, une seulement; l'assise sous-pilifère montre de très grandes cellules à cloisons radiales plissées; l'assise pilifère est morte (fig. 313).

III. — *Radicelles.*

1. Faisceau : Le nombre des pôles varie selon le diamètre du faisceau : quatre trachées polaires et un vaisseau central lorsque le diamètre du faisceau est de $0^{mm},14$ environ; trois trachées polaires et un vaisseau central lorsque ce diamètre est de $0^{mm},09$; deux trachées polaires et une trachée centrale lorsque le diamètre est de $0^{mm},07$; enfin deux trachées seulement lorsque le diamètre est réduit à $0^{mm},05$ (fig. 314, 315 et 316).

Dans les faisceaux les plus grêles, le péricycle est interrompu en face des pôles ligneux. Dans la radicelle représentée par la figure 315, l'une des deux trachées polaires touche à l'endoderme, l'autre en est séparée par une très petite cellule péricyclique. Dans la radicelle la plus mince (fig. 316), les deux trachées touchent à l'endoderme.

2. Système cortical : Il comprend sept ou huit assises cellulaires dans les radicelles les plus fortes, quatre ou cinq seulement dans les plus grêles. L'endoderme, l'assise sous-pilifère et l'assise pilifère sont toujours très nettement reconnaissables (fig. 316).

Les trois radicelles qui prennent naissance de bonne heure et avec une régularité absolue à la base organique de la racine principale, contre l'hypocotyle, méritent une mention spéciale (fig. 55, 56, 57, etc.). Elles sont toujours grêles et dans leur faisceau tripolaire ou bipolaire, les premières trachées sont souvent en contact avec l'endoderme, le péricycle étant interrompu (fig. 317).

28

HISTORIQUE.

Depuis que **M. Van Tieghem** a montré, dans son important mémoire
de 1870 (188), l'uniformité de la structure primaire des racines chez toutes
les plantes vasculaires, les recherches plus récentes n'ont porté que sur des
points de détail. Toutefois ces recherches, en précisant mieux les caractères
propres de chaque tissu, ont conduit à des dénominations plus exactes.
Pour la racine, les termes « endoderme » et « péricycle » sont plus convenables que les anciens noms qui trop souvent rappelaient des particularités
ou des fonctions qui ne sont pas constantes; telles étaient les dénominations
de « membrane protectrice, péricambium, assise rhizogène, etc. ».

Il est cependant une assise pour laquelle on n'a pas encore trouvé,
semble-t-il, le nom qu'elle mérite : je veux parler de l'assise située immédiatement sous l'assise pilifère et qui a été nommée tour à tour « assise
épidermoïdale » par **M. Olivier** (134), « membrane épidermoïdale » par
M. Gérard (57), « endoderme externe » par plusieurs auteurs allemands,
« assise subéreuse » par **M. Van Tieghem** (194), « exoderme » par
M. Vuillemin (206). Cette assise a une origine variable, et le seul caractère constant est sa position. Elle ne constitue donc pas une unité morphologique, mais elle représente seulement une adaptation spéciale. Dès lors, il
convient de la désigner, non pas par un *nom*, mais par un *qualificatif* : il
suffit de l'appeler « assise sous-pilifère », comme dans les descriptions qui
précèdent. On sait que l'assise pilifère elle-même n'est pas homologue dans
les Dicotylées et dans les Monocotylées; aussi c'est avec raison qu'elle est
désignée par un qualificatif rappelant son caractère adaptationnel.

M. Vuillemin (206, p. 82) a cherché à établir un rapprochement entre
l'assise sous-pilifère des racines d'une part, l'assise sous-épidermique des
tiges, des feuilles, des anthères et des sporogones d'Hépatiques d'autre part.
Ces homologies me semblent loin d'être établies, et cette considération me
parait être un motif de plus pour ne pas admettre le terme exoderme.

Dans l'assise sous-pilifère de toutes les racines et radicelles du *T. virginica,*
les cloisons radiales sont très nettement plissées comme celles de l'endo-

derme. En 1887, M. Van Tieghem constatait ce caractère chez les Restiacées et ajoutait que la même chose pouvait s'observer dans plusieurs plantes terrestres, principalement chez les Monocotylées (191, p. 450).

Dans les radicelles les plus grêles du *T. virginica,* le péricycle est interrompu en face des pôles ligneux ou seulement en face de l'un d'eux. **Duval Jouve** avait déjà constaté ce caractère exceptionnel chez les Graminées (41, p. 361). M. **Van Tieghem** a retrouvé cette anomalie dans les racines, non seulement de diverses Graminées et Cypéracées (188, p. 140), mais encore de plusieurs Centrolépidées, Ériocaulées, Joncées, Mayacées et Xyridées (192).

§ 3. — Histogenèse.

I. — *Racines adventives.*

La coupe radiale du sommet des racines à sept pôles (fig. 318 et 319), comme aussi celle du sommet des racines moins vigoureuses à cinq pôles (fig. 320 et 321), montrent trois histogènes bien distincts :

1° *L'histogène du faisceau ;*

2° *L'histogène du système cortical* (y compris l'assise pilifère). Il est constitué par une seule assise cellulaire. Dans les racines vigoureuses, on y reconnait six cellules non encore cloisonnées tangentiellement (fig. 319) ; dans les racines plus grêles, on en trouve quatre (fig. 321). De ces six ou quatre cellules, les deux centrales doivent seules être considérées comme initiales : elles sont marquées *i* dans les deux figures précédentes (*).

L'assise pilifère et l'assise sous-pilifère sont reconnaissables de bonne heure, mais il est difficile de décider si elles sont unies par un lien génétique ;

3° *L'histogène de la coiffe.*

Les initiales qui composent ces trois histogènes alternent régulièrement entre elles.

A l'état adulte, les cellules de l'assise pilifère sont sensiblement en nombre double de celui des cellules de l'assise sous-pilifère. Il en résulte qu'entre les éléments de ces deux tissus, il y a successivement alternance, puis opposition (fig. 307). Cette disposition spéciale s'observe déjà à un stade très jeune, sous la coiffe, à une très petite distance du sommet végétatif (fig. 310). En se rapprochant davantage encore du sommet de la racine, il n'est plus possible d'obtenir des coupes transversales de ces cellules, parce qu'elles sont fortement incurvées vers le centre de la racine.

Toutefois, dans une racine qui s'était développée dans l'eau hors saison, j'ai pu constater, peu de temps après la formation des papilles radiales, que

____

(*) En réalité, il y a quatre cellules initiales, mais deux seulement peuvent être rencontrées par une coupe radiale.

les cellules pilifères et les cellules sous-pilifères étaient sensiblement en même nombre; elles n'étaient pas exactement superposées, mais leur disposition semblait indiquer qu'elles pouvaient cependant provenir d'une assise unique qui se serait subdivisée par des cloisons tangentielles ou obliques (fig. 311). Ainsi séparées, les cellules de l'assise pilifère auraient pu se dédoubler par des cloisons radiales et réaliser la disposition caractéristique de l'état adulte.

II. — *Racine principale.*

La coupe radiale de son sommet (fig. 322 et 323) ne diffère des précédentes qu'en ce que, dans l'histogène du système cortical, les cellules voisines des deux initiales sont déjà cloisonnées tangentiellement (*).

III. — *Radicelles.*

Malgré son exiguïté, le sommet des radicelles contient encore trois histogènes bien distincts (fig. 324 et 325). Toutefois une différence est à signaler : l'histogène du système cortical se compose d'une seule cellule initiale qui est comprise entre l'initiale du faisceau et l'initiale de la coiffe, de sorte qu'il n'y a pas alternance, mais superposition.

HISTORIQUE.

De nombreux et patients travaux ont été consacrés à l'étude du sommet végétatif des racines. Les premières observations de **Hanstein** sur les radicules embryonnaires (**77**), bientôt suivies de celles de **Reinke** sur les racines en voie de développement (**139**), firent admettre prématurément la théorie du dermatogène, du périblème et du plérome.

Des faits en désaccord avec cette théorie furent, en effet, signalés par MM. **Sachs** (**149**), **Strasburger** (**177**), **Russow** (**143**) et **Prantl** (**136**).

(*) Même observation qu'au bas de la page précédente.

En étendant ses recherches à un grand nombre d'espèces, **M. de Janc-zewski** (86 et 87) reconnut cinq types différents de structure. Bientôt **M. Treub** (183) en décrivit trois chez les Monocotylées et **M. Eriksson** (45) quatre chez les Dicotylées.

Par la suite, il devint impossible de définir nettement les types et de leur accorder une importance réelle, à cause de l'existence de nombreuses formes intermédiaires et aussi à cause des différences constatées, dans une même plante, entre la radicule avant la germination et la racine en voie de développement.

A **M. Flahault** revient le mérite d'avoir, dans un mémoire de grande valeur (52), tiré les conclusions exactes que comporte un ensemble considérable de faits en apparence contradictoires. D'après lui, il n'existe que deux types de structure et ils sont caractérisés par l'origine de l'assise pilifère : le premier appartient aux Monocotylées, le second aux Dicotylées. La spécialisation plus ou moins grande des initiales est au contraire sujette à toutes les variations possibles : elle dépend, non seulement des espèces, mais encore de l'âge et de la vigueur des racines. C'est ainsi que souvent des initiales spéciales ne peuvent être reconnues dans les racines à gros sommet ni dans celles qui, malgré un diamètre plus faible, ont des cloisonnements très actifs. « Ce n'est pas à un manque de différenciation qu'il faut attribuer la structure du sommet de ces racines, mais bien plutôt à une confusion résultant du grand développement cellulaire » (52, p. 160).

Pour apprécier à leur juste valeur les caractères fournis par les sommets végétatifs, il faudrait, comme le fait remarquer justement **M.** Flahault, comparer des états réellement comparables. On conçoit dès lors à quelles difficultés on se heurte quand on recherche des caractères héréditaires dans les phases du développement des organes. Quoique présentant le plus grand intérêt au point de vue de l'anatomie générale, l'histogenèse restera donc longtemps encore sans application à la botanique systématique.

Dans un mémoire plus récent, **M. Schwendener** (169) reconnaît les deux types de M. Flahault, mais il formule des réserves au sujet de la distinction des histogènes et en particulier de la distinction établie entre le périblème et le plérome. D'autre part, il n'admet pas, comme on le fait généralement, que le nombre des initiales puisse être indéterminé. Pour des raisons géométriques, toute coupe radiale axiale ne peut, selon lui, présenter plus de deux cellules initiales, l'une à droite, l'autre à gauche de la ligne médiane. Il réserve le nom de « cellules initiales » aux cellules qui possèdent la faculté illimitée de se diviser. Les cellules-segments qui s'en détachent peuvent rester quelque temps indivises, mais elles ne sont nullement équivalentes aux initiales (*).

M. **Van Tieghem**, dans la deuxième édition de son *Traité de Botanique*, semble partager cette manière de voir, car il n'admet, dans chaque histogène des racines de Phanérogames, qu'une seule initiale ou au plus une tétrade d'initiales au milieu des segments encore indivis et plus ou moins nombreux.

Je me suis conformé également à l'opinion de M. Schwendener, et c'est pour cette raison que dans les figures 319 et 321, les cellules marquées *i* sont seules considérées comme initiales.

Mes observations sur le sommet végétatif de la radicule embryonnaire, de la racine principale, des racines adventives et des radicelles du *T. virginica* concordent avec les résultats généraux du travail de M. Flahault. Partout les trois histogènes sont parfaitement distincts, mais le nombre des initiales varie selon la vigueur du sommet végétatif. Ainsi dans les radicelles, dont le sommet est toujours très étroit, l'histogène du parenchyme cortical ne contient qu'une initiale (fig. 325); dans la radicule embryonnaire, le même histogène comprend deux initiales (une seule est visible dans la coupe de la figure 45; toutes les deux se montrent dans la figure 46); dans la racine principale des plantules et dans toutes les racines adventives de l'adulte, il y a quatre initiales pour le parenchyme cortical (naturellement deux seulement sont visibles dans les coupes radiales, figures 323, 321 et 319).

On remarquera que, dans une même racine, le nombre des initiales du

(*) Les considérations exposées pages 118 et 119, à propos du sommet végétatif des tiges, trouvent également ici leur application.

parenchyme cortical augmente avec la largeur du sommet : c'est ce que montre très clairement la racine principale qui possède deux initiales avant et quatre après la germination (*). Le remplacement d'une cellule initiale unique par deux ou quatre, dans un même histogène, se fait par cloisonnement vertical médian.

Seuls les sommets les plus larges des racines adventives contiennent, en nombre variable, des cellules-segments encore indivises à côté des initiales (fig. 321 et 319).

Il me reste à discuter les observations de deux auteurs qui se sont occupés de l'histogenèse des racines dans les Commélinées.

M. **Treub** (183) a décrit et figuré la structure du sommet végétatif d'une racine aérienne du *Spironema fragrans*. Ce sommet est identique à celui des racines adventives du *Tradescantia virginica*, sauf que, étant plus volumineux, l'histogène du parenchyme cortical montre sur la coupe radiale (183, fig. 26) « une rangée de huit à dix cellules séparant la coiffe du cylindre central (**) avec une grande régularité ». Conformément à ce qui précède, nous y verrons deux initiales avec trois ou quatre cellules-segments encore indivises de chaque côté.

D'après M. **Schwendener** (169), la racine du *Tradescantia Sellowii* (***) possède certaines particularités qu'il a retrouvées dans le *Triticum repens*, le *Maranta Legrelliana*, le *M. Leitzei* et quelques dicotylées. Les initiales du faisceau sont à peu près superposées aux initiales du parenchyme cortical, de sorte qu'un lien génétique pourrait exister entre ces deux sortes d'initiales. L'auteur est porté à admettre, dans ce cas, une origine commune pour le

(*) Pour décider si le nombre des initiales est deux ou quatre, il faut évidemment examiner un assez grand nombre de racines coupées radialement : si toutes montrent deux initiales, c'est qu'en réalité il y en a quatre. S'il n'y en avait réellement que deux, certains sommets convenablement sectionnés ne montreraient qu'une initiale sur la coupe.

(**) Le texte porte, par erreur évidemment, périblème au lieu de plèrome.

(***) Dans la monographie de C.-B. Clarke, le *Tradescantia Sellowiana* Kunth est indiqué comme synonyme de *T. elongata* G.-F.-W. Meyer. Je n'ai pu me procurer cette espèce, mais il est vraisemblable, d'après la figure de Schwendener, que le sommet de sa racine diffère à peine de celui du *T. virginica*. La différence semble résider plutôt dans l'interprétation spéciale que l'auteur a cru devoir adopter.

périblème et le plérome. Toutefois, il fait remarquer que ses observations ont toutes été faites sur des radicules ou sur des racines latérales à l'état stationnaire, et il lui semble impossible de les étendre d'emblée aux racines en pleine activité de végétation.

Quelle portée faut-il attribuer aux faits observés par M. Schwendener ? Il se peut qu'au moment de la première apparition des racines, les initiales de divers histogènes aient entre elles un lien génétique ; il se peut que ce lien génétique primitif soit reconnaissable par la suite, même dans les sommets en pleine végétation, surtout lorsqu'il s'agit de radicelles grêles (c'est le cas de notre figure 325). Mais cela ne me paraît pas avoir une bien grande importance en anatomie comparée, car, dans l'immense majorité des cas, le faisceau de la racine possède certainement des initiales propres. D'ailleurs, l'origine première des histogènes ne prouve rien concernant leur individualité ultérieure, car il est évident que dans l'embryogenèse, tous les tissus dérivent d'une même cellule-œuf. Si, dans certaines Papilionacées, l'écorce et le faisceau semblent avoir une origine commune, cela doit s'expliquer, comme M. Flahault l'a fait le premier, par une « coufusion » résultant d'une grande activité de cloisonnement dans le sommet végétatif de ces racines. Dans les cas semblables, la séparation des histogènes devient pratiquement impossible avec les moyens d'investigation que nous possédons.

Au surplus, la disposition des initiales en opposition ou en alternance est un fait de peu de valeur, puisqu'elle dépend des tensions qui existent dans les cloisons d'âge différent. On sait combien est chose fréquente l'allongement de certaines cloisons amenant l'alternance de cellules primitivement superposées.

Au point de vue de l'histogenèse, comme à celui de la phyllogénie, l'individualité du faisceau multipolaire des racines me paraît bien établie et constituer un fait de la plus haute valeur morphologique.

Un point, reste obscur encore, est relatif à la genèse de l'assise souspilifère dans les racines monocotylées. Dans la première édition de son *Traité de Botanique* (p. 703), M. **Van Tieghem** lui attribue une genèse qu'il semble modifier dans la seconde édition (p. 695). Je ne puis me prononcer ici d'une façon définitive, bien que je sois porté à admettre entre l'assise pilifère et l'assise sous-pilifère, dans le *T. virginica,* un lien génétique semblable à celui admis par M. Van Tieghem dans la première édition de son *Traité* (voyez fig. 311).

Une dernière question peut se rattacher à l'histogenèse : c'est la question de l'origine même des racines et des radicelles. Ce sujet très spécial a fait l'objet de recherches patientes et très approfondies de la part de **MM. Van Tieghem** et **Douliot** (195). Diverses Commélinées ont été étudiées par eux à ce point de vue. On trouvera également dans leur mémoire l'indication des travaux antérieurs relatifs à l'origine première des membres endogènes.

RÉSUMÉ.

CHAPITRE PREMIER : LA GRAINE.

§ 1. — LES STADES DU DÉVELOPPEMENT DE LA GRAINE (p. 9).

Toutes les parties de la graine ont été étudiées dans leur développement
à partir de l'ovule orthotrope et bitégumenté (fig. 6). Cette étude ayant
surtout pour but de permettre l'homologation des diverses assises du spermoderme, il suffira de dire ici en résumé quelle est l'organisation à l'époque
de la maturité.

§ 2. — LE SPERMODERME (p. 10).

La *primine* comprend quatre assises cellulaires (fig. 7 et 17). L'Ép. e. P.
et les deux assises du Tf. P. sont représentés par de grandes cellules vides,
friables, à membrane mince et cellulosique. L'Ép. i. P., en proliférant au
sein du Tf. P., a produit des groupes de cellules réticulées et sclérifiées
(fig. 11). L'Ép. i. P. proprement dit est très résistant : il est formé de cellules à membrane brunâtre, légèrement imprégnée de silice; leur cavité est
presque entièrement remplie par un corps solide, transparent, de forme très
spéciale, taillé à facettes courbes et creusé de plusieurs petites cavités latérales (fig. 20 à 25). Ce corps est formé d'une petite quantité de matière
organique azotée et d'une forte proportion de silice. Le noyau contenu dans
les jeunes cellules de l'Ép. i. P. (fig. 8 et 9) s'est fragmenté (fig. 12 et 13),
puis s'est résorbé complètement pendant que s'opérait le dépôt de la silice.

La *secondine* comprend deux assises cellulaires cartilagineuses d'un brun
foncé. Les cellules de l'Ép. e. S. ont une cavité aplatie, une cuticule épaisse
moulée contre l'Ép. i. P., et des couches externes d'épaississement marquées
de fines stries concentriques (fig. 19). Cette structure n'est reconnaissable

que sur les coupes transversales de la graine. Les cellules de l'Ép. i. S. sont très allongées (fig. 30) et leurs parois sont modérément épaissies.

Le *nucelle* est distendu et réduit à une mince lame sans structure, sauf au-dessus du hile, où plusieurs couches de cellules écrasées se retrouvent assez facilement.

La portion du spermoderme qui recouvre l'embryon a la forme d'une calotte conique qui se détache lors de la germination : c'est l'opercule micropylaire.

Les caractères remarquables du spermoderme des Commélinées n'ont jamais été signalés ; ils ne paraissent pas exister en dehors de cette famille.

§ 3. — L'ALBUMEN (p. 18).

Très abondant, dur et fragile, l'albumen est légèrement ruminé. A sa surface se trouve une couche discontinue de cellules à contenu protéique et à membrane cellulosique (fig. 31, 32, 33 et 41). Le reste est constitué par des cellules dont les cloisons excessivement minces, non cellulosiques, sont très difficiles à mettre en évidence ; elles contiennent un protoplasme abondant, un noyau volumineux mais ratatiné et beaucoup d'amidon en grains polyédriques, rarement isolés (diamètre $= 4$ à $5\ \mu$), ordinairement réunis en masses arrondies (diamètre atteignant $35\ \mu$) (fig. 34, 37, 39, 40).

L'albumen des Commélinées n'avait jamais été étudié. L'existence de cellules périphériques à contenu protéique rappelant celles qui existent chez les Graminées, les Polygonées, etc., tend à confirmer le rôle important que divers auteurs attribuent à ces éléments.

§ 4. — L'EMBRYON (p. 24).

Long de $0^{mm},52$, l'embryon est droit, antitrope, étranglé en son milieu par une saillie interne et circulaire du spermoderme ; fente cotylédonaire petite, presque fermée ; suspenseur nul.

L'*hypocotyle* possède un cylindre central de procambium, un parenchyme cortical et un épiderme. Dans le cylindre central, on distingue un péricycle, une file axiale de cellules hexagonales entourée de six secteurs : trois larges contenant chacun un îlot générateur (L M L); trois étroits alternants (fig. 48).

La *région radiculaire* montre le sommet végétatif de la racine principale : trois histogènes, celui du parenchyme cortical comprenant deux cellules initiales disposées côte à côte perpendiculairement au plan de symétrie de l'embryon (fig. 46). La coiffe est recouverte par l'épiderme.

La *région gemmulaire* est occupée par le sommet végétatif de la tige principale et l'ébauche de la feuille [1] (fig. 45).

Le *cotylédon* contient deux faisceaux procambiaux situés l'un à droite, l'autre à gauche du plan de symétrie (fig. 49 et 50).

Dans la racine embryonnaire du *Tinantia erecta* et de l'*Heterachtia pulchella*, M. de Solms-Laubach a soutenu qu'il n'existe que deux groupes d'initiales recouverts par une gaine radiculaire comparable à celle des Graminées. M. Flahault a admis l'existence d'une gaine radiculaire chez le *Commelina tuberosa*. MM. Van Tieghem et Douliot ont restitué à la racine une partie de la masse de cellules considérée comme gaine radiculaire par MM. de Solms-Laubach et Flahault. Selon moi, la gaine radiculaire chez le *T. virginica* est réduite à l'épiderme qui recouvre directement la coiffe; la racine embryonnaire possède trois histogènes et non pas deux seulement.

La comparaison de l'embryon du *T. virginica* avec celui d'autres Monocotylées permet aussi quelques rapprochements intéressants.

CHAPITRE II : L'HYPOCOTYLE ET LE COTYLÉDON.

§ 1. — LES STADES DU DÉVELOPPEMENT DES PLANTULES (p. 25).

Ils ont été étudiés depuis la germination jusqu'au début de la deuxième année. La série des figures 51 à 60 indique les caractères extérieurs des plantules.

§ 2. — L'HYPOCOTYLE (p. 28).

L'hypocotyle comprend un entrenœud, une base en contact avec la racine principale et un sommet ou nœud cotylédonaire.

I. — *Entrenœud de l'hypocotyle* (p. 28).

La longueur de cet entrenœud est très variable suivant les conditions dans lesquelles s'opère la germination : presque nulle en pleine lumière, cette longueur peut atteindre 60 millimètres dans l'air à l'obscurité, et même 143 millimètres dans l'eau à l'obscurité. Le développement histologique n'est pas lié au degré d'allongement, mais seulement à l'apparition des membres nouveaux (feuilles, radicelles). Toutefois la structure des hypocotyles longs est comme défigurée : les trachées initiales étirées deviennent méconnaissables et des déchirures se produisent dans les tissus. Il convient donc d'étudier de préférence les hypocotyles courts.

L'entrenœud hypocotylé comprend, dans toute son étendue, un cylindre central, un parenchyme cortical avec endoderme et un épiderme sans stomates. L'histogenèse du cylindre central prouve que celui-ci se compose : de deux pôles ligneux centripètes, l'un à droite, l'autre à gauche du plan de symétrie (chacun de ces pôles est formé de trois trachées seulement); de trois faisceaux libéro-ligneux L M L à bois centrifuge, dont un médian postérieur et deux latéraux (chacun d'eux possède une petite zone cambiale entre bois et liber); d'un tissu fondamental représenté par une cellule centrale, par quelques cellules situées entre les faisceaux et par un péricycle (exceptionnellement ce tissu fondamental est méatique) (fig. 90 à 93).

Des coupes longitudinales permettent de retrouver les trachées des pôles centripètes et de constater leur étirement considérable dans les hypocotyles longs (fig. 86) comparés aux hypocotyles courts (fig. 85).

II. — *Base de l'hypocotyle* (p. 31).

L'épiderme exfolié découvre l'assise pilifère de la racine principale. Celle-ci contient un faisceau libéro-ligneux tripolaire. Des trois pôles ligneux de la racine, le médian antérieur se termine en pointe libre, tandis que les deux latéro-postérieurs font suite aux deux pôles ligneux centripètes de l'hypocotyle (fig. 84 et 85). Quant aux faisceaux libéro-ligneux L M L, ils se terminent à la base de l'hypocotyle à l'endroit où de nombreuses trachées très serrées donnent insertion aux trois premières radicelles (fig. 112).

III. — *Sommet de l'hypocotyle* (p. 31).

Deux faisceaux cotylédonaires sont situés l'un à droite, l'autre à gauche du plan de symétrie. Leur portion ligneuse est en contact avec les deux pôles ligneux centripètes de l'hypocotyle; leur portion libérienne est formée par deux petites branches détachées du liber des faisceaux M et L voisins (fig. 114). Les faisceaux L M L traversent le nœud cotylédonaire pour se rendre dans la feuille [1].

MM. Gérard et Van Tieghem admettent le passage des tissus de la racine dans la tige et une torsion de 180° qui transformerait le bois centripète en bois centrifuge. On ne constate, dans le *T. virginica*, ni passage ni torsion. La structure de l'hypocotyle de cette plante s'explique très simplement par le contact du faisceau tripolaire de la racine avec les deux faisceaux cotylédonaires et les trois faisceaux de la feuille [1].

M. Gérard ayant décrit l'organisation du *Commelina tuberosa*, j'ai cru devoir reprendre l'étude de l'hypocotyle dans cette espèce. J'y ai trouvé une structure identique à celle du *T. virginica*, sauf que le faisceau de la racine possède quatre pôles et que la feuille [1] reçoit quatre faisceaux. L'hypocotyle du *Commelina communis*, du *C. clandestina*, de l'*Heterachtia pulchella* et du *Tinantia fugax* se rattachent également au même type.

Les autres particularités histologiques intéressantes sont relatives à la terminaison en pointe libre d'un ou de deux pôles ligneux de la racine, à l'existence d'une zone cambiale dans les faisceaux destinés à la feuille [1], à la plasmolyse dans l'endoderme et à la formation de lacunes de déchirement dans le cas d'un accroissement intercalaire considérable.

§ 3. — LE COTYLÉDON (p. 38).

Le cotylédon comprend une gaine ouverte par une petite fente, un pétiole cylindrique et un suçoir hémisphérique qui reste emprisonné dans le spermoderme. Avant la germination, l'axe du cotylédon est droit et coïncide avec l'axe de l'embryon; dès le début de la germination, la gaine s'accroît

plus rapidement d'un côté et rejette le pétiole de l'autre côté. Par suite de
cette courbure, le pétiole semble inséré sur le côté et près de la base de la
gaine. Le nombre des individus à cotylédon courbé à droite du plan primitif
de symétrie est sensiblement égal au nombre des individus à cotylédon
courbé à gauche (fig. 78 à 81 ; 101 et 102 ; 116 et 120).

Les deux faisceaux cotylédonaires sont unipolaires et à orientation normale. Ils parcourent la gaine et le pétiole sans se ramifier ni s'anastomoser ;
ils se terminent dans le suçoir en dispersant leurs éléments. Le sommet
organique du cotylédon est le suçoir lui-même et non la pointe plus ou moins
effilée qui surmonte la gaine cotylédonaire (fig. 81).

Toute l'organisation des plantules est résumée par les figures 80 à 83
ainsi que par la série des coupes transversales reproduites par les
figures 110 à 119.

M. Van Tieghem a décrit avec exactitude le parcours des faisceaux dans
le cotylédon des Commélinées, mais il a admis sans nécessité l'existence
d'une « gaine supérieure ». M. de Solms-Laubach a pensé que le sommet
organique du cotylédon se trouve à la limite supérieure de la fente cotylédonaire (au sommet de la gaine) et que le suçoir prend naissance sur la
partie dorsale du cotylédon. La structure du cotylédon avant la germination
et aussi le parcours des faisceaux dans cet organe lorsqu'il est adulte ne me
permettent pas de partager l'opinion de M. de Solms-Laubach.

§ 4. — Observations physiologiques sur la germination.

I. — *Rôle du spermoderme* (p. 44).

Les graines mûres et intactes se conservent indéfiniment dans l'eau : elles
y germent normalement. La résistance à la putréfaction semble provenir de
la structure même du spermoderme et non d'une substance antiseptique.
Bien que les graines gonflent très peu dans l'eau, les téguments sont cependant suffisamment perméables : dans le *T. virginica,* comme dans d'autres
espèces de plantes, les téguments n'ont d'influence que sur la rapidité du
gonflement de la graine.

II. — *Résistance à la germination* (p. 47).

Dans un semis de graines de même provenance, les germinations se produisent successivement, à des intervalles de temps très inégaux, même lorsque les conditions extérieures restent constantes. La germination se fait plus facilement dans l'eau que dans la terre humide. Toutes les expériences tentées en vue de déterminer la cause de ces irrégularités sont restées sans résultat. Une élévation notable de température favorise le pouvoir germinatif, mais ne le régularise pas. Il semble qu'un facteur important soit la difficulté que l'eau éprouve à pénétrer jusqu'à l'embryon. L'enlèvement de l'opercule micropylaire a pour effet d'augmenter beaucoup le nombre des germinations qui se manifestent, presque toutes, durant la première quinzaine, au lieu de se répartir inégalement pendant la période d'une année ou deux.

III. — *Plantules développées dans l'eau* (p. 54).

Dans l'eau, les plantules dépérissent après l'épuisement des réserves alimentaires de l'albumen. A l'obscurité, un accroissement intercalaire extrêmement intense se manifeste dans l'entrenœud hypocotylé. Le défaut de stabilité provoque la formation de courbures les plus diverses : la fixation de la graine suffit pour amener le développement corrélatif des organes. La comparaison avec les plantules d'autres espèces fournit des exemples d'équivalence physiologique de membres de valeur morphologique différente.

IV. — *Courbure du cotylédon* (p. 56).

Le développement asymétrique du cotylédon, pendant la germination, amène une courbure soit à droite, soit à gauche. Des expériences ont démontré que cette courbure ne provient pas de l'action perturbatrice des forces extérieures telles que la lumière, l'humidité, la pesanteur. Elle résulte donc de causes internes, et le sens de la flexion est déterminé d'avance.

30

Plusieurs autres Commélinées se comportent de la même manière; chez d'autres encore, l'asymétrie du cotylédon adulte est très peu prononcée.

Dans le *Phœnix* et l'*Allium* étudiés par J. Sachs, la courbure du cotylédon est, au contraire, déterminée par le géotropisme, comme j'ai pu le vérifier.

CHAPITRE III : LES TIGES.

§ 1. — CARACTÈRES EXTÉRIEURS (p. 64).

Il y a lieu de distinguer la tige principale, les tiges primaires et les tiges secondaires.

§ 2. — PARCOURS DES FAISCEAUX.

I. — *Caractères généraux.*

A. *Catégories de faisceaux* (p. 63) : Un segment quelconque contient trois catégories de faisceaux, savoir :

1° Des faisceaux *foliaires* ou sortants, faisceaux complètement individualisés, passant des feuilles dans la tige. Ceux qui proviennent d'une même feuille constituent une « trace foliaire ». Celle-ci comprend un faisceau médian (M), deux faisceaux latéraux (L), des faisceaux intermédiaires (i, i', i'', etc.) et des faisceaux marginaux (m, m', m'', m''', etc.). En section transversale, la trace foliaire présente une forme irrégulièrement étoilée : les faisceaux situés aux angles rentrants de l'étoile sont dits internes, ceux qui occupent les angles saillants sont dits externes (fig. 124, 131 et 134).

2° Des faisceaux *anastomotiques* ou réparateurs, sortes de sympodes résultant de la fusion des extrémités inférieures des foliaires. Ils sont les uns internes, les autres externes. Les premiers, situés dans l'espace circonscrit par la trace foliaire, sont les sympodes des foliaires internes; les seconds, disposés en cercle à la périphérie, sont les sympodes des foliaires externes.

3° Des faisceaux *gemmaires* provenant des bourgeons axillaires et visibles seulement dans les nœuds de la tige. Les gemmaires internes d'un bourgeon s'unissent aux anastomotiques internes de la tige mère, comme les gemmaires externes s'unissent aux anastomotiques externes.

B. *Nombre des faisceaux* (p. 65) : Les segments caulinaires contiennent de treize à quatre-vingt-treize faisceaux et réalisent neuf modèles différents, définis par le nombre des faisceaux composant la trace foliaire (voir p. 65).

C. *Parcours des faisceaux* (p. 66) : Malgré la diversité des « modèles », le parcours des faisceaux appartient toujours à un même « type » dont l'énoncé très simple de la page 66 n'est pas susceptible d'être résumé.

Le segment [3] d'une tige principale, les segments [5] et [11] d'une tige primaire ont servi d'exemples (p. 67). Le parcours dans ces trois segments a été représenté par des projections horizontales du nœud (fig. 122, 132 et 135) et par des préparations de la région périphérique rendue transparente, colorée et étalée (fig. 137 et 139).

Le parcours des faisceaux étudié dans le sommet végétatif d'un bourgeon (p. 71, fig. 140 et 141) a démontré clairement que les anastomotiques externes ne sont que les prolongements, vers le bas, des foliaires externes. Il n'y a donc pas de faisceaux « propres à la tige », comme on l'a soutenu. Ce qui a donné naissance à cette erreur, c'est l'étude exclusive et sommaire des *Tradescantia* contenant un petit nombre de faisceaux, et surtout l'observation, en coupe longitudinale, des parties trop jeunes, dans lesquelles les faisceaux externes ne sont pas encore suffisamment différenciés.

II. — *Caractères spéciaux* (p. 72).

L'organisation rigoureusement observée dans toute l'étendue d'un certain nombre de tiges principales, de tiges primaires et de tiges secondaires, est résumée par les tableaux de la page 73 et suivante. Ces tableaux montrent que le nombre des faisceaux va d'abord en augmentant lentement de bas en haut, puis en diminuant légèrement. Les segments les plus complets occupent à peu près le milieu de la région aérienne des tiges primaires. D'une tige à une autre, les variations dépendent de la vigueur de la pousse.

HISTORIQUE.

A. Catégories de faisceaux d'après les auteurs (p. 75).

B. Nombre des faisceaux (p. 77).

C. Parcours des faisceaux (p. 78) : La tige des Commélinées a attiré l'attention de plusieurs anatomistes, surtout celles des espèces rampantes, qui contiennent peu de faisceaux. Leur structure a généralement été considérée comme l'un des types principaux de l'organisation des Monocotylées, mais ce type a été très diversement compris.

Falkenberg a admis implicitement que tous les faisceaux provenant d'une feuille se comportent de la même manière. D'après lui, le type des Commélinées est caractérisé par l'existence de faisceaux périphériques propres à la tige et par le fait qu'après avoir pénétré dans la région centrale, les faisceaux foliaires s'y anastomosent sans revenir vers l'extérieur. Il a été démontré, dans ce mémoire, que les foliaires externes ne se comportent pas comme les foliaires internes et qu'il n'y a pas de faisceaux propres à la tige.

Guillaud a reconnu que les foliaires sont de deux ordres : ceux qu'il a qualifiés de premier ordre correspondent à nos foliaires internes; ceux de second ordre, à nos foliaires externes. Mais en simplifiant trop son schéma, Guillaud a méconnu l'existence des faisceaux anastomotiques.

Les idées de Falkenberg ont été admises par de Bary et par les anatomistes allemands. Quelques auteurs français, en résumant l'énoncé de Falkenberg, l'ont rendu incompréhensible ou même l'ont complètement défiguré.

D. Insertion des bourgeons axillaires et des racines adventives (p. 84) : D'après de Bary, les diaphragmes nodaux des Commélinées sont constitués par la ramification des faisceaux des racines adventives. Falkenberg, cependant, avait montré que les diaphragmes des Graminées ne sont pas en relation avec les racines. M. Mangin a admis la présence d'un « réseau radicifère » indépendant du diaphragme.

Selon moi, le diaphragme nodal du *T. virginica* et du *T. fluminensis* est constitué de deux éléments :

1° L'insertion du bourgeon axillaire comprenant deux ceintures gemmaires réunies par quelques branches rayonnantes plus ou moins ramifiées (fig. 122, 132, 135, 137 et 139);

2° L'insertion des racines adventives sur la ceinture gemmaire externe et sur les faisceaux anastomotiques externes (fig. 137, 138).

De ces deux éléments constitutifs, le premier est seul constant; le second manque dans la partie aérienne des tiges.

E. TYPE COMMÉLINÉES (p. 88) : Compris comme il résulte des recherches exposées dans ce mémoire, le parcours des faisceaux dans la tige des Commélinées se rattache intimement au parcours normal des Monocotylées. Il diffère cependant de celui des Palmiers en ce que les foliaires se partagent nettement en deux groupes : les foliaires internes ne retournant pas à la périphérie s'unissent sympodiquement et forment ainsi les anastomotiques internes; tandis que les foliaires externes revenant à la périphérie s'unissent sympodiquement en anastomotiques externes. Il y a donc des anastomotiques en dedans et des anastomotiques en dehors d'une trace foliaire étoilée (schéma fig. 129 et 130).

ANNEXE (p. 91).

Les recherches de Falkenberg et de de Bary ayant porté uniquement sur des *Tradescantia* à tige rampante, j'ai repris l'examen du *T. fluminensis* au point de vue du nombre et du parcours des faisceaux, ainsi qu'au point de vue de l'insertion des bourgeons axillaires et des racines adventives (pl. XI et XII). Cette étude a pleinement confirmé les conclusions tirées de celle du *T. virginica*.

§ 3. — HISTOLOGIE.

I. — *Portions aériennes* (p. 99).

1. *Faisceaux :* Les foliaires et les anastomotiques internes contiennent une lacune ligneuse plus ou moins large, les trachées et les vaisseaux étant complètement ou partiellement détruits (fig. 149 et 150). Des thylles peuvent envahir cette lacune et servir à la cicatrisation des parties persistantes

(fig. 154 et 155). Les anastomotiques externes ne renferment qu'exceptionnellement une très petite lacune (fig. 157).

2. *Système fondamental :* Il comprend deux régions : une région interfasciculaire (parenchyme et gaine de sclérenchyme périphérique); une
région corticale (phlœoterme peu différencié et sans plissements, parenchyme en partie chlorophyllien, collenchyme en massifs hypodermiques)
(fig. 160, 161 et 162).

3. *Épiderme :* Glabre, pour le reste semblable à celui des feuilles.

II. — *Portions souterraines* (p. 104).

Elles diffèrent des précédentes par l'absence complète de lacunes ligneuses
et de gaine de sclérenchyme, par le recloisonnement tangentiel centripète
de la partie profonde du parenchyme cortical, par la présence d'arcs endodermiques au dos de chaque faisceau du cercle externe, enfin par une couche
subéreuse qui a décortiqué une partie du parenchyme cortical et l'épiderme
(fig. 167 à 172).

La « zone intermédiaire » de Guillaud, l'« endoderme discontinu » de
M. Mangin, le « péricycle » de M. Morot et le « phlœoterme » de M. Strasburger ont fait l'objet de remarques critiques.

§ 4. — Histogenèse (p. 110).

Le sommet végétatif d'une tige primaire coupé longitudinalement (fig. 176
et 177) montre quatre histogènes composés chacun d'une cellule initiale et
d'un certain nombre de cellules jeunes dérivées de l'initiale. Le premier
histogène ou dermatogène engendre l'épiderme des feuilles et de la tige. Le
deuxième donne naissance au mésophylle interne et au mésophylle externe
des feuilles ainsi qu'à la zone corticale de la tige. Le troisième est générateur
du mésophylle moyen et des nervures des feuilles, en même temps que
d'une partie des faisceaux et du tissu fondamental de la tige. Le quatrième
enfin n'intervient pas dans la formation des feuilles, mais complète la partie
centrale de la tige.

Des coupes transversales successives renseignent sur la structure du méristème, sur l'ordre d'apparition des faisceaux procambiaux, sur la différenciation libéro-ligneuse, sur l'existence d'une zone cambiale éphémère dans chaque faisceau (fig. 187, 188) et enfin sur la différenciation du système fondamental (voir pp. 111 et suivantes).

L'étude d'une tige principale à l'état de bourgeon confirme pleinement celle de la tige primaire (fig. 191 et 193).

Les questions relatives à l'histogenèse nous ont fourni l'occasion de développer, au point de vue historique, des considérations générales sur le méristème et le périméristème, sur les histogènes et les cellules initiales, sur l'apparition et la différenciation des faisceaux, sur la différenciation des tissus du système fondamental. Ces sujets complexes ne peuvent être résumés ici (voir pp. 116 et suivantes).

§ 5. — Cellules a raphides et a mucilage (p. 129).

Toutes les parties de la plante contiennent un mucilage qui s'échappe par les blessures à la façon du latex. Ce mucilage est renfermé, avec des raphides, dans des cellules spéciales superposées en files longitudinales. Au moment de leur différenciation, ces cellules sont identiques dans tous les organes et mesurent $0^{mm},045$ de longueur. Elles ne se recloisonnent pas, de sorte que, à l'état adulte, leur longueur dépend de l'accroissement intercalaire des tissus environnants. Ces cellules se forment successivement ; les plus anciennes peuvent fournir des indications précises sur l'intensité de l'accroissement intercalaire des diverses portions des organes. Le tableau de la page 131 et les figures 247 à 255 sont très instructifs à cet égard.

Les cellules à raphides et à mucilage ne se fusionnent pas pour former des « vaisseaux utriculeux », comme Hanstein l'a décrit. La perforation des cloisons transversales se produit seulement lorsqu'on détache sans précaution une portion de la plante. Cette destruction est le résultat de la tension intérieure du contenu ; on peut l'éviter par le moyen de certaines précautions indiquées dans ce travail.

§ 6. — Observations physiologiques.

I. — *Rôle de la lacune ligneuse* (p. 136).

La lacune qui se forme à la place du bois dans certains faisceaux fonctionne comme un vaisseau. La démonstration en a été faite par de nombreuses expériences exécutées sur plusieurs Commélinées et en même temps sur diverses plantes aquatiques ou terrestres. Cinq séries d'expériences ont été instituées au moyen de procédés différents (p. 137).

Les lacunes ligneuses chez les Commélinées sont en tout comparables à celles connues dans beaucoup d'espèces aquatiques et marécageuses. Les idées les plus contradictoires ont été émises sur le contenu et la fonction de ces lacunes. Mes résultats confirment pleinement ceux obtenus par M. Hochreutiner dans les plantes aquatiques.

II. — *Fonction aquifère du parenchyme interfasciculaire* (p. 146).

Les cellules du parenchyme interfasciculaire sont susceptibles de s'affaisser et les méats aérifères de s'agrandir considérablement (fig. 166 comparée à 165). Ces déformations se produisent lorsque, l'absorption par les racines étant supprimée ou beaucoup ralentie, la transpiration continue à s'effectuer. Le parenchyme interfasciculaire des tiges contient donc une réserve d'eau efficace. Le *T. virginica* manifeste d'ailleurs une endurance de beaucoup supérieure à celle d'un grand nombre d'espèces herbacées ou arborescentes prises comme terme de comparaison.

III. — *Effet utile du mucilage* (p. 148).

L'émission du mucilage se produit encore lorsque la tige a perdu près de 50 °/₀ de l'eau qu'elle contenait. En outre, la rigidité des entrenœuds intacts est de beaucoup supérieure à celle des mêmes entrenœuds après l'écoulement du mucilage. On peut donc attribuer à la tension de ce mucilage une part d'autant plus importante dans la rigidité des entrenœuds que cette tension n'est pas, comme celle du parenchyme interfasciculaire, notablement diminuée par la transpiration.

CHAPITRE IV : LES FEUILLES.

§ 1. — Caractères extérieurs (p. 150).

On peut distinguer quatre catégories de feuilles : la préfeuille, les feuilles de la région souterraine, les feuilles aériennes et les deux bractées foliiformes.

§ 2. — Parcours des faisceaux (p. 151).

Les faisceaux d'une même feuille se distinguent principalement les uns des autres par leur position, leur grosseur et le moment de leur apparition. On reconnaît ainsi de chaque côté d'un médian, un à trois intermédiaires, un latéral et un à treize marginaux d'ordres différents. Dans les limbes les plus larges, le nombre des faisceaux s'élève à trente-cinq. Toutefois le nombre de ceux qui passent de la feuille dans la tige ne s'élève jamais à plus de vingt et un ; il est généralement moindre et se réduit parfois à six.

Aucune limite anatomique ne sépare la gaine du limbe. Les nervures, parallèles depuis la base jusqu'au sommet, sont réunies de distance en distance par des anastomoses grêles ; elles se terminent en se rapprochant et en s'unissant dans un ordre déterminé, conformément aux figures 198 et 199. Cependant, dans les préfeuilles et les feuilles réduites à leur gaine, les nervures se terminent en pointe libre (fig. 201 et 202), ce qui provient sans doute de l'arrêt de développement qui a frappé le limbe.

§ 3. — Histogenèse (p. 153).

Dans sa jeunesse, la feuille se compose de deux épidermes et d'un méso-phylle constitué par trois assises cellulaires (fig. 215). L'assise moyenne du mésophylle ne se recloisonne que pour donner naissance, de distance en distance, aux faisceaux des nervures. Les deux autres assises, au contraire, se recloisonnent en direction centrifuge, de façon à donner au mésophylle tout entier l'épaisseur de sept à neuf assises cellulaires (fig. 218).

Les deux épidermes de la feuille proviennent d'un premier histogène superficiel; le mésophylle interne et le mésophylle externe dérivent d'un deuxième histogène recourbé autour du mésophylle moyen, qui représente le troisième histogène central (fig. 176 et 177).

§ 4. — HISTOLOGIE (p. 155).

Une feuille des plus amples de la portion aérienne des tiges primaires a été choisie comme exemple.

1. *Le limbe :* L'ensemble est représenté par la figure 221, un faisceau par les figures 222 et 223. Les cellules aquifères appartiennent au mésophylle interne; elles forment, entre les nervures, des massifs hypodermiques plus ou moins volumineux (fig. 223 et 224). Le parenchyme chlorophyllien comprend le mésophylle externe, le mésophylle moyen et ce qui reste du mésophylle interne. Les cellules de ce parenchyme laissent entre elles des méats non seulement aux angles, mais encore le long de leurs cloisons (fig. 225, 226 et 227). Les deux épidermes sont aquifères et munis de ponctuations sur les cloisons latérales. Ces ponctuations assurent la continuité protoplasmique, comme on peut le démontrer par le procédé de Gardiner convenablement modifié (fig. 244).

Les stomates sont entourés de quatre cellules annexes; à la face interne, ils sont situés à droite et à gauche des fortes nervures et juste au-dessus des petites (fig. 221 et 228); à la face externe, ils sont éparpillés dans les intervalles compris entre les nervures et jamais devant elles (fig. 221 et 229).

Les poils, formés de trois ou quatre cellules, sont de deux sortes et plus ou moins nombreux (fig. 234 à 239).

2. *La gaine :* Le mésophylle est à peu près homogène; pas de cellules aquifères; stomates nuls à la face interne, peu nombreux à la face externe.

PRÉFEUILLES (p. 159) : Il faut distinguer :

1. *La préfeuille des tiges primaires :* A l'état jeune, sa forme est celle d'une gaine conique, ouverte par une fente étroite et courte (fig. 203). Elle ne possède, le plus souvent, que deux faisceaux, un dans chaque carène;

ce sont : un médian et un latéral, ce dernier dévié et rejeté à l'opposé du médian par la pression de la tige mère (fig. 204 et 205). Lorsque la préfeuille contient trois faisceaux, on retrouve l'autre faisceau latéral à sa place habituelle (fig. 206 et 207).

2. *La préfeuille des tiges secondaires :* Elle est toujours plus développée et atteint une longueur de 11 à 25 millimètres. Sa nervation dépend de ses dimensions dans le sens transversal et comprend de un à sept faisceaux (fig. 204 à 208).

Dans la portion comprise entre le rameau et la tige mère, le mésophylle est réduit à une seule assise cellulaire qui parfois manque complètement (fig. 212 et 213).

§ 5. — CONTINUITÉ PROTOPLASMIQUE DES CELLULES ÉPIDERMIQUES (p. 162).

Elle a été démontrée par un procédé analogue à celui imaginé par M. Gardiner (fig. 240 et 241).

§ 6. — HISTORIQUE (p. 164).

Les observations faites par divers auteurs sur l'organogénie des feuilles, sur leur histogenèse et leur histologie, dans les Commélinées ainsi que dans d'autres familles monocotylées, ont fait l'objet de remarques critiques et de considérations d'une portée générale.

§ 7. — OBSERVATIONS PHYSIOLOGIQUES SUR L'ÉPIDERME ET L'HYPODERME
DES FEUILLES.

I. — *Fonction aquifère* (p. 173).

Des procédés techniques convenables permettent de mesurer le volume des cellules épidermiques et hypodermiques lorsqu'une feuille est légèrement fanée, puis lorsqu'elle a repris sa turgescence, ou bien, au contraire, lorsqu'elle est morte par suite d'une déperdition d'eau exagérée (fig. 242, 243 et 244). Dans la première préparation, on constate une collabescence très prononcée (fig. 245); dans la seconde, un retour presque complet à leur forme normale (fig. 246); dans la troisième, une déformation complète et persistante des éléments aquifères. Les cellules à chlorophylle bénéficient de l'eau abandonnée par l'épiderme et l'hypoderme, car leur volume demeure à peu près invariable jusque vers la fin de l'expérience. La réserve transpiratoire si importante des feuilles est non moins efficace que celle des tiges. Ces faits ont été comparés à ceux étudiés par Vesque, au moyen d'une autre méthode, dans beaucoup de plantes terrestres, notamment dans le *T. zebrina* (p. 175).

II. — *Turgescence des cellules* (p. 177).

Les phénomènes de déturgescence et de plasmolyse ont été étudiés par trois méthodes exposées page 177.

1. *Cellules épidermiques :* Le degré de concentration des solutions salines nécessaire pour provoquer la plasmolyse est d'autant moins élevé que les cellules sont plus âgées. A l'état adulte, 2 % de KNO^3 suffit. La plasmolyse est toujours normale, mais se manifeste sous divers aspects (fig. 263 à 266). Les fils protoplasmiques si fins qui rattachent d'ordinaire la masse plasmolysée à la membrane, aboutissent aux ponctuations et résultent de la continuité du protoplasme à travers ces ponctuations. Les substances très avides d'eau provoquent une déturgescence brusque et complète, sans plasmolyse (fig. 267).

2. *Cellules hypodermiques aquifères :* Elles se comportent comme les cellules épidermiques.

3. *Cellules à chlorophylle :* Elles possèdent une turgescence beaucoup plus forte que les précédentes et ne sont pas collabescentes.

4. *Cellules stomatiques :* Les variations de la turgescence de ces cellules, bien au-dessous de la limite de plasmolyse, déterminent l'ouverture et la fermeture des stomates.

Dans les conditions normales du fonctionnement des stomates, nous avons déterminé le degré de concentration des solutions salines nécessaire pour provoquer soit l'ouverture, soit la fermeture de la fente. Lorsque la fente s'ouvre, le diamètre longitudinal de l'appareil stomatique tout entier diminue, tandis que le diamètre transversal augmente.

Dans certaines conditions expérimentales, le fonctionnement des stomates est beaucoup amplifié. Un séjour prolongé de la feuille dans l'eau provoque une ouverture exagérée des stomates, la largeur de la fente étant plus que doublée (fig. 275 et 276). Dans une solution de KNO^3 à 3 %, ce résultat est plus rapide (fig. 277). Dans l'air humide, lorsque le mésophylle est pourrissant, les cellules stomatiques encore vivantes se déforment complètement (fig. 278, 279 et 280). Dans ces trois cas, la turgescence des cellules stomatiques atteint une valeur énorme et anormale, tandis que celle des cellules épidermiques s'est amoindrie ou même s'est annulée.

Le tableau de la page 191 résume les particularités principales du fonctionnement des stomates tant à l'état normal que dans les conditions expérimentales extrêmes. Des conséquences intéressantes ont pu en être tirées concernant le rôle des cellules annexes de l'appareil stomatique.

CHAPITRE V : ORGANOTAXIE.

§ 1. — PHYLLOTAXIE ANATOMIQUE (p. 195).

Les feuilles quoique distiques ne sont pas régulièrement disposées suivant deux orthostiques opposées l'une à l'autre : elles sont toutes plus ou moins rejetées d'un même côté dès le moment de leur formation. La déviation est maxima dans la région inférieure des tiges primaires où la valeur moyenne des angles de divergence est comprise entre 160 et 165°. Dans la tige rampante du *T. fluminensis*, les feuilles sont déviées du côté de la tige qui est appliqué contre le sol (elles se relèvent par une torsion à la base du limbe), et l'angle de divergence est souvent compris entre 145 et 150°.

La disposition des feuilles semble influencée par des causes mécaniques : l'asymétrie du cotylédon dans le cas des tiges principales, la pression du bourgeon contre la tige mère dans le cas des tiges primaires et des tiges secondaires.

D'autre part, la disposition des feuilles détermine une structure dorsiventrale dans la tige. Cette dorsiventralité est surtout marquée dans la région inférieure des tiges primaires du *T. virginica* et mieux encore dans toute l'étendue des tiges rampantes du *T. fluminensis*.

§ 2. — BOURGEONS AXILLAIRES (p. 199).

Les uns se développent immédiatement en tiges secondaires, d'autres s'atrophient, d'autres enfin restent latents jusqu'à l'année suivante et produisent des tiges primaires de remplacement. Quelques bourgeons tertiaires se développent à la fin de la première saison et semblent pouvoir parfois jouer le role d'organes de propagation.

Certains bourgeons portent leur préfeuille à droite du plan médian de la feuille aissellière ; d'autres portent leur préfeuille à gauche de ce plan. Le long d'une tige mère, ces deux sortes de bourgeons se suivent ordinairement en alternant. Les bourgeons de générations différentes, c'est-à-dire insérés les uns sur les autres, obéissent toujours à une règle d'alternance (fig. 288). Par suite, l'agencement des axes de divers ordres affecte une disposition sensiblement rectangulaire (fig. 289).

CHAPITRE VI : LES INFLORESCENCES.

I. LA HAMPE (p. 204) est constituée par un dernier entrenœud toujours plus grêle et souvent plus long que les autres. On y trouve deux traces foliaires, l'une complète, l'autre généralement presque complète : trois exemples, figures 290 à 292.

II. LES BRACTÉES (p. 205) sont foliiformes et diffèrent peu des autres feuilles aériennes.

III. LES CYMES (p. 206), au nombre de deux (une dans l'aisselle de chaque bractée), constituent l'inflorescence : il n'y a pas de prime-fleur, bien que l'ordre d'épanouissement des fleurs puisse faire supposer, à tort, l'existence d'une fleur terminale. Chaque cyme forme un très court sympode avec des fleurs sur deux rangées et des bractéoles sur deux autres rangs (fig. 293).

Chaque fleur représente un bourgeon de génération différente, dont l'axe, c'est-à-dire le pédoncule, porte une préfeuille à l'état de bractéole. La règle d'alternance qui régit l'agencement des bourgeons végétatifs, régit également l'arrangement des bourgeons floraux.

Il y a quatre catégories d'inflorescences caractérisées par la disposition des deux premiers bourgeons dont les préfeuilles peuvent être dextres ou senestres (fig. 297 à 300).

IV. LES BRACTÉOLES (p. 208), dont l'insertion est toujours comprise entre l'axe mère et l'axe nouveau, renferment de un à quatre faisceaux. Elles sont généralement peu développées et quelques auteurs ne les ont pas signalées (fig. 301).

V. DES ANOMALIES (p. 209) diverses se présentent assez souvent : elles se réduisent à l'existence de trois bractées et de trois cymes au lieu de deux, à l'atrophie de l'une des bractées et au remplacement d'une cyme par une pousse feuillée.

Au point de vue historique, il existe d'assez grandes divergences d'opinions relativement à l'interprétation des inflorescences définies et à la nomenclature générale des axes florifères.

CHAPITRE VII : LES RACINES.

§ 1. — CARACTÈRES EXTÉRIEURS (p. 213).

La racine principale prend peu de développement ; les racines adventives persistent plusieurs années et fonctionnent comme organes d'absorption, puis comme organes de dépôt ; les radicelles sont grêles et de courte durée.

§ 2. — HISTOLOGIE (p. 214).

Le *faisceau* renferme ordinairement six pôles, parfois de quatre à huit, dans les racines adventives (fig. 304) ; toujours trois pôles dans la racine principale (fig. 313) ; de quatre à deux seulement dans les radicelles (fig. 314 à 317). Ces nombres dépendent du diamètre des faisceaux. Dans les radicelles les plus grêles, le péricycle est interrompu en face de l'un des pôles ligneux, ou même en face des deux (fig. 316 et 317).

Le *parenchyme cortical* comprend un endoderme, une zone interne, une zone externe, une assise sous-pilifère (celle-ci à cloisons radiales plissées comme dans l'endoderme) et enfin une assise pilifère (fig. 306 à 309). Des blessures déjà anciennes offrent des exemples bien nets de cicatrisation (fig. 312).

Le noyau des cellules du parenchyme cortical est parfois fragmenté; le protoplasme contient des leucoplastes amylogènes (fig. 326); la membrane est cellulosique et ponctuée (fig. 329 et 330). La turgescence ici est notablement supérieure à celle des cellules épidermiques; la plasmolyse y présente à peu près les mêmes caractères (fig. 327 et 328); il y a également continuité protoplasmique (fig. 331).

§ 3. — Histogenèse (p. 220).

Le sommet végétatif des racines possède toujours trois histogènes. Celui du parenchyme cortical contient quatre initiales dans les racines adventives et dans la racine principale (deux seulement sont visibles sur les coupes radiales, fig. 319, 321 et 323); ce même histogène ne contient qu'une initiale dans les radicelles (fig. 325). Quant aux cellules-segments non encore divisées autour des initiales, il n'en existe que dans les racines adventives (fig. 319 et 321).

Un lien génétique semble exister entre l'assise sous-pilifère et l'assise pilifère, bien que le nombre des cellules de la première de ces assises soit moins grand que celui des cellules de la seconde (fig. 310 et 311).

Au point de vue historique, quelques remarques ont été faites sur la nomenclature et l'origine des tissus de la racine. La structure comparée des sommets végétatifs est particulièrement féconde en enseignements.

CONCLUSIONS.

Les principaux résultats des recherches consignées dans ce mémoire sont les suivants :

1. L'étude du développement du spermoderme a permis de reconnaître la structure si bizarre de l'épiderme interne de la primine : membranes et contenus cellulaires imprégnés de silice; groupes de cellules réticulées et sclérifiées produites au sein du tissu fondamental de la primine par la prolifération de certains éléments de ce même épiderme interne. Celui-ci offre, en outre, un exemple remarquable de fragmentation du noyau (pp. 9 à 17).

2. L'étude de l'albumen a montré l'existence de cellules à contenu protéique et de cellules à contenu amylacé. Ces dernières sont limitées par des cloisons non cellulosiques très difficilement perceptibles (pp. 18 à 20).

3. Dans l'embryon, le sommet végétatif de la racine principale est formé de trois histogènes et non pas de deux, comme quelques auteurs l'ont pensé. La gaine radiculaire est réduite à l'épiderme. Les ressemblances avec l'embryon des Graminées ne sont nullement établies (pp. 21 à 24).

4. L'hypocotyle considéré à tous les stades du développement des plantules possède une structure très spéciale qui n'avait pas encore été élucidée. Pour le *Tradescantia virginica*, comme pour l'*Urtica dioïca*, il faut rejeter la théorie du passage et de la torsion de 180° des éléments ligneux. Tout s'explique très simplement par une série de contacts entre le faisceau de la racine, les faisceaux cotylédonaires et ceux de la feuille [1]. Dans l'hypocotyle de diverses Commélinées, on retrouve le même type d'organisation, qui semble être caractéristique de la famille (pp. 25 à 37, 40 et 41).

5. La portion qui a été nommée « gaine supérieure », dans le cotylédon des Commélinées, ne constitue pas réellement une région distincte. Le suçoir occupe le sommet organique du cotylédon : il ne représente pas une sorte d'excroissance dorsale (pp. 38 à 43).

6. Les graines présentent plusieurs phénomènes physiologiques curieux : résistance à la putréfaction, irrégularité dans la germination, rôle de l'opercule micropylaire, développement des plantules dans l'eau (pp. 44 à 55).

7. Pendant la germination, le cotylédon se courbe soit à droite, soit à gauche du plan de symétrie de l'embryon. Cette courbure, indépendante des forces extérieures, résulte de causes internes, et le sens suivant lequel elle s'opère est déterminé d'avance. Le nombre des plantules à cotylédon courbé à droite est sensiblement égal à celui des plantules à cotylédon courbé à gauche. Ce phénomène semble se rattacher à un autre, plus général, qui n'a guère attiré l'attention jusqu'ici : l'existence, dans une même espèce, d'individus symétriques les uns des autres comme les cristaux d'acide tartrique droit par rapport aux cristaux d'acide tartrique gauche (pp. 56 à 60).

8. Les faisceaux de la tige, comme ceux de la feuille, appartiennent à diverses catégories qu'on peut nettement définir et noter d'une façon rationnelle (pp. 63 à 65, 75 à 77, 151, 170 et 171).

9. Quel que soit le nombre des faisceaux contenus dans un segment de tige, le parcours de ces faisceaux appartient à un même type qui, dès maintenant, semble commun à toutes les Commélinées. Ce « type » peut être réalisé par divers « modèles » définis par le nombre des faisceaux de la trace foliaire (pp. 61 à 75).

10. Tous les auteurs, sauf Guillaud, ont admis que les faisceaux foliaires se comportent tous de la même manière dans leur parcours à l'intérieur de la tige. C'est une erreur. Les foliaires internes seuls restent dans la région centrale de la tige et s'unissent pour former les anastomotiques internes. Les foliaires externes, au contraire, font retour à la périphérie et s'unissent pour constituer les anastomotiques externes (pp. 75 à 84, etc.).

11. Les faisceaux considérés comme « propres à la tige » par les auteurs allemands sont formés par l'union des extrémités inférieures des faisceaux foliaires externes : ce sont réellement des anastomotiques externes, comme le démontre le parcours dans la tige adulte et surtout dans le sommet végétatif étudié par des coupes transversales successives (pp. 66, 71, 75, etc.).

12. Ce qui donne à la section transversale d'un entrenœud caulinaire, chez les Commélinées, son aspect spécial, c'est la trace foliaire étoilée et la disposition des anastomotiques, les uns à l'extérieur, les autres à l'intérieur de cette trace (p. 88).

13. Le diaphragme nodal n'est pas formé par la ramification des faisceaux des racines adventives, comme de Bary l'a pensé. Il est constitué essentiellement par le « réseau gemmaire », c'est-à-dire par les faisceaux qui se rendent dans le bourgeon axillaire. Ce réseau comprend une ceinture gemmaire interne et une ceinture gemmaire externe, reliées l'une à l'autre par des branches rayonnantes plus ou moins nombreuses et plus ou moins ramifiées. Ce genre d'insertion d'un bourgeon n'a jamais été signalé (pp. 84 et 86).

14. M. Mangin a fait une part trop large au « réseau radicifère en forme d'anneau entourant le corps central de la tige ». Cet anneau appartient à la ceinture gemmaire externe. L'insertion des racines ne comprend réellement que de courtes trachées, disposées en éventail, qui aboutissent en partie aux faisceaux anastomotiques externes et en partie à la ceinture gemmaire externe (pp. 85 et 87).

15. La structure des tiges de Commélinées ne constitue pas un type complètement isolé. Quoique nettement défini, ce type se relie d'une façon naturelle au type des autres Monocotylées. Les modifications qui caractérisent les Commélinées sont : faisceaux foliaires de deux sortes (internes et externes); trajet assez court de ces faisceaux (ordinairement un ou deux entrenœuds); faisceaux anastomotiques de deux sortes également (les internes en rapport avec les foliaires internes, les externes en rapport avec les foliaires externes) (pp. 88 à 90).

16. Certaines espèces de *Potamogeton,* rattachées par de Bary au type Commélinées, n'ont rien de commun avec ce type. D'autre part, les ressemblances qu'on a cru observer dans le parcours des faisceaux, chez les Commélinées et les Pipéracées, ne sont nullement démontrées (pp. 82 et 90).

17. Le *T. fluminensis,* étudié par de Bary sous le nom de *T. albiflora,* a été soumis à un examen plus approfondi au point de vue du parcours des faisceaux, ainsi qu'à celui de l'insertion des bourgeons et des racines adventives. Les résultats nouveaux ont pleinement confirmé ceux obtenus dans le *T. virginica* (pp. 91 à 98).

18. Dans les parties persistantes des tiges, au niveau du sol, une formation analogue à celle des thylles a été observée pour la première fois à l'intérieur des lacunes ligneuses (pp. 100).

19. A l'exemple de M. Mangin, il faut rejeter la « zone intermédiaire » de Guillaud, qui, sous ce nom, a réuni à tort une partie de la région corticale et une partie de la région interfasciculaire (pp. 106 et 107).

20. Dans l'intervalle entre les faisceaux du cercle externe, il est impossible d'assigner une limite, vers l'intérieur, au péricycle de MM. Van Tieghem et Morot. Au contraire, la division du système fondamental en deux régions, l'une corticale, l'autre interfasciculaire, repose sur un ensemble de caractères histologiques confirmés par l'origine distincte de ces deux régions, comme l'histogenèse l'a démontré. Il y a donc lieu d'admettre l'expression « phlœoterme », créée par M. Strasburger, et de restreindre, comme cet auteur le propose, la signification du mot endoderme (pp. 108 et 109).

21. Le sommet végétatif d'une tige quelconque de *T. virginica* contient quatre histogènes dont le rôle, au point de vue de la formation de la tige et des feuilles, a pu être nettement précisé. Il est impossible de reconnaître une cellule initiale unique pour le cylindre central, ainsi que M. Douliot l'a décrit pour le *T. Martensii* (pp. 110 à 120).

22. L'activité génératrice du méristème s'éteint de bonne heure, et à aucun stade on ne peut la trouver localisée dans un anneau périphérique qui mériterait le nom d' « anneau d'accroissement » ou de « périméristème ».

Par contre, chaque faisceau contient, au moment de la différenciation libéro-
ligneuse, une zone cambiale très nette, mais qui ne tarde pas à disparaître
sans laisser de trace à l'état adulte. Ce fait semble avoir une signification
importante comme caractère phyllétique chez les Monocotylées (pp. 113,
120 à 128).

23. Les cellules à raphides et à mucilage ne sont pas fusionnées, comme
Hanstein l'a décrit sous le nom de « vaisseaux utriculeux ». Elles sont ordinairement longues et toujours closes, comme MM. Gerard et Van Tieghem
l'ont reconnu. Les cloisons transversales se déchirent facilement, non sous
l'influence de l'eau absorbée dans la préparation, comme on l'a dit, mais par
l'effet de la tension propre du mucilage dès que le sectionnement d'un organe
a supprimé la résistance d'un côté (pp. 129 et 134).

24. Connaître la longueur des cellules à raphides et à mucilage dans
toute la plante, c'est connaître toutes les particularités de la croissance intercalaire dans chacun des organes et dans chacune de leurs parties. C'est ainsi
qu'on peut démontrer que l'accroissement intercalaire dans les entrenœuds
aériens est extrémement intense, qu'il est notablement plus fort dans les
racines que dans le rhizome, que l'accroissement relatif de la gaine comparé à celui du limbe est variable selon qu'on envisage les feuilles inférieures ou les feuilles supérieures, etc. La longueur des cellules à raphides
et à mucilage permet de déterminer, pour chaque région d'un organe, un
coefficient d'accroissement intercalaire d'une très grande précision (p. 131).

25. Les plus grandes divergences d'opinion règnent encore au sujet du
contenu et de la fonction des lacunes ligneuses chez les Commélinées. Con-
firmant les expériences de M. Hochreutiner sur les plantes aquatiques, j'ai
prouvé que ces lacunes sont des conducteurs d'eau et des réservoirs d'eau,
exactement comme Vesque l'a démontré pour les vaisseaux. La destruction
des trachées et la formation d'une lacune constituent un phénomène comparable au remplacement physiologique d'un organe par un autre (pp. 136
à 146).

26. L'affaissement des cellules du parenchyme interfasciculaire des tiges
privées d'eau et l'agrandissement considérable des méats aérifères qui en

résulte, permettent d'attribuer à ce parenchyme une fonction aquifère régulatrice. Le caractère xérophile du *T. virginica* est tellement prononcé que ses tiges feuillées résistent plus de dix jours, dans des conditions expérimentales qui amènent la mort de beaucoup d'autres espèces dans un laps de temps compris entre un et quatre jours (pp. 146 à 148).

27. La tension du mucilage à l'intérieur de la plante semble concourir, dans une large mesure, à donner aux entrenœuds la rigidité qu'ils possèdent. Contrairement à celle du parenchyme interfasciculaire, la tension des cellules à mucilage ne paraît guère diminuer lorsque l'absorption de l'eau par les racines est insuffisante (pp. 148 et 149).

28. Des considérations générales sur le développement des feuilles chez les plantes vasculaires conduisent à admettre que le type primordial de leur accroissement est « basifuge » comme celui de la tige. Le type « basipète » proviendrait de ce que les jeunes feuilles étant pressées les unes contre les autres au sommet végétatif, leur croissance et leur différenciation peuvent s'effectuer dans leur région terminale, tandis qu'elles sont retardées dans leur région basale. On peut admettre aussi un type « mixte », mais il est inutile de distinguer un quatrième type, qualifié de « parallèle » par Trécul (p. 164 à 166).

29. La coupe longitudinale d'une feuille naissante montre trois histogènes superposés : le premier, superficiel, produit les deux épidermes ; le deuxième, recourbé, engendre le mésophylle interne et le mésophylle externe ; le troisième, central, donne naissance au mésophylle moyen et aux nervures. Ces trois histogènes de la feuille correspondent aux trois premiers histogènes de la tige. L'assise moyenne du mésophylle, si reconnaissable à l'état jeune, se confond avec le reste du parenchyme chlorophyllien, à l'état adulte (p. 153).

30. Le développement du parenchyme foliaire ne se fait donc pas au moyen d'une zone génératrice située à la face supérieure ou interne de la feuille, comme M. Cave l'a décrit. Les feuilles dégradées ne possèdent peut-être que deux initiales chez quelques plantes aquatiques observées par M. Haberlandt, voire même une seule dans certaines bractées étudiées par M. Warming ; mais on ne peut affirmer, avec M. Van Tieghem, que chez les

autres Phanérogames le groupe des cellules initiales comprend un certain nombre de cellules épidermiques et un certain nombre de cellules corticales sans intervention du cylindre central. Les résultats obtenus dans le *T. virginica* confirment, au contraire, des vues théoriques émises par M. Strasburger et aussi les observations de M. Douliot sur le *T. Martensii* (pp. 166 à 170).

31. La genèse des cellules annexes de l'appareil stomatique se fait exactement chez le *T. virginica* comme M. Strasburger l'a constaté dans le *T. discolor* et J. Sachs dans le *Commelina communis* (p. 172).

32. Les cloisons latérales des cellules épidermiques des feuilles sont garnies de ponctuations qui livrent passage à de fins prolongements du protoplasme. On peut s'assurer de cette continuité protoplasmique par le procédé de Gardiner convenablement modifié. Le parenchyme cortical des racines présente le même caractère (pp. 162 et 216).

33. Les cellules hypodermiques aquifères du limbe foliaire proviennent d'une différenciation d'une partie du mésophylle interne primitif. M. Pfitzer a reconnu que les deux hypodermes aquifères du *T. discolor* dérivent aussi du tissu fondamental foliaire et non de l'épiderme, comme il l'admet dans le *Begonia manicata* (pp. 153 et 171).

34. L'épiderme et l'hypoderme ont une fonction aquifère importante : l'amplitude de leur collabescence a été mesurée par des procédés techniques nouveaux. Il a été ainsi démontré que, dans les limites de la vitalité de la feuille, le volume des cellules épidermiques peut diminuer de plus des deux tiers, alors que celui des cellules à chlorophylle n'a pas subi de changement appréciable. Le poids de l'eau cédée par l'épiderme interne est de $0^{gr},006$ par centimètre carré de surface foliaire. Par une autre méthode, Vesque a démontré que dans le *T. zebrina*, l'épiderme interne cède $0^{gr},012$ d'eau par centimètre carré, en perdant un tiers seulement de son volume, mais dans cette espèce l'épiderme est beaucoup plus épais que dans le *T. virginica* (pp. 173 à 176).

35. La quantité de substances avides d'eau contenues dans les cellules épidermiques diminue avec l'âge de ces cellules, ou du moins n'augmente

pas proportionnellement à leur accroissement. Il n'est pas possible de préciser exactement, par la méthode plasmolytique de H. de Vries, la valeur de la turgescence des cellules épidermiques adultes, parce que le phénomène de plasmolyse est précédé d'une déturgescence considérable. On peut, en effet, au moyen des solutions salines, réduire de près de moitié le volume de ces cellules sans provoquer leur plasmolyse (pp. 177 à 184 et 189).

36. Des stomates étant fermés dans l'eau, on peut, au moyen de solutions salines convenablement titrées, provoquer l'ouverture, puis la fermeture de ces stomates, dans les conditions normales de leur fonctionnement (p. 186).

37. Dans certaines conditions expérimentales, il est possible d'exagérer beaucoup la turgescence des cellules stomatiques et en même temps de diminuer ou même d'annuler celle des cellules épidermiques. La fente des stomates s'ouvre alors d'une façon exagérée, au point même de se déformer complètement. Ainsi se trouve réalisé un quatrième état qui ne semble pas encore avoir attiré l'attention des physiologistes. A vrai dire, ce n'est vraisemblablement qu'un état pathologique, mais il a permis de tirer, relativement au fonctionnement normal, une conclusion formulée ci-après (pp. 185 à 192).

38. Le rôle des cellules annexes est de former, autour de chaque appareil stomatique, un cadre de résistance constante qui limite l'amplitude de l'augmentation de la courbure des cellules stomatiques. Ce cadre de résistance met la plante à l'abri des conséquences funestes qu'entraînerait une diminution notable de la rigidité de son épiderme aux heures de transpiration activée : il est surtout nécessaire lorsque l'épiderme possède une fonction aquifère très prononcée, ce qui est le cas des Commélinées (pp. 192 à 194).

39. Une étude de la phyllotaxie chez le *T. virginica* et le *T. fluminensis* a montré que les feuilles ne sont qu'imparfaitement distiques parce qu'elles sont toutes plus ou moins rejetées d'un même côté dès le moment de leur formation. Cette déviation semble être le résultat de causes mécaniques telles que la pression du bourgeon contre la tige mère et l'asymétrie du cotylédon (pp. 195 et 197).

40. La structure de la région inférieure des tiges du *T. virginica* est nettement dorsiventrale, mais ce caractère tend à s'effacer dans la région supérieure. Il est, au contraire, beaucoup plus accentué et plus constant dans les *Tradescantia* rampants. L'origine de cette dorsiventralité doit être recherchée dans la disposition même des feuilles (p. 196).

41. Il y a lieu de distinguer des bourgeons à préfeuille dextre et des bourgeons à préfeuille senestre. Lorsqu'ils sont de même génération, les bourgeons se suivent en observant ordinairement une règle d'alternance. Lorsqu'ils sont de générations différentes, la règle d'alternance est toujours respectée chez le *T. virginica* (pp. 199 à 202).

42. L'inflorescence est constituée par deux cymes, une dans l'aisselle de chacune des deux bractées foliiformes ; il n'y a pas de prime-fleur. Chaque cyme est formée de bourgeons tous de générations différentes, disposés sympodiquement. Ces bourgeons sont réduits à un pédoncule portant une préfeuille à l'état de bractéole et une fleur. Leur agencement est régi par la même règle d'alternance que les bourgeons végétatifs de générations différentes. Les cymes sont donc unipares et scorpioïdes. Quelques auteurs l'ont reconnu, mais les phytographes ont généralement désigné l'inflorescence des Commélinées sous le nom impropre d'ombelle (pp. 204 à 208).

43. Les inflorescences normales appartiennent à quatre catégories caractérisées par la disposition des deux premiers bourgeons, dont la préfeuille peut être dextre ou senestre. Les inflorescences anomales, malgré leur diversité, confirment pleinement la théorie de l'axillarité des bourgeons, théorie qui, selon J. Sachs, serait cependant contredite par les inflorescences dorsiventrales analogues à celles des Commélinées (p. 209).

44. La cyme unipare ne dérive pas d'une cyme bipare, comme A.-P. de Candolle a cherché à l'expliquer théoriquement. La cyme unipare provient de tiges à feuilles alternes, comme la cyme bipare provient de tiges à feuilles opposées. Les critiques de M. Gœbel, fondées sur la dorsiventralité des inflorescences chez les Boraginées, disparaissent quand on admet que la théorie de la spirale phyllotaxique, créée pour les axes monopodiques, ne

peut s'appliquer aux axes sympodiques ni, par conséquent, aux inflorescences des Boraginées ou des Commélinées (pp. 210 à 212).

45. Au point de vue de l'anatomie comparée des racines, l'assise cellulaire située sous la pilifère ne mérite pas d'autre nom que celui d'« assise sous-pilifère ». Bien que le nombre des cellules de cette assise soit sensiblement la moitié de celui des cellules de l'assise pilifère, ces deux tissus semblent avoir une origine commune chez le *Tradescantia,* comme M. Van Tieghem l'a admis dans la première édition de son *Traité* pour les Monocotylées en général (pp. 214, 218 et 225).

46. Le sommet végétatif des racines renferme toujours trois histogènes chez le *T. virginica.* Toutefois le nombre des initiales et des cellules-segments indivises est variable selon le diamètre de ces sommets : ainsi, dans l'histogène du parenchyme cortical, il y a quatre initiales et des segments indivis plus ou moins nombreux dans les racines adventives ; il y a quatre initiales et pas de segments indivis dans la racine principale ; il y a une seule initiale sans segments indivis dans les radicelles (pp. 220 à 224).

47. Dans les racines à l'état stationnaire, c'est-à-dire au moment de leur première apparition, un lien génétique existe peut-être entre les divers histogènes, comme M. Schwendener l'a soupçonné dans quelques cas. Mais ce fait n'a pas d'importance au point de vue de l'anatomie comparée. Si, dans certaines Papilionacées, l'écorce et le faisceau ne paraissent pas séparés dans le sommet végétatif, il faut admettre, avec M. Flahault, une confusion des initiales et des nombreuses cellules voisines par suite de la grande activité des cloisonnements (pp. 224 et 225).

BIBLIOGRAPHIE.

1. Ambronn, H., Ueber die Entwickelungsgeschichte und die mechanischen Eigenschaften des Collenchyms. (*Pringsheim's Jahrbücher f. wissensch. Botanik*, XII, 4, 1881.)

1ᵇ. Andersson, S., Ueber die Entwickelung der primären Gefässbündelstränge der Monokotylen. (*Botan. Centralblatt*, 1889.)

2. Baillon, H., Histoire des plantes, vol. XIII. Paris, 1894.

2ᵇ. Baranetzky, J., Sur le développement des points végétatifs chez les Monocotylédones. (*Ann. sc. nat.*, 8ᵉ série, t. III, 1897.)

3. de Bary, A., Vergleichende Anatomie der Vegetationsorgane der Phanerogamen und Farne. Leipzig, 1877.

4. Bertrand, C.-E., Théorie du faisceau. (*Bull. scientif. du département du Nord*, 2ᵉ série, 3ᵉ année, nᵒˢ 2, 3 et 4, 1880.)

5. Idem, Traité de botanique. (*Archives botaniques du Nord de la France*, t. I, 1881.)

6. Idem, Les caractères que l'anatomie peut fournir à la classification des végétaux. (*Bull. Soc. d'hist. nat. d'Autun*, 1891.)

7. Brandza, M., Développement des téguments de la graine. (*Revue générale de botanique*, t. III, nᵒˢ 25 et suiv., 1891.)

8. Braun, A., Dr K. Schimper's Vorträge über die Möglichkeit eines wissenschaftlichen Verständnisses der Blattstellung. (*Flora*, 1835.)

9. Bravais, L. et A., Essai sur la disposition symétrique des inflorescences. (*Ann. sc. nat.*, 2ᵉ série, t. VII et VIII, 1837.)

10. Idem, Essai sur la disposition générale des feuilles rectisériées. (*Ann. sc. nat.*, 2ᵉ série, t. XII, 1839.)

11. de Candolle, A.-P., Organographie végétale. Paris, 1827.

12. DE CANDOLLE, C., Théorie de l'angle unique en phyllotaxie. (*Arch. des sc. phys. et nat.* Genève, 1865.)

13. IDEM, Théorie de la feuille. (*Arch. des sc. de la Biblioth. univ.* Genève, 1868.)

14. IDEM, Considérations sur l'étude de la phyllotaxie. Genève, 1881.

15. IDEM, Nouvelles considérations sur la phyllotaxie. (*Arch. des sc. phys. et nat.*, III, t. XXXIII. Genève, 1895.)

16. CARIO, R., Anatomische Untersuchung von *Tristicha hypnoïdes* Spreng. (*Bot. Zeitung,* 1881.)

17. CASPARY, R., Bemerkungen über die Schutzscheide und die Bildung des Stammes und der Wurzel. (*Pringsheim's Jahrbücher für wissensch. Botanik,* Bd. IV, H. 1, 1864.)

18. CAVE, Sur la zone génératrice des appendices chez les végétaux monocotylédones. (*Comptes rendus Acad. Paris,* t. LXXI 1870.)

19. CHODAT, R., et BALICKA-IWANOWSKA, G., La feuille des Iridées, essai d'anatomie systématique. (*Journal de botanique,* vol. VI, 1892.)

20. CLARKE, B., On the Embryos of Endogens and their Germination. (*Transactions of the Linnean Society,* vol. XXII, 1859.)

21. CLARKE, C.-B., Commelinaceae. (*Monographiae phanerogamarum Prodromi A. et C. de Candolle,* vol. III, p. 113. Parisiis, 1881.)

22. CLOS, D., Des éléments morphologiques de la feuille chez les Monocotylées. (*Mém. Acad. sc., etc., de Toulouse,* 1875.)

23. COSSON, E., Note sur la stipule et la préfeuille dans le genre *Potamogeton.* (*Bull. Soc. bot. de France,* t. VII, 1860.)

24. DANGEARD, P.-A., Recherches sur le mode d'union de la tige et de la racine chez les Dicotylédones. (*Le Botaniste,* 1re série, 1889.)

25. DARWIN, CH., La faculté motrice dans les plantes. Traduction française. Paris, 1882.

26. DEBRAY, F., Étude comparative des caractères anatomiques et du parcours des faisceaux fibro-vasculaires des Pipéracées. Paris, 1886.

27. IDEM, Recherches sur la structure et le développement du thalle des *Chylocladia, Champia* et *Lomentaria.* (*Bull. scientif. du département du Nord,* t. XVII et XXII, 1886 et 1890.)

28. DELPINO, F., Teoria generale della fillotassi. (*Atti d. r. Università di Genova,* vol. IV, parte II, 1883.)

29. DESFONTAINES, R.-L., Mémoire sur l'organisation des Monocotylédons, ou plantes à une feuille séminale. (*Mém. de l'Institut*, 1798.)

30. DEVAUX, H., Du mécanisme des échanges gazeux chez les plantes aquatiques submergées. (*Ann. sc. nat.*, 7° série, t. IX, 1889.)

31. DE WILDEMAN, E., Études sur l'attache des cloisons cellulaires. (*Mém. couronnés et mém. des savants étrangers de l'Acad. roy. des sciences, etc., de Belgique*, t. LIII, 1893.)

32. DODEL, A., Der Uebergang des Dicotyledonen-Stengels in die Pfahl-Wurzel. (*Pringsheim's Jahrb. f. wissensch. Botanik*, Bd. VIII, H. 2, 1871.)

33. DOULIOT, H., Recherches sur la croissance terminale de la tige des Phanérogames. (*Ann. sc. nat.*, 7° série, t. XI, 1890.)

34. IDEM, Recherches sur la croissance terminale de la tige et de la feuille chez les Graminées. (*Ann. sc. nat.*, 7° série, t. XIII, 1891.)

35. DRUDE, O., Die Morphologie der Phanerogamen. (*Schenk's Handbuch der Botanik*, Bd. I, 1880.)

36. DUTAILLY, Observations organogéniques sur les inflorescences unilatérales des Légumineuses. (*Assoc. pour l'avancement des sciences*; Congrès de Clermont-Ferrand, 1876.)

37. DUTROCHET, Recherches sur l'accroissement et la reproduction des végétaux. (*Mém. du Museum*, t. VII, 1821.)

38. IDEM, Mémoires pour servir à l'histoire anatomique et physiologique des végétaux et des animaux. Bruxelles, 1837.

39. DUVAL-JOUVE, J., Étude anatomique de quelques graminées et en particulier des *Agropyrum* de l'Hérault. Paris, 1870.

40. IDEM, Étude histotaxique des *Cyperus* de France. Paris, 1874.

41. IDEM, Histotaxie des feuilles de Graminées. (*Ann. sc. nat.*, 6° série, t. I, 1875, et *Bull. Soc. bot. de France*, t. XXII, 1875.)

42. IDEM, Étude histotaxique de ce qu'on appelle les cladodes des *Ruscus*.

43. EBELING, M., Die Saugorgane bei der Keimung endospermhaltiger Samen. (*Flora*, 1885.)

44. EICHLER, A.-W., Zur Entwickelungsgeschichte des Blattes. Marburg, 1861.

45. ERIKSSON, J., Ueber das Urmeristem der Dicotylenwurzeln. (*Pringsheim's Jahrb. f. wissensch. Botanik*. Leipzig, 1877.)

46. Errera, L., Une expérience sur l'ascension de la sève chez les plantes. (*Bull. Soc. roy. de botanique de Belgique*, t. XXV, 1886.)

47. Idem, Sur une condition fondamentale d'équilibre des cellules vivantes. (*Bull. Soc. belge de Microscopie*, t. XIII, octobre 1886.)

48. Idem, Ueber Zellenformen und Seifenblasen in 60 Versamml. deutsch. Naturforsch. u. Aerzte zu Wiesbaden. (*Biol. Centralbl.*, 1887-1888.)

49. Idem, Sur des appareils destinés à démontrer le mécanisme de la turgescence et le mouvement des stomates. (*Bull. Acad. roy. de Belgique*, 3ᵉ série, t. XVI, nº 11, 1888.)

50. Falkenberg, P., Beiträge zur Anatomie der Monocotylen Vegetationsorgane. (Inaugural-Dissertation.) Göttingen, 1875.

51. Idem, Vergleichende Untersuchungen über den Bau der Vegetationsorgane der Monokotyledonen. Stuttgart, 1876.

52. Flahault, C., Recherches sur l'accroissement terminal de la racine chez les Phanérogames. (*Ann. sc. nat.*, 6ᵉ série, t. VI, 1878.)

53. Fleischer, E., Beiträge zur Embryologie der Monokotylen und Dikotylen. Regensburg, 1874.

54. Garreau, Mémoire sur la formation des stomates dans l'épiderme des feuilles de l'Éphémère des jardins. (*Ann. sc. nat.*, 4ᵉ série, t. I, 1854.)

55. Gaudichaud, Recherches générales sur l'organographie, la physiologie et l'organogénie des végétaux. Paris, 1841.

56. Idem, Réfutation des théories établies par M. de Mirbel dans son mémoire sur le *Dracœna australis*. (*Comptes rendus Acad. de Paris*, t. XX et XXI, 1845.)

57. Gérard, R., Recherches sur le passage de la racine à la tige. (*Ann. sc. nat.*, 6ᵉ série, t. XI, 1881.)

58. Idem, Traité pratique de micrographie. Paris, 1887.

59. Godfrin, J., Étude histologique sur les téguments séminaux des Angiospermes. Nancy, 1880.

60. Idem, Recherches sur l'anatomie comparée des cotylédons et de l'albumen. (*Ann. sc. nat.*, 6ᵉ série, t. XIX, 1884.)

61. Goebel, K., Ueber die Verzweigung dorsiventraler Sprosse. (*Arb. d. bot. Institut in Wurzburg*, Bd. II, H. 3, 1880.)

62. Goebel, K., Vergleichende Entwickelungsgeschichte der Pflanzenorgane. (*Schenk's Handbuch der Botanik*, Bd. III, 1883.)

63. Idem, Beiträge zur Entwickelungsgeschichte einiger Inflorescenzen. (*Pringsheim's Jahrb. f. wissensch. Botanik*, Bd. XIV, H. 1, 1883.)

64. Idem, Vergleichende Entwickelungsgeschichte der Pflanzenorgane. (*Schenk's Handbuch der Botanik*, Bd. III, H. 1. Breslau, 1884.)

65. Gravis, A., Recherches anatomiques sur les organes végétatifs de l'*Urtica dioïca*. (*Mém. couronnés et mém. des savants étrangers publiés par l'Académie royale des sciences, etc., de Belgique*, t. XLVII, 1884.)

66. Grüss, J., Ueber den Eintritt von Diastase in das Endosperm. (*Berichte der deutsch. bot. Gesellsch.*, 1890.)

67. Guignard, L., Recherches sur le développement de la graine et en particulier du tégument séminal. (*Journal de botanique*, 7e année, 1893.)

68. Guillard, A., Idée générale de l'inflorescence. (*Bull. Soc. bot. de France*, t. IV. Paris, 1857.)

69. Guillaud, Recherches sur l'anatomie comparée et le développement des tissus de la tige dans les Monocotylédones. (*Ann. sc. nat.*, 6e série, t. V, 1878.)

70. Haberlandt, G., Ueber Scheitelzellwachsthum bei den Phanerogamen. (*Mittheil. des nat. Vereins für Steiermark*, 1881.)

71. Idem, Die physiologischen Leitungen der Pflanzengewebe. (*Schenk's Handbuch der Botanik*, Bd. II, 1882.)

72. Idem, Physiologische Pflanzenanatomie. Leipzig, 1884.

73. Idem, Die Kleberschicht des Gras-Endosperms als Diastase ausscheidendes Drüsengewebe. (*Berichte der deutsch. bot. Gesellsch.*, 1890.)

74. Hanstein, J., Ueber die Verbindung des centralen Holzringe mit der Blattstellung. (*Monatsber. d. k. Preuss. Akad. d. Wiss. zu Berlin*, 1857, et *Ann. sc. nat.*, 4e série, t. VIII, 1857.)

75. Idem, Ueber ein noch nicht bekanntes System schlauchförmiger Gefässe im Parenchym der Blätter und des Stengels violer Monocotylen. (*Monatsb. der Berliner Akademie*, 1859.)

76. Idem, Die Scheitelzellgruppe im Vegetationspunkt der Phanerogamen. Bonn, 1868.

77. Idem, Die Entwicklung des Keimes der Monokotylen und Dikotylen. (*Bot. Abhandl.*, Bd. I, H. 1. Bonn, 1870.)

78. Harz, D., Landwirthschaftliche Samenkunde. Berlin, 1885.

79. Hegelmaier, F., Zur Entwicklungsgeschichte monokotyledoner Keime. (*Bot. Zeitung*, 1874.)

80. Hochreutiner, G., Études sur les phanérogames aquatiques du Rhône et du port de Genève. (*Revue génér. de botanique*, t. VIII, 1896.)

81. Hofmeister, W., Allgemeine Morphologie der Gewächse. Leipzig, 1867.

82. Idem, Ueber die Frage : Folgt der Entwickelungsgang beblätterter Stengel dem langen oder dem kurzen Wege der Blattstellung? (*Bot. Zeitung*, 1867.)

83. Idem, Neue Beiträge zur Kenntniss der Embriobildung der Phanerogamen. (*Abhandl. d. k. s. Ges. d. Wissensch.*, VI.)

84. Humphrey, J.-E., The Developpement of the Seed in the Scitaminae. (*Annals of Botany*, vol. X, n° 37. Londres, 1896.)

85. Hy, F., Les inflorescences en botanique descriptive. (*Revue génér. de botanique*, t. VI et VII. Paris, 1894 et 1895.)

86. de Janczwski, Ed., Recherches sur l'accroissement terminal des racines dans les Phanérogames. (*Ann. sc. nat.*, 5ᵉ série, t. XX, 1874.)

87. Idem, Recherches sur le développement des radicelles dans les Phanérogames. (*Ann. sc. nat.*, 5ᵉ série, t. XX, 1874.)

88. Jumelle, H., Sur les graines à deux téguments. (*Bull. Soc. bot. de France*, t. XXXV, 1888.)

89. de Jussieu, A., Mémoire sur les embryons monocotylédonés. (*Ann. sc. nat.*, 2ᵉ série, t. XI, 1839.)

90. Karsten, Die Vegetationsorgane der Palmen. (*Abhandl. d. kön. Akad. d. Wissensch. zu Berlin*, 1847.)

91. Klebs, G., Beiträge zur Morphologie und Biologie der Keimung. (*Pfeffer's Untersuchungen aus dem bot. Institut zu Tübingen*, Bd. I, 1881-1885.)

92. Kny, L., Ueber einige Abweichungen im Bau des Leitbündels der Monokotyledonen. (*Sonderabdruck aus d. Verhandlungen d. bot. Vereins d. Provinz Brandeburg*. Berlin, 1881.)

93. Kolderup Rosenvinge, L., Influence des agents extérieurs sur l'organisation polaire et dorsiventrale des plantes. (*Revue génér. de botanique*. Paris, 1889.)

94. Korschelt, P., Zur Frage über das Scheitelwachsthum bei den Phanerogamen. (*Pringsheim's Jahrb. f. wissensch. Botanik*, XV, 1, 1884.)

95. Laux, W., Ein Beitrag zur Kenntniss der Leitbündel im Rhizom monocotyler Pflanzen. (Inaugural-Dissertation.) Berlin, 1887.

96. Leitgeb, H., Beiträge zur Physiologie der Spaltöffnungsapparate. (*Mittheil. d. bot. Instituts zu Graz*, Bd. I, 1886.)

97. Le Monnier, G., Recherches sur la nervation de la graine (*Ann. sc. nat.*, 5ᵉ série, t. XVI, 1872.)

98. Lenfant, C., Contribution à l'anatomie des Renonculacées : le genre *Delphinium*. (*Mém. Soc. roy. des sciences de Liége*, 2ᵉ série, t. XIX, 1896.)

99. Lesage, P., Sur la différenciation du liber dans la racine. (*Comptes rendus Acad. de Paris*, 23 février 1891.)

100. Lestiboudois, Th., Études sur l'anatomie et la physiologie des végétaux. Paris, 1840.

101. Idem, Phyllotaxie anatomique. (*Ann. sc. nat.*, 3ᵉ série, t. X, 1848.)

102. Lewin, M., Bidrag till hjertbladets anatomi hos monokotyledonerna. (*Bihang till k. svenska vet.-Akad. handlingar*, Bd. XII, A. III, Nᵒ 5. Stockholm, 1887.)

103. Lignier, O., Recherches sur l'anatomie comparée des Calycanthées, des Mélastomacées et des Myrtacées. (Thèse.) Paris, O. Doin, 1887.

104. Idem, De l'importance du système libéro-ligneux foliaire en anatomie végétale. (*Comptes rendus Acad. de Paris*, 6 août 1888.)

105. Idem, De la forme du système libéro-ligneux foliaire chez les Phanérogames. (*Bull. Soc. linnéenne de Normandie*, 4ᵉ série, vol. II, 1889.)

106. Idem, De l'influence que la symétrie de la tige exerce sur la distribution, le parcours et les contacts de ses faisceaux libéro-ligneux. (*Bull. Soc. linnéenne de Normandie*, 4ᵉ série, vol. II, 1889.)

107. Idem, Recherches sur l'anatomie des organes végétatifs des Lécythidacées. (*Bull. scientif. de la France et de la Belgique*, publié par A. Giard, t. XXI, 1890.)

108. Idem, Explication de la fleur des Fumariacées d'après son anatomie. (*Comptes rendus Acad. Paris*, 9 mars 1896.)

109. Link, De structura caulis plantarum monocotylearum. (*Akad. d. Wissensch.*, 1831.)

34

266 BIBLIOGRAPHIE.

110. Mangin, L., Origine et insertion des racines adventives et modifications corrélatives de la tige chez les Monocotylédones. (*Ann. sc. nat.*, 6ᵉ série, t. XIV, 1882.)

111. Mansion, A., Contribution à l'anatomie des Renonculacées : le *Thalictrum flavum.* (*Mém. Soc. roy. des sciences de Liége*, 2ᵉ série, t. XX, 1897.)

112. Massart, J., La récapitulation et l'innovation en embryologie végétale. (*Bull. Soc. bot. de Belgique*, t. XXXIII, fasc. 1, 1894.)

113. Meneghini, G., Ricerche sulla struttura del caule nelle piante Monocotyledoni. Padova, 1836.

114. Millardet, A., Sur l'anatomie et le développement du corps ligneux dans les genres *Yucca* et *Dracaena*. (*Mém. Soc. impériale des sc. nat. de Cherbourg*, t. XI, 1865.)

115. Mirbel, C.-F., Traité d'anatomie et de physiologie végétales. Paris, an X.

116. Idem, Nouvelles recherches sur les caractères anatomiques et physiologiques qui distinguent les plantes monocotylédones des plantes dicotylédones. (*Annales du Museum*, t. XIII, 1809.)

117. Idem, Examen de la division des végétaux en endorhizes et exorhizes. (*Annales du Museum*, t. XVI, 1810.)

118. Idem, Éléments de physiologie végétale et de botanique. Paris, 1815.

119. Idem, Recherches anatomiques et physiologiques sur quelques végétaux monocotylés. Le Dattier. (*Ann. sc. nat.*, 2ᵉ série, t. XX, 1843.)

120. Idem, Suite des recherches anatomiques et physiologiques sur quelques végétaux monocotylés. (*Ann. sc. nat.*, 3ᵉ série, t. III, 1845.)

121. Möbius, Untersuchungen über die Stammanatomie einiger einheimischer Orchideen. (*Berichte der deutschen bot. Gesellschaft*, Bd. IV, 1886.)

122. Idem, Ueber das Vorkommen concentrischer Gefässbundel mit centralen Phloem und peripherischen Xylen, 1887.

123. Moldenhawer, J.-J.-P., Beiträge zur Anatomie der Pflanzen. Kiel, 1812.

124. Mohl, H., De Palmarum structura. (Martius, *Historia naturalis Palmarum*, 1831.)

125. Idem, Sur la formation des stomates. (*Ann. sc. nat.*, 2ᵉ série, t. XIII, 1840.)

126. Mohl, Welche Ursachen bewirken die Erweiterung und Verengung der Spalt-öffnungen? (*Bot. Zeitung*, 1856.)

127. Idem, Ueber die Cambiumschicht des Stammes der Phanerogamen und ihr Verhältniss zum Dikenwachsthum desselben. (*Bot Zeitung*, 1858.)

128. Morot, L., Recherches sur le péricycle ou couche périphérique du cylindre central chez les Phanérogames. (*Ann. sc. nat.*, 6ᵉ série, t. XX, 1885.)

129. Müller, J.-C., Das Wachsthum des Vegetationspunktes von Pflanzen mit decus-sirter Blattstellung. (*Pringsheim's Jahrb. f. wissensch. Botanik*, Bd. V, H. 3, 1867.)

130. Müller, N.-J.-C., Die Anatomie und Mechanik der Spaltöffnung. (*Pringsheim's Jahrb. f. wissensch. Botanik*, Bd. VIII, H. 1, 1871.)

131. Nägeli, C., Ueber das Wachsthum des Stammes und der Wurzel bei den Gefässpflanzen. (*Beiträge z. wissensch. Botanik*, H. I, 1858.)

132. Nägeli, C. et Leitgeb, H., Entstehung und Wachsthum der Wurzeln. (*Beiträge z. wissensch. Botanik.*, H. 4, 1868.)

133. Nihoul, E., Contribution à l'étude anatomique des Renonculacées : le *Ranunculus arvensis*. (*Mém. couronnés et mém. des savants étrangers publiés par l'Académie royale des sciences, etc., de Belgique*, t. LII, 1891.)

134. Olivier, L., Recherches sur l'appareil tégumentaire des racines. (*Ann. sc. nat.*, 6ᵉ série, t. XI, 1881.)

134ᵇ. Petersen, O.-G., Bemaerkninger om den monokotyledone Staengels Tykkelse-vaext og anatomiske Regioner. (*Botanik Tidsskrift*, Bd. XVIII, H. 3, 4, 1893.) Analyse dans *Bot. Centralblatt*, Bd. LVII, S. 388.

135. Pfitzer, E., Beiträge zur Kenntniss der Hautgewebe der Pflanzen. (*Pringsheim's Jahrb. f. wissensch. Botanik.*, Bd VIII, H. 1, 1871.)

136. Prantl, Regeneration der Vegetationspunkts an Angiospermen Wurzeln. (*Arb. des Botan. Instituts zu Wurzburg*. II. 4, 1874.)

137. Queva, C., Caractères anatomiques de la tige des Dioscorées. (*Comptes rendus Acad. de Paris*, 31 juillet 1893.)

138. Idem, Recherches sur l'anatomie de l'appareil végétatif des Taccacées et des Dios-corées. Lille, 1894.

139. Reinke, J., Untersuchungen über Wachsthumgeschichte und Morphologie der
        Phanerogamen Wurzeln. (*Botan. Abhandl.* Bonn, 1871.)

140. Richard, L.-C., Des embryons Endorhizes ou monocotylédonés et particulière-
        ment celui des Graminées. (*Annales du Muséum*, t. XVII, 1811.)

141. Rosanoff, S., Ueber Kieselsäure Ablagerungen in einigen Pflanzen. (*Bot. Zei-
        tung*, 1871.)

142. Ross, H., Anatomia comparata delle foglie delle Iridee. (*Malpighia*, vol. VI et
        VII, 1892 et 1893.)

143. Russow, Ed., Vergleichende Untersuchungen über Leitbündel-Kryptogamen mit
        berücksichtigung der Histologie der Phanerogamen. (*Mém. Acad.
        impériale des sciences de St-Pétersbourg*, 7ᵉ série, t. XIX, 1872.)

144. Idem, Betracht über d. Leitbündel und Grundgewebe. Dorpat, 1875.

145. Sachs, J., Zur Keimungsgeschichte der Dattel. (*Bot. Zeitung*, 1862.)

146. Idem, Ueber die Keimung des Saamens von *Allium Cepa*. (*Bot. Zeitung*, 1863.)

147. Idem, Physiologie végétale. Trad. par Micheli. Paris, 1868.

148. Idem, Ueber das Wachsthum der Haupt- und Nebenwurzeln. (*Arbeiten d. Bot.
        Instituts in Würzburg*. Bd. I, H. 3, 1873.)

149. Idem, Traité de Botanique. Trad. par Van Tieghem. Paris, 1874.

150. Idem, Ueber die Anordnung der Zellen in jüngsten Pflanzentheilen. (*Arbeiten d.
        Bot. Instituts in Würzburg*. Bd. II, H. 1, 1878.)

151. Idem, Ueber Zellanordnung und Wachsthum. (*Ibid.* Bd. II, H. 2, 1879.)

152. Idem, Ueber orthotrope und plagiotrope Pflanzentheile. (*Ibid.* Bd. II, H. 2, 1879.)

153. Idem, Ueber Ausschliessung der geotropischen und heliotropischen krümmungen
        während des Wachsens. (*Ibid.* Bd. II, H. 2, 1879.)

154. Idem, Vorlesungen über Pflanzen-Physiologie. Leipzig, 1887.

155. Idem, Histoire de la Botanique du XVIᵉ siècle à 1860. Trad. par Varigny. Paris,
        1892.)

156. Sanio, C., Vergleichende Untersuchungen über die Zusammensetzung des Holz-
        körpers. (*Bot. Zeitung*, 1863.)

157. Sanio, C., Ueber endogene Gefässbündelbildung. (*Bot. Zeitung*, 1864.)

158. Sauvageau, C., Observations sur la structure des feuilles des plantes aquatiques. (*Journal de Botanique*, vol. IV, 1890.)

159. Idem, Sur les feuilles de quelques monocotylédones aquatiques. (*Ann. sc. nat.*, 7ᵉ série, t. XIII, 1891.)

160. Idem, Sur la feuille des Butomées. (*Ann. sc. nat.*, 7ᵉ série, t. XVII, 1893.)

161. Schacht, H., Die Pflanzenzelle der innere Bau und das Leben der Gewächse. Berlin, 1852.)

162. Idem, Lehrbuch der Anatomie und Physiologie der Gewächse. Berlin, 1856.

163. Schenck, H., Vergleichende Anatomie der submersen Gewächse. (*Bibliotheca botanica*, H. 1, 1886.)

164. Schleiden, Grundzüge der wissenschaftlichen Botanik. Leipzig, 1861.

165. Schönland, S., Commelinaceæ. (*Die natürlichen Pflanzenfamilien* von A. Engler und K. Prantl, t. II, A. 4. Leipzig, 1888.)

166. Schwendener, S., Das mechanische Princip im anatomischen Bau der Monocotylen. Leipzig, 1874.

167. Idem, Mechanische Theorie der Blattstellungen. Leipzig, 1878.

168. Idem, Ueber Bau und Mechanik der Spaltöffnungen. (*Monatsb. d. k. Akad. d. Wissensch. zu Berlin*, 1881.)

169. Idem, Ueber das Scheitelwachsthum der Phanerogamen-Wurzeln. (*Sitzungsber. d. königl. Akad. d. Wissensch. zu Berlin*, 1882.)

170. Idem, Ueber Scheitelwachsthum und Blattstellungen. (*Ibidem*, t. II, 1883.)

171. Settegast, H., Die landwirthschaftlichen Sämereien und der Samenbau. Leipzig, 1892.

172. Seubert, M., Commelinaceae. (*Martii Flora brasiliensis*, vol. III, Pars 1. Monachii, 1842-1871.)

173. de Solms-Laubach, H., Ueber monocotyle Embryonen mit scheitelbürtigem Vegetationspunkt. (*Bot. Zeitung*, 1878.)

174. Steinheil, A., Observations sur le mode d'accroissement des feuilles. (*Ann. sc. nat.*, 2ᵉ série, t. VIII, 1837.)

175. STERCKX, R., Contribution à l'anatomie des Renonculacées : Tribu des Clématidées. (*Mém. de la Soc. roy. des sciences de Liége*, 2ᵉ série, t. XX, 1897.)

176. STRASBURGER, E., Ein Beitrag zur Entwicklungsgeschichte der Spaltöffnungen. (*Pringsheim's Jahrb. f. wissensch. Botanik*, Bd. V, H. 3 und 4, 1867.)

177. IDEM, Die Coniferen und Gnetaceen. Jena, 1872.

178. IDEM, Zellbildung und Zelltheilung. Jena, 1880.

179. IDEM, Ueber den Bau und die Verrichtungen der Leitungsbahnen in den Pflanzen. Jena, 1891.)

180. TRÉCUL, A., Sur l'origine des racines. (*Ann. sc. nat.*, 3ᵉ série, t. VI, 1846.)

181. IDEM, Mémoire sur la formation des feuilles. (*Ann. sc. nat.*, 3ᵉ série, t. XX, 1853.)

182. IDEM, Recherches sur l'ordre d'apparition des premiers vaisseaux dans les organes aériens. (*Ann. sc. nat.*, 6ᵉ série, t. XII, 1881.)

183. TREUB, M., Le méristème primitif de la racine dans les Monocotylédones. Leyde, 1876.

184. TSCHIRCH, A., Physiologische Studien über die Samen, insbesondere die Saugorgane derselben. (*Ann. du Jard. botanique de Buitenzorg*, vol. IX, 2ᵉ partie, 1891.)

185. UNGER, Ueber den Bau und das Wachsthum des Dicotyledonen Stammes. (*Kais. Akad. d Wissensch zu St.-Petersburg*, 1840.)

186. VAN TIEGHEM, PH., Recherches sur la structure des Aroïdées. (*Ann. sc. nat.*, 5ᵉ série, t. VI, 1866.)

187. IDEM, Sur la structure des feuilles monocotylédones. (*Comptes rendus Acad. de Paris*, t. LXVIII, 1869.)

188. IDEM, Recherches sur la symétrie de structure des plantes vasculaires. (*Ann. sc. nat.*, 5ᵉ série, t. XIII, 1870.)

189. IDEM, Observations anatomiques sur le cotylédon des Graminées. (*Ann. sc. nat.*, 5ᵉ série, t. XV, 1872.)

190. IDEM, Sur quelques points de l'anatomie des Cucurbitacées. (*Bull. Soc. bot. de France*, t. XXIX, nᵒ 4, 1882.)

191. Van Tieghem, Ph., Sur l'exoderme de la racine des Restiacées. (*Bull. Soc. bot. de France*, t. XXXIV, 1887.)

192. Idem, Structure de la racine et disposition des radicelles dans les Centrolépidées, Eriocaulées, Joncées, Mayacées et Xyridées. (*Journal de botanique*, 1re année, n° 20, 1887.)

193. Idem, Sur la limite de la tige et de la racine dans l'hypocotyle des Phanérogames. (*Journal de botanique*, 16 décembre 1891.)

194. Idem, Traité de botanique, 2e édition. Paris, 1891.

195. Van Tieghem, Ph. et Douliot, H., Recherches comparatives sur l'origine des membres endogènes dans les plantes vasculaires. (*Ann. sc. nat.*, 7e série, t. VIII, 1888.)

196. Vesque, J., L'absorption comparée directement à la transpiration. (*Ann. sc. nat.*, 6e série, t. VI, 1878.)

197. Idem, Observation directe du mouvement de l'eau dans les vaisseaux. (*Ann. sc. nat.*, 6e série, t. XV, 1885.)

198. Idem, Études microphysiologiques sur les réservoirs d'eau des plantes. (*Annales agronomiques*, vol. XII.)

199. Idem, Traité de Botanique agricole et industrielle. Paris, 1885.

200. Vesque, J., De l'emploi des caractères anatomiques dans la classification des végétaux. (*Bull. Soc. bot. de France*, t. XXXVI, Actes du Congrès de Paris, 1889.)

201. Voigt, A., Untersuchungen über Bau und Entwickelung von Samen mit ruminiertem Endosperm aus den Familien der Palmen, Myristicaceen und Anonaceen. (*Annales du Jard. bot. de Buitenzorg*, vol. VII, 2e partie, 1888.)

202. de Vries, H., Eine Methode zur Analyse der Turgorkraft. (*Pringsheim's Jahrb. f. wissensch. Botanik*, Bd. XIV, H. 4, 1884.)

203. Idem, Plasmolytische Studien über die Wand der Vacuolen. (*Ibid.*, Bd. XVI, H. 4, 1885.)

204. Idem, Untersuchungen über die mechanischen Ursachen der Zellstreckung. Leipzig, 1877.)

205. VUILLEMIN, P., De la valeur des caractères anatomiques au point de vue de la classification des végétaux. Paris, 1884.

206. IDEM, L'exoderme. (*Bull. Soc. bot. de France*, t. XXXIII, 1886.)

207. WARMING, E., Recherches sur la ramification des Phanérogames principalement au point de vue de la partition du point végétatif. Résumé d'un mémoire danois. (*Mémoires de l'Acad. r. de Copenhague*, 5e série, Classe des sciences, vol. X, nᵒ 1, 1872.)

208. WEISS, J., Wachsthumsverhältnisse und Gefässbündelverlauf der Piperaceen. (*Flora*, 1876.)

209. WESTERMAIER, M., Ueber Bau und Funktion des pflanzenlichen Hautgewebe-systems. (*Pringsheim's Jahrbücher f. wissensch. Botanik*, Bd. XIV, H. 1, 1883.)

210. IDEM, Untersuchungen über die Bedeutung todter Röhren und lebender Zellen für die Wasserbewegung in der Pflanze. (*Sitzungsb. d. Akad. d. Wissensch. z. Berlin*, Bd. XLVIII, 1884.)

EXPLICATION DES PLANCHES.

ABRÉVIATIONS.

Alb.	Albumen.	*L.*	Faisceau latéral.
Ass. pil.	Assise pilifère.	*L¹.*	Liber primaire.
Ass. s. pil.	Assise sous-pilifère.	*M.*	Faisceau médian.
B¹.	Bois primaire.	*m.*	Faisceau marginal.
Bg.	Bourgeon.	*Més. e.*	Mésophylle externe.
Brc.	Bractée.	*Més. i.*	Mésophylle interne.
Cf.	Coiffe.	*Més. m.*	Mésophylle moyen.
Coll.	Collenchyme.	*Nd.*	Nœud.
Cot.	Cotylédon.	*Nuc.*	Nucelle.
Emb.	Embryon.	*Par. cort.*	Parenchyme cortical.
End.	Endoderme.	*Péric.*	Péricycle.
Ép. e.	Épiderme externe.	*Pét. cot.*	Pétiole cotylédonaire.
Ép. i.	Épiderme interne.	*Phlt.*	Phlœoterme.
Ép. e. P.	Épiderme externe de la primine.	*Préfe.*	Préfeuille.
Ép. i. P.	Épiderme interne de la primine.	*Prim.*	Primine.
Ép. e. S.	Épiderme externe de la secondine.	*Rc.*	Racine adventive.
Ép. i. S.	Épiderme interne de la secondine.	*Rc. p.*	Racine principale.
Fe.	Feuille.	*Sc. emb.*	Sac embryonnaire.
Ft. Cot.	Fente cotylédonaire.	*Secd.*	Secondine.
Ft. Fe¹.	Fente de la préfeuille.	*Spd.*	Spermoderme.
G.	Faisceau gemmaire.	*Sub.*	Suber.
Gn. Cot.	Gaine cotylédonaire.	*Suç. cot.*	Suçoir cotylédonaire.
Gn. sclér.	Gaine de sclérenchyme.	*Tf. P.*	Tissu fondamental de la primine.
Hp.	Hypocotyle.	*Tg.*	Tige.
i.	Faisceau intermédiaire.	*v.*	Vaisseau.

PLANCHES I à XXVII.

PLANCHE I.

TRADESCANTIA VIRGINICA L.

L'OVULE ET LE SPERMODERME.

Les stades (p. 9).

Fig. 1. Coupe transversale d'un ovule provenant d'une fleur épanouie (stade I).

— 2. Coupe longitudinale d'un ovule semblable suivant son petit diamètre.

— 3. Coupe orientée comme la précédente dans un ovule peu après la fécondation (stade II).

— 4. Coupe orientée id. dans une jeune graine (stade III).

— 5. Coupe orientée id. dans une graine mûre (stade IV).

Le spermoderme (pp. 10 à 14).

— 6. Coupe de l'ovule représenté par la figure 2 amplifiée davantage (stade I).

— 7. Téguments de l'ovule représenté par la figure 3 (stade II).

— 8. Quelques cellules de l'Ép. i. P. au stade II fortement grossies, montrant un noyau unique.

— 9. Des cellules semblables vues de face.

— 10. Téguments de la jeune graine représentée par la figure 4 (stade III).

— 11. Trois cellules réticulées et sclérifiées produites par l'Ép. i. P. au sein du Tf. P. Une de ces cellules est vue extérieurement; les deux autres en coupe optique.

— 12. Quelques cellules de l'Ép. i. P. au stade III fortement grossies, montrant des noyaux en voie de fragmentation.

— 13. Des cellules semblables vues de face.

— 14. Quelques cellules de l'Ép. i. P. à un stade plus avancé, montrant les noyaux disposés en rosace autour d'une pelote protoplasmique granuleuse.

— 15. Des cellules semblables, vues de face.

— 16. Quelques cellules de l'Ép. i. P., plus âgées encore, lorsque la silice s'est déposée dans la cavité cellulaire.

— 17. Spermoderme de la graine mûre représentée par la figure 5 (stade IV).

— 18. Le même, amplifié davantage, en coupe longitudinale de la graine, comme dans la figure précédente.

— 19. Le même, en coupe transversale de la graine.

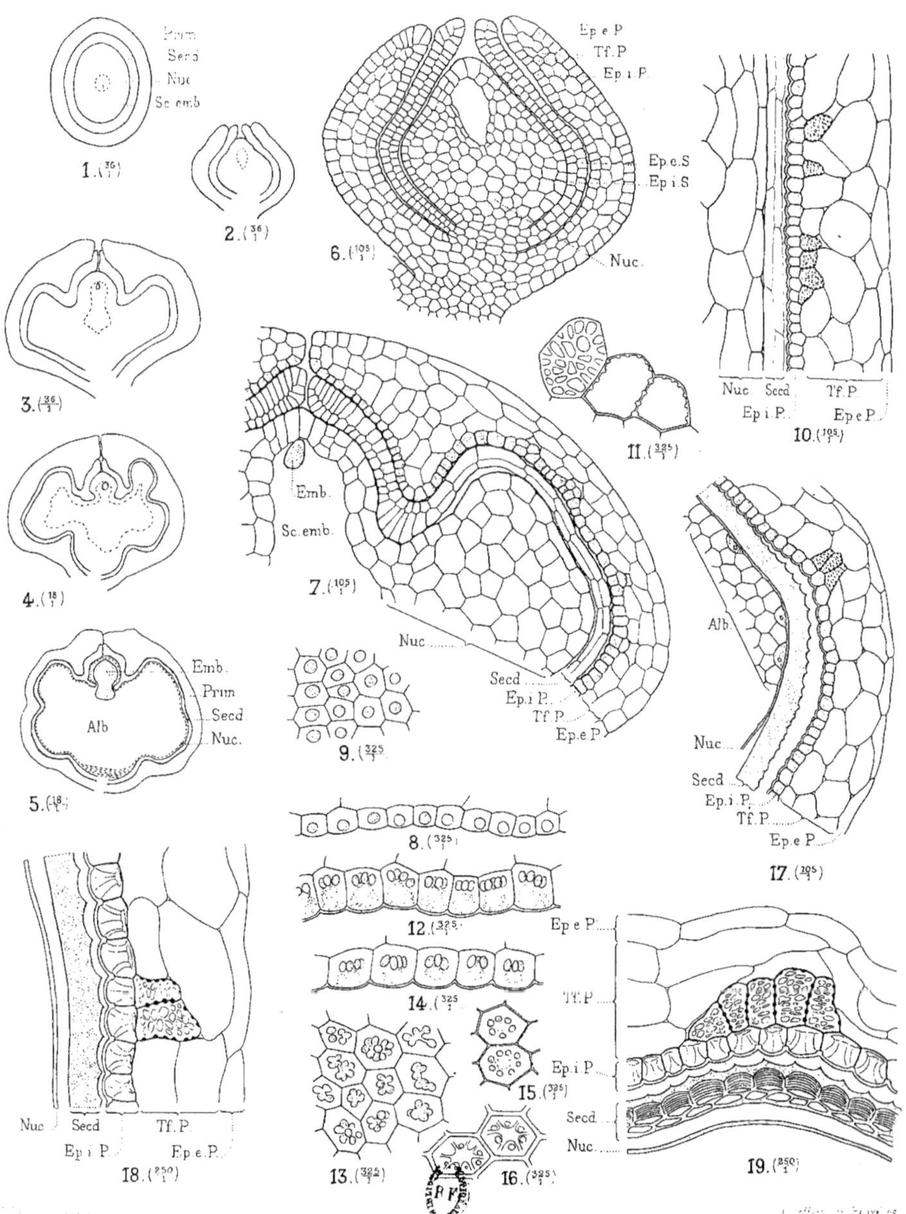

TRADESCANTIA VIRGINICA L.

L'OVULE ET LE SPERMODERME.

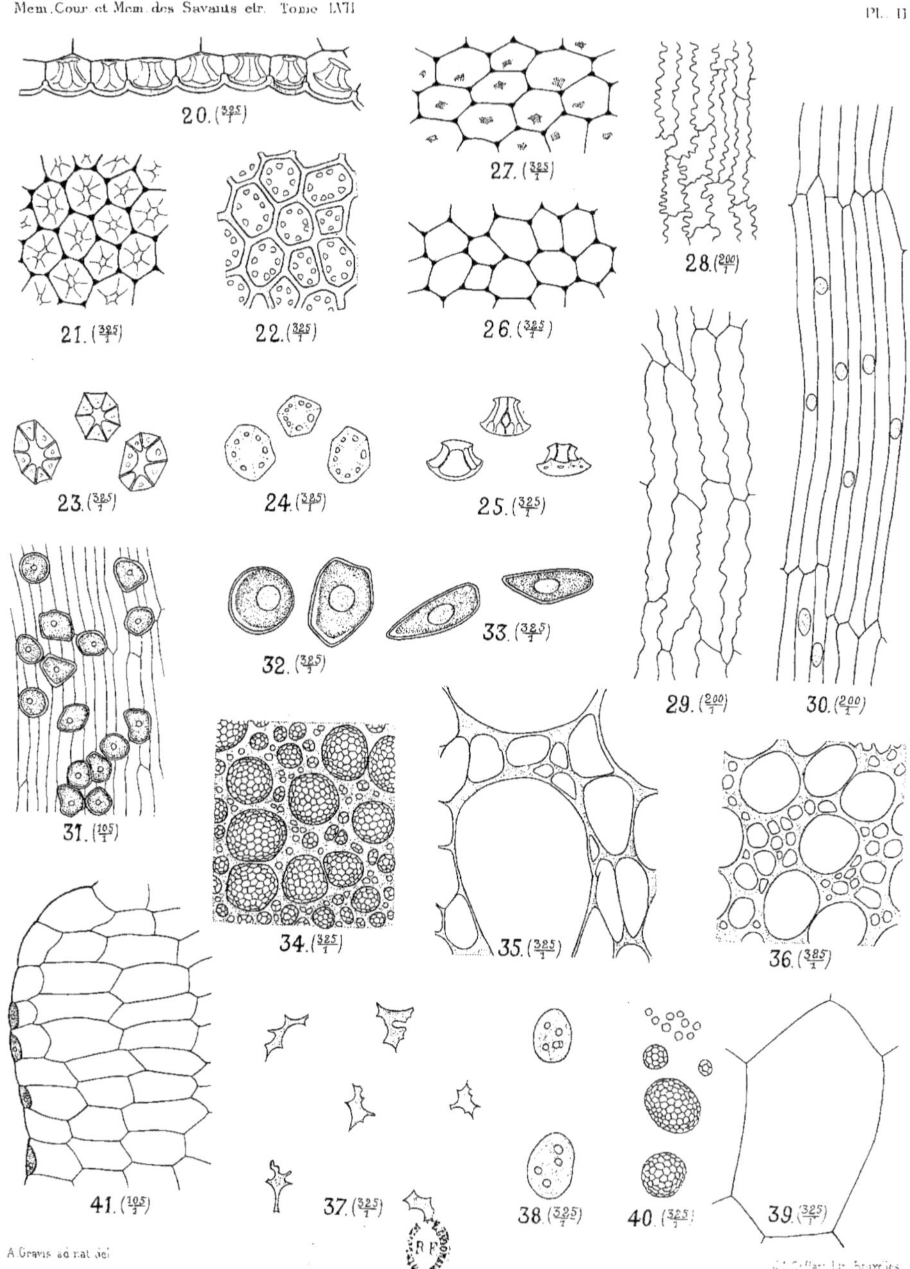

TRADESCANTIA VIRGINICA   L.
LE SPERMODERME ET L'ALBUMEN.

PLANCHE II.

TRADESCANTIA VIRGINICA L.

LE SPERMODERME ET L'ALBUMEN.

Le spermoderme (suite).

Fig. 20. Quelques cellules de l'Ép. i. P. en coupe montrant leur contenu.

— 21. Portion de l'Ép. i. P. isolé par l'eau de Javelle, vu par sa face externe.

— 22. Idem, vu par sa face interne.

— 23. Contenus siliceux de l'Ép. i. P. de la graine mûre, vus par leur face externe.

— 24. Idem, vus par leur face interne.

— 25. Idem, vus de profil.

— 26. Portion de l'Ép. i. P. traité par la potasse concentrée et bouillante, vu de face.

— 27. Idem, traité par l'acide fluorhydrique, vu de face.

— 28. Ép. e. S. d'un ovule avant la fécondation, vu de face.

— 29. Idem d'une graine mûre, vu de face.

— 30. Ép. i. S. d'une graine mûre, vu de face.

L'albumen (pp. 18 à 20).

— 31. Cellules à contenu protéique adhérentes à un fragment de spermoderme vu par sa face interne.

— 32. Deux idem, vues de face, grossies davantage.

— 33. Deux idem, vues de profil, dans une coupe tranversale de la graine.

— 34. Coupe des cellules amylifères observées dans l'eau.

— 35. Idem, traitée par la potasse.

— 36. Idem, traitée par l'alcool nitrique.

— 37. Idem, colorée par l'hématoxyline et montée au baume de Canada : noyaux ratatinés.

— 38. Idem, laissée huit jours dans l'eau, puis colorée par le vert de méthyle : noyaux gonflés avec nucléoles.

— 39. Idem, chauffée légèrement dans l'hydrate de chloral : la membrane cellulaire seule est visible.

— 40. Grains d'amidon composés et grains solitaires.

— 41. Portion périphérique de l'albumen d'une graine coupée longitudinalement au début de la germination.

PLANCHE III.

TRADESCANTIA VIRGINICA L.

L'EMBRYON (pp. 21 et 22).

Fig. 42. Coupe transversale d'une graine mûre au niveau de l'embryon.

— 43. Coupe longitudinale d'une graine mûre suivant son petit diamètre montrant l'embryon *in situ*.

— 44. Embryon extrait de la graine, vu extérieurement et montrant la fente cotylédonaire.

— 45. Coupe longitudinale d'un embryon suivant son plan de symétrie.

— 46. Coupe longitudinale perpendiculaire au plan de symétrie.

— 47. Coupe transversale d'un embryon au niveau de la racine principale.

— 48. Idem vers le milieu de l'hypocotyle.

— 49. Idem à la base du cotylédon.

— 50. Idem vers le milieu du cotylédon.

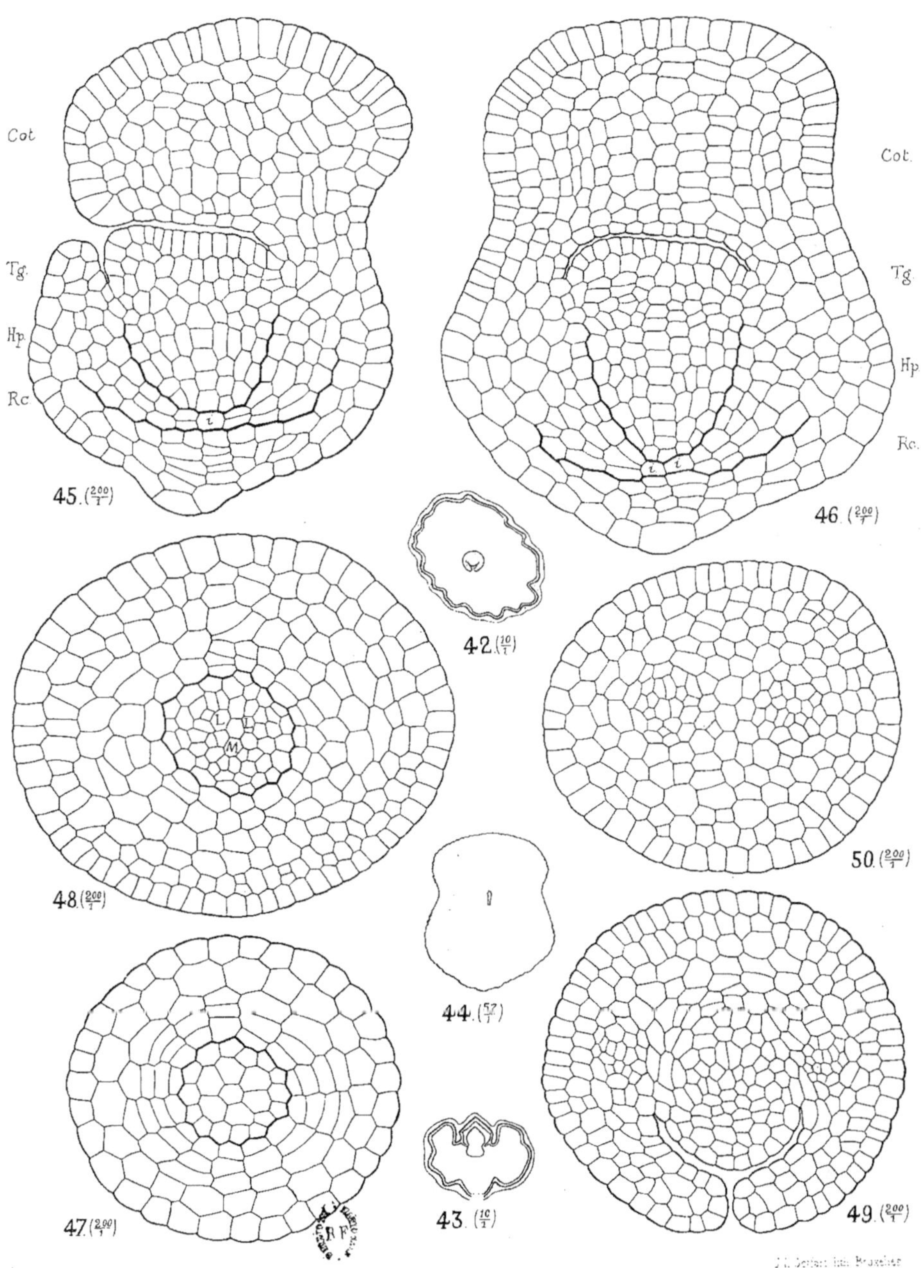

TRADESCANTIA VIRGINICA   L.

L'EMBRYON.

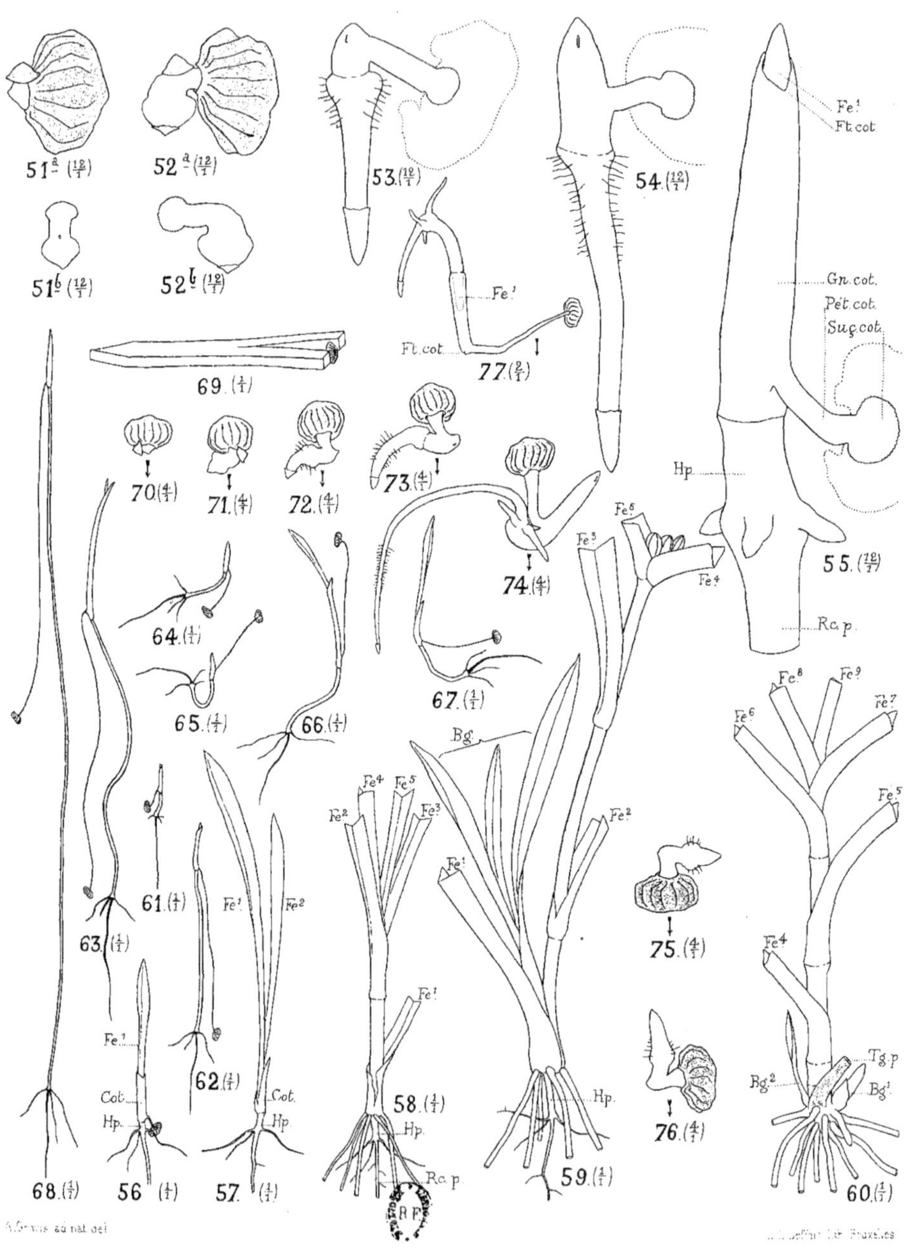

TRADESCANTIA VIRGINICA L.
LES PLANTULES.

PLANCHE IV.

TRADESCANTIA VIRGINICA L.

LES PLANTULES.

Stades du développement (pp. 25 à 27).

Fig. 51 à 60. Caractères extérieurs des plantules à dix stades de leur développement.

Influence du milieu.

— 61. Germination à une faible profondeur en terre (p. 27).

— 62. Idem à une profondeur plus grande (pp. 27 et 29).

— 63. Idem à la surface du sol dans l'obscurité (pp. 27 et 40).

— 64 à 67. Plantules développées dans l'eau à la lumière (pp. 34 et 35).

— 68. Plantule développée dans l'eau à l'obscurité (pp. 29 et 34).

— 69. Graine fixée dans une petite pince en bois (p. 56).

— 70 à 74. Germination de graines placées l'embryon verticalement, la radicule en bas (p. 56).

— 75. Idem placée l'embryon verticalement, la radicule en haut (p. 57).

— 76 et 77. Idem placées l'embryon horizontalement (p. 57).

N. B. — Dans toutes ces figures, la flèche indique la direction suivant laquelle la pesanteur a agi pendant toute la durée de la germination.

PLANCHE V.

TRADESCANTIA VIRGINICA L.

LES PLANTULES.

Coupes longitudinales.

Fig. 78. Au stade I.

— 79. Au stade II.

— 80. Au stade III.

— 81. Au stade V.

        (pp. 39 et 40).

— 82 et 83. Au stade VI, la première à hypocotyle court, la seconde à hypocotyle plus long (p. 41).

— 84. Trachées des pôles centripètes d'un hypocotyle court (longueur $= 0^{mm},15$); elles proviennent de la figure 80 (pp. 30 et 31).

— 85. Trachées des pôles centripètes d'un hypocotyle plus allongé (longueur $= 0^{mm},37$) (pp. 30 et 31).

— 86. Trachée de l'un des pôles centripètes d'un hypocotyle beaucoup plus allongé encore (longueur $= 6^{mm}$) (pp. 30 et 31).

    N. B. — Les graduations indiquées à côté de ces trois dernières figures indiquent des centièmes de millimètre.

— 87 à 89. Germination sur clinostat (p. 58).

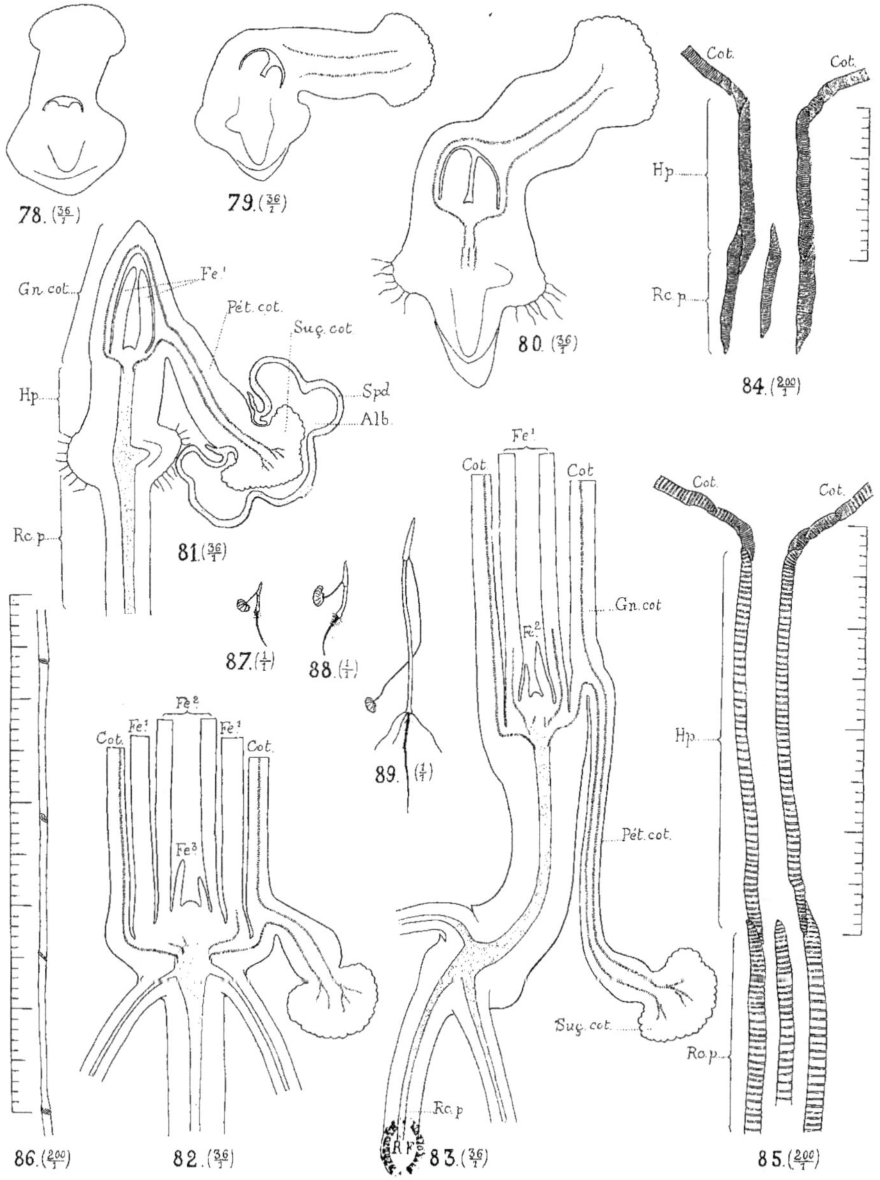

J. L. Goffart lith. Bruxelles

TRADESCANTIA VIRGINICA L.
LES PLANTULES.

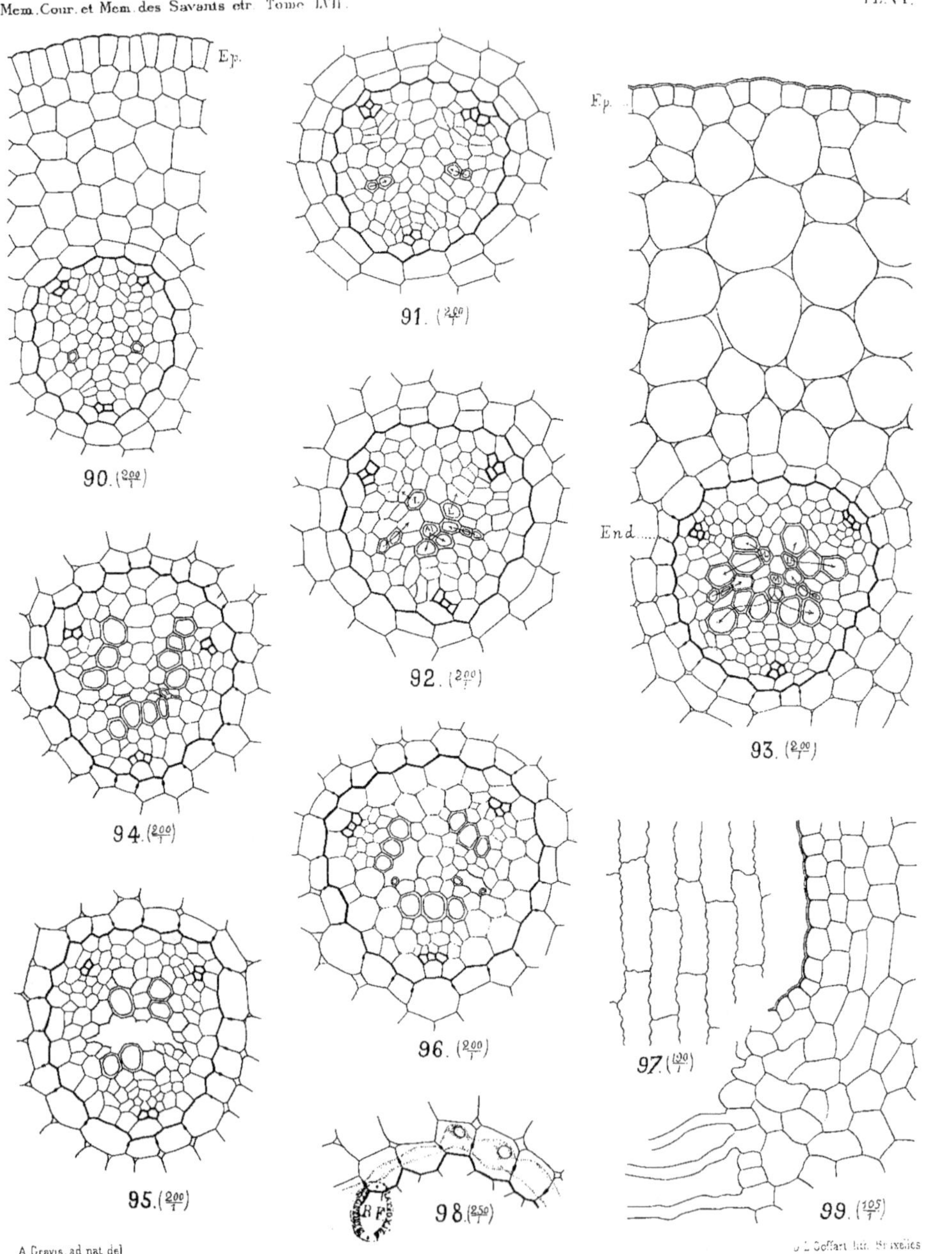

TRADESCANTIA VIRGINICA   L.

L'HYPOCOTYLE.

PLANCHE VI.

TRADESCANTIA VIRGINICA L.

L'HYPOCOTYLE (pp. 28 à 32).

Fig. 90. Milieu de l'hypocotyle au stade III (plantule représentée par la fig. 53).

— 91. Idem au stade IV (plantule de la fig. 54).

— 92. Idem au stade V (plantule de la fig. 55).

— 93. Idem au stade VI, hypocotyle très court (plantule de la fig. 56).

       N. B. — Dans les figures 92 et 93, les flèches indiquent la direction suivant laquelle s'est opérée la différenciation des divers pôles ligneux.

— 94. Milieu d'un hypocotyle un peu allongé (plantule de la fig. 61).

— 95. Idem plus fortement allongé (plantule de la fig. 62).

— 96. Idem très fortement allongé dans l'eau et à l'obscurité (plantule de la fig. 68).

— 97. Coupe tangentielle dans l'endoderme.

— 98. Coupe transversale de l'endoderme.

— 99. Coupe radiale à la base d'un hypocotyle montrant comment la décortication de l'épiderme a mis à nu l'assise pilifère de la racine.

PLANCHE VII.

TRADESCANTIA VIRGINICA L.

LE COTYLÉDON (pp. 38 à 40).

Fig. 100. Cotylédon d'une plantule au stade VI, vu extérieurement; le suçoir a été retiré de la graine.

— 101. Un cotylédon semblable dont la gaine a été fendue et étalée : vu par sa face interne ce cotylédon montre le pétiole à droite.

— 102. Un autre cotylédon vu de la même manière : il porte le pétiole à gauche.

—· 103. Coupe transversale vers le milieu du pétiole cotylédonaire.

— 104. Coupe radiale de l'un des faisceaux de ce pétiole.

— 105. Épiderme et stomate de pétiole.

— 106. Coupe transversale vers le milieu d'un pétiole cotylédonaire beaucoup plus allongé que celui de la figure 103.

— 107. Suçoir cotylédonaire extrait de la graine et vu extérieurement.

— 108. Coupe longitudinale d'un suçoir montrant la terminaison des deux faisceaux cotylédonaires.

— 109. Coupe transversale de l'épiderme du suçoir.

— 110. Plantule au stade VI indiquant les niveaux auxquels ont été pratiquées les coupes transversales représentées par les neuf figures suivantes.

— 111 à 119. Coupes transversales aux niveaux les plus caractéristiques de la plantule précédente (voir p. 41).

— 120. Coupe transversale d'une plantule dont le cotylédon est à gauche : à comparer à la figure 116 provenant d'une plantule dont le cotylédon est à droite.

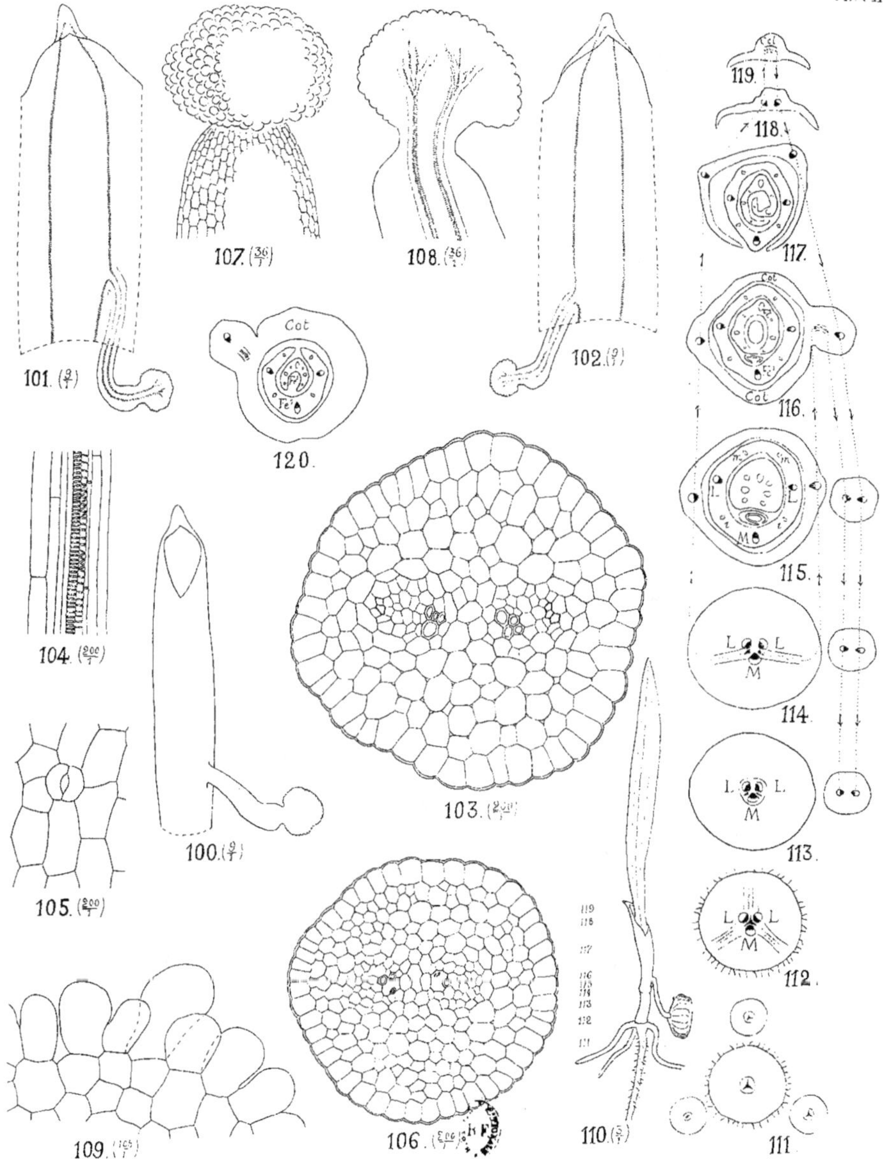

TRADESCANTIA VIRGINICA L.

LE COTYLÉDON.

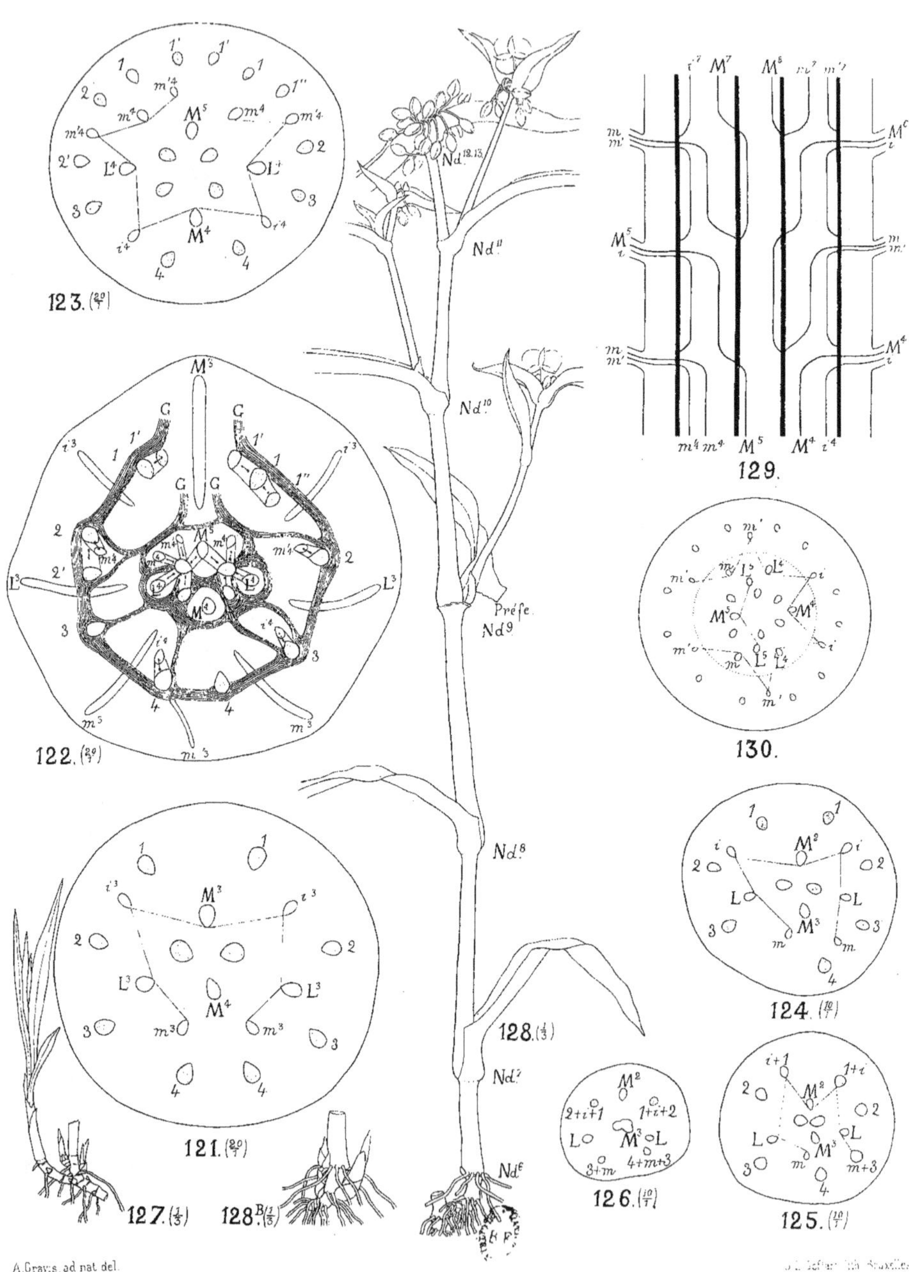

TRADESCANTIA VIRGINICA   L.

PARCOURS DES FAISCEAUX DANS LES TIGES.

PLANCHE VIII.

TRADESCANTIA VIRGINICA L.

PARCOURS DES FAISCEAUX DANS LES TIGES.

Tiges principales.

Fig. 121. Coupe de l'entrenœud [3] d'une tige principale

— 122. Projection horizontale du nœud [3] . . . . . (p. 67).

— 123. Coupe de l'entrenœud [4] . . . .

— 124 à 126. Variations d'ordre biologique offertes par l'entrenœud [2] de trois tiges principales (pp. 74 et 75).

Tiges primaires.

— 127. Fragment d'un rhizome de la plante adulte en avril 1894 : la région souterraine de la tige primaire de 1893 porte plusieurs petits bourgeons, deux gros bourgeons et une pousse feuillée. Cette dernière fleurira pendant l'été 1894.

— 128. Tige primaire entièrement développée en juillet.

— 128[b]. Portion souterraine d'une tige primaire, en octobre, portant des bourgeons de remplacement.

— 129. Schéma du parcours des faisceaux (p. 89).

— 130. Schéma de la section transversale correspondante. (La courbe en pointillé sépare les faisceaux externes des faisceaux internes.)

PLANCHE IX.

TRADESCANTIA VIRGINICA L.

PARCOURS DES FAISCEAUX DANS LES TIGES.

Portion souterraine des tiges primaires (p. 68).

Fig. 131. Coupe de l'entrenœud 5 d'une tige primaire.

— 132. Projection horizontale du nœud 5.

— 133. Coupe de l'entrenœud 6.

Portion aérienne des tiges primaires (p. 69).

— 134. Coupe de l'entrenœud 11 d'une tige primaire.

— 135. Projection horizontale du nœud 11.

— 136. Coupe de l'entrenœud 12.

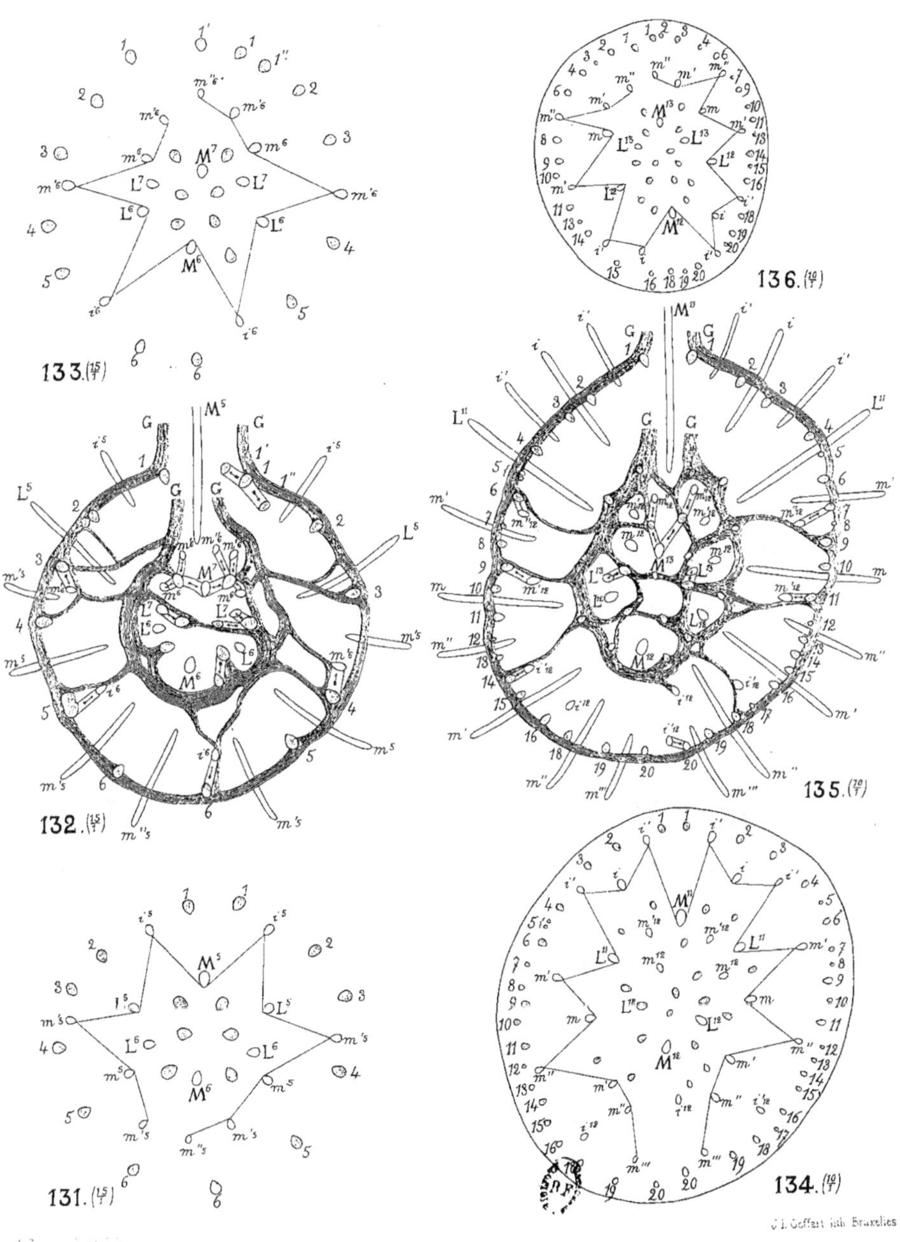

TRADESCANTIA VIRGINICA L.

PARCOURS DES FAISCEAUX DANS LES TIGES.

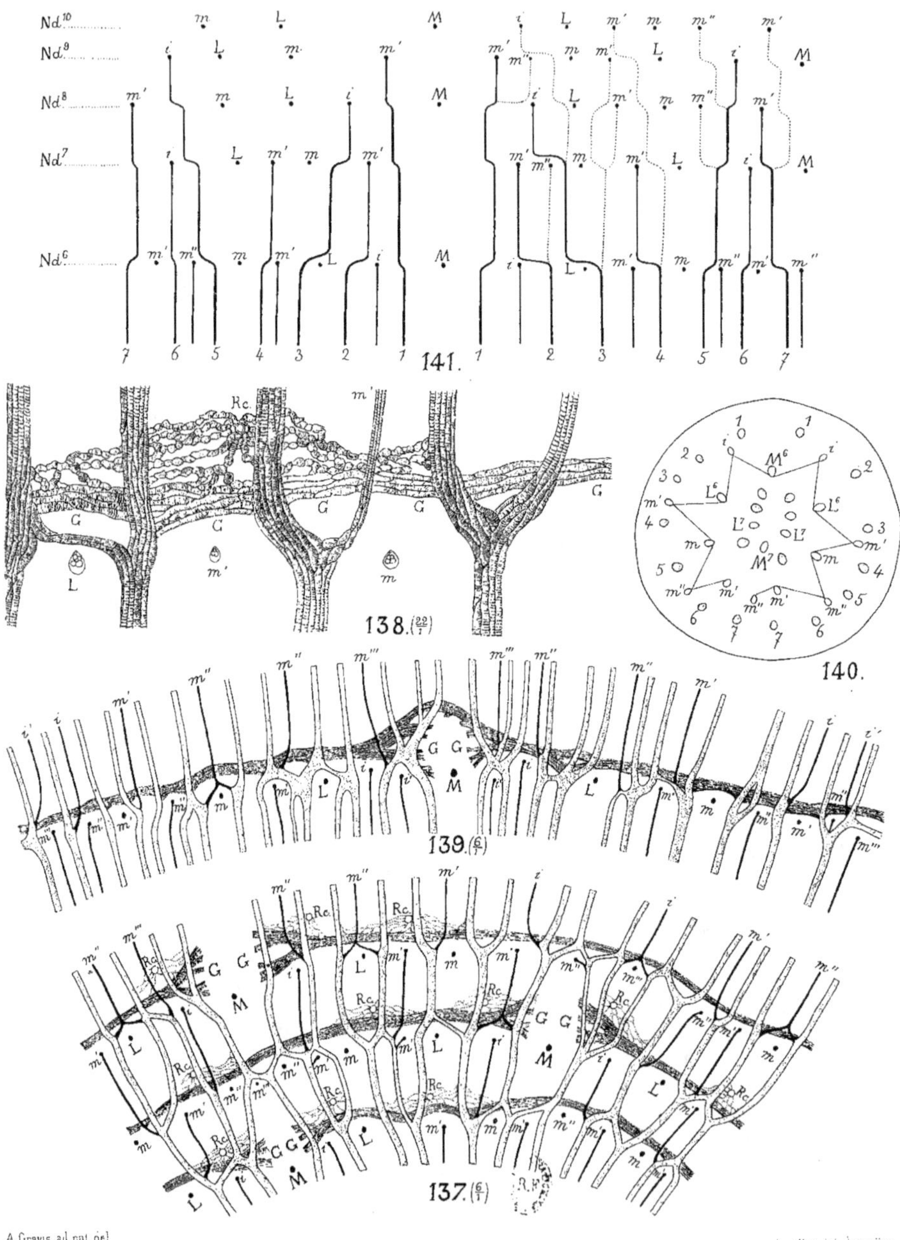

TRADESCANTIA VIRGINICA   L.

PARCOURS DES FAISCEAUX DANS LES TIGES.

PLANCHE X.

TRADESCANTIA VIRGINICA L.

PARCOURS DES FAISCEAUX DANS LES TIGES.

Fig. 137. Région périphérique étalée de trois segments souterrains montrant le parcours des faisceaux externes tant foliaires qu'anastomotiques (pp. 68 et 69).

— 138. Une partie de la préparation précédente grossie davantage, montrant l'insertion d'une racine adventive (p. 87).

— 139. Région périphérique étalée d'un segment aérien montrant le parcours des faisceaux externes tant foliaires qu'anastomotiques (p. 70).

— 140. Entrenœud 6 d'un bourgeon détaché du rhizome : tous les faisceaux sont à l'état procambial (p. 71).

— 141. Parcours des faisceaux externes, tant foliaires qu'anastomotiques, dans le bourgeon qui a fourni la coupe précédente (pp. 71 et 72).

PLANCHE XI.

TRADESCANTIA FLUMINENSIS Vell.

PARCOURS DES FAISCEAUX DANS LES TIGES.

FIG. 142. Entrenœud 4 d'une tige extrêmement grêle (pp. 91 et 94).

— 143. Entrenœud 4 d'une tige plus vigoureuse (p. 91).

— 144. Entrenœud qui précède la hampe. On tiendra compte de ce que ce dessin est fait à un grossissement moitié moindre que celui des deux précédents (p. 91).

— 145. Coupe dans le nœud 4 au niveau où l'on voit les faisceaux (*i i m'*) 5 en rapport avec les anastomotiques externes. L'entrenœud correspondant est représenté par la figure 143 (p. 98).

— 146. Schéma de la section longitudinale du sommet végétatif (pp. 97 et 98.)

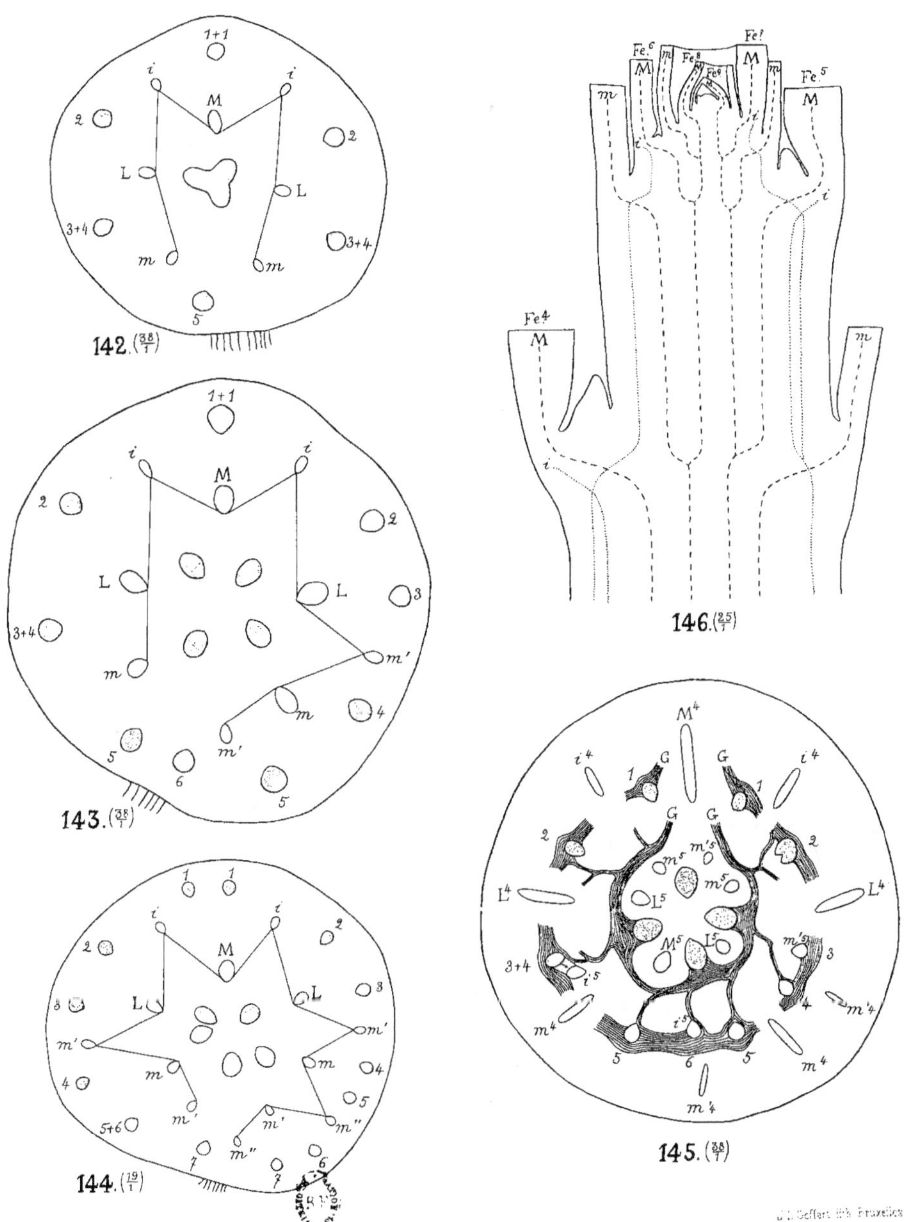

TRADESCANTIA FLUMINENSIS VELL.
TIGES.

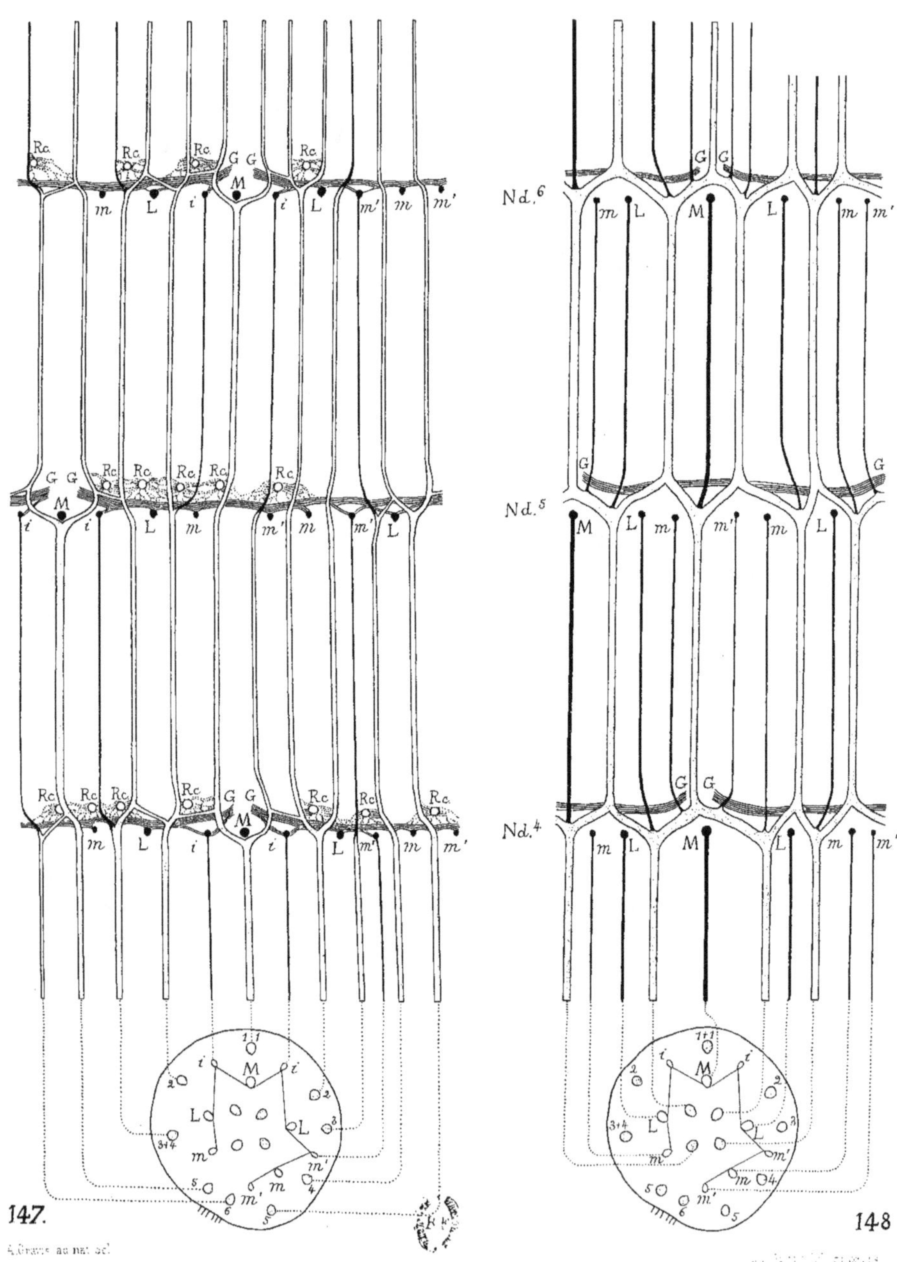

TRADESCANTIA FLUMINENSIS VELL.

TIGES.

PLANCHE XII.

TRADESCANTIA FLUMINENSIS Vell.

PARCOURS DES FAISCEAUX DANS LES TIGES (pp. 96 à 98).

Fig. 147. Développement graphique des faisceaux externes, tant foliaires qu'anastomotiques, des segments 4, 5 et 6.

— 148. Idem des faisceaux internes, tant foliaires qu'anastomotiques, des mêmes segments.

PLANCHE XIII.

TRADESCANTIA VIRGINICA L.

HISTOLOGIE DES TIGES.

Vers le bas de la portion aérienne d'une tige primaire (pp. 99 et 100).

Fig. 149. Faisceau M.

— 150. Un faisceau anastomotique interne.

— 151. Coupe longitudinale d'un faisceau semblable.

— 152. Deux faisceaux anastomotiques internes fusionnés par leur partie ligneuse.

— 153. Trois faisceaux anastomotiques internes fusionnés par leur partie libérienne.

— 154. Un faisceau anastomotique interne contenant des thylles dans la lacune.

— 155. Coupe longitudinale d'un faisceau semblable : la lacune est remplie de thylles avec débris de trachées.

— 156. Début de la formation des thylles.

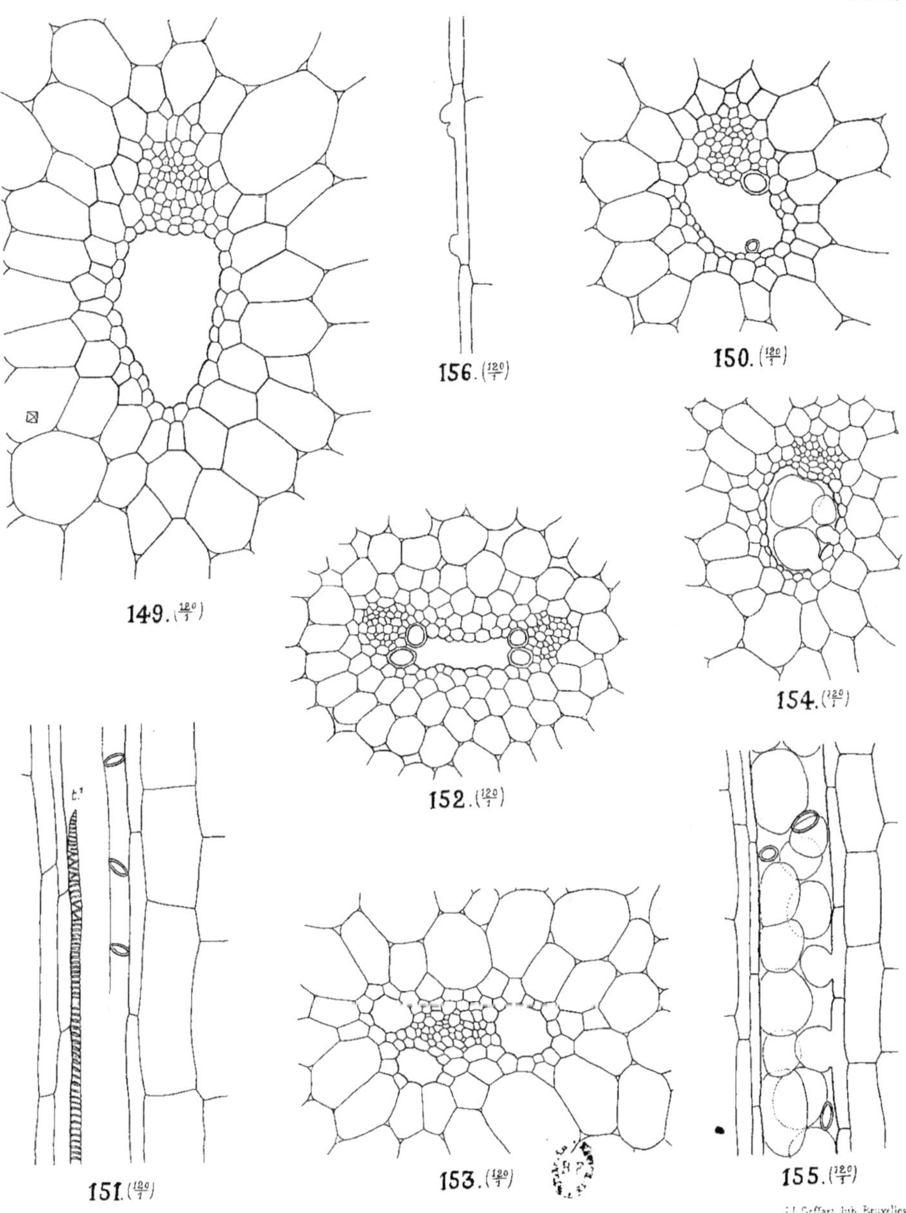

TRADESCANTIA VIRGINICA   L.

HISTOLOGIE DES TIGES.

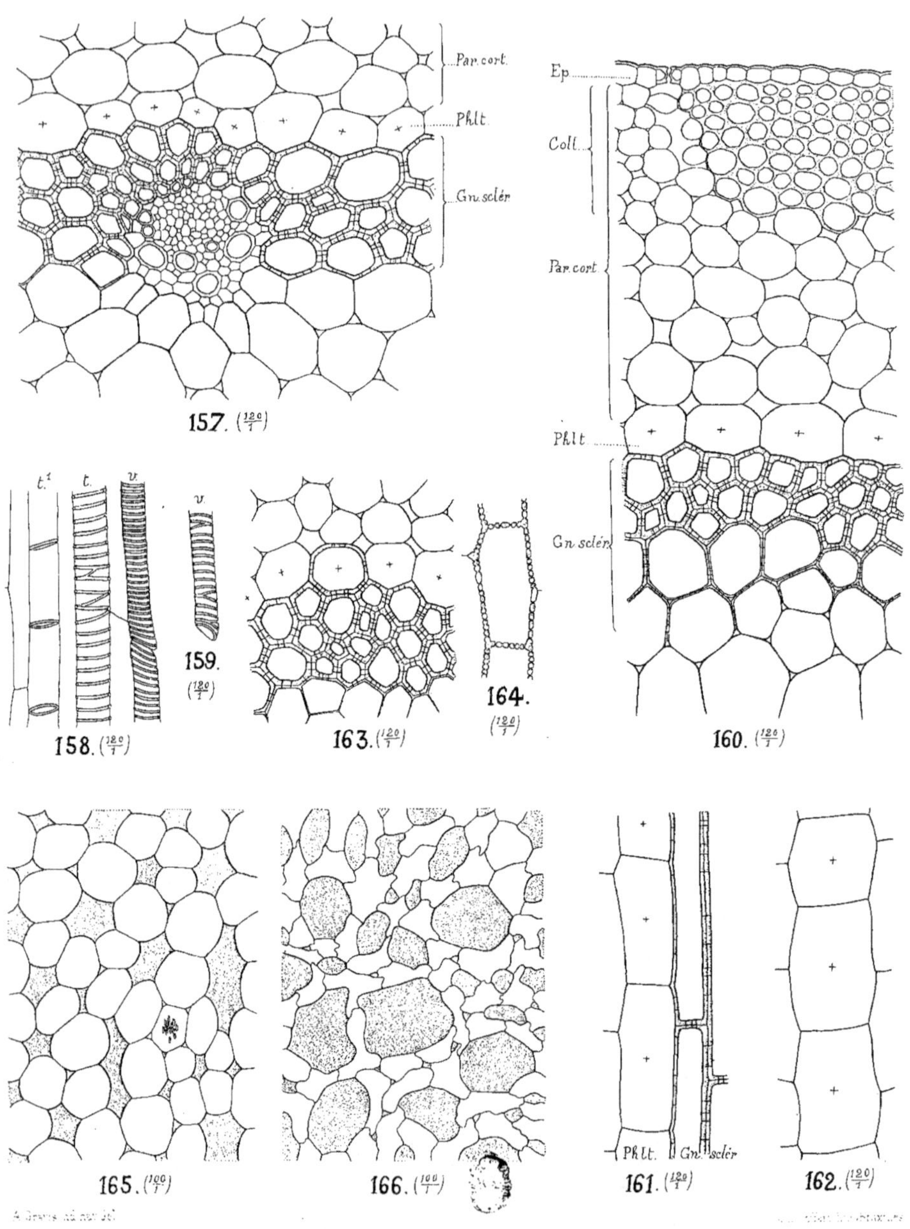

TRADESCANTIA VIRGINICA L.

HISTOLOGIE DES TIGES.

PLANCHE XIV.

TRADESCANTIA VIRGINICA L.

HISTOLOGIE DES TIGES.

Vers le bas de la portion aérienne d'une tige primaire (pp. 100 à 103).

Fɪɢ. 157. Un faisceau anastomotique externe.

— 158. Éléments ligneux d'un faisceau semblable en coupe longitudinale.

— 159. Extrémité ouverte d'une cellule vasculaire dissociée par la macération de Schultze.

— 160. Coupe transversale des tissus du système fondamental.

— 161. Cellules du phlœoterme dans une coupe radiale.

— 162. Les mêmes dans une coupe tangentielle.

— 163. Phlœoterme dont une cellule est sclérifiée.

— 164. La cellule sclérifiée du phœoterme ci-dessus en coupe tangentielle.

— 165. Parenchyme interfasciculaire d'une tige gorgée d'eau . . . . . . }

— 166. Le même de la même tige détachée et tenue à sec depuis cinq jours. } (p. 146).

    N. B. — Dans ces deux dernières figures, les méats sont teintés pour faciliter leur comparaison.

PLANCHE XV.

TRADESCANTIA VIRGINICA L.

HISTOLOGIE DES TIGES.

Dans la portion souterraine d'une tige primaire (pp. 104 et 105).

Fig. 167. Faisceau M.

— 168. Un faisceau anastomotique interne.

— 169. Un faisceau anastomotique externe et tissus du système fondamental.

— 170. Région corticale montrant les débris du parenchyme primitif et de l'épiderme mortifiés.

— 171. Coupe radiale passant par l'arc endodermique de la figure 169.

— 172. Coupe tangentielle du même.

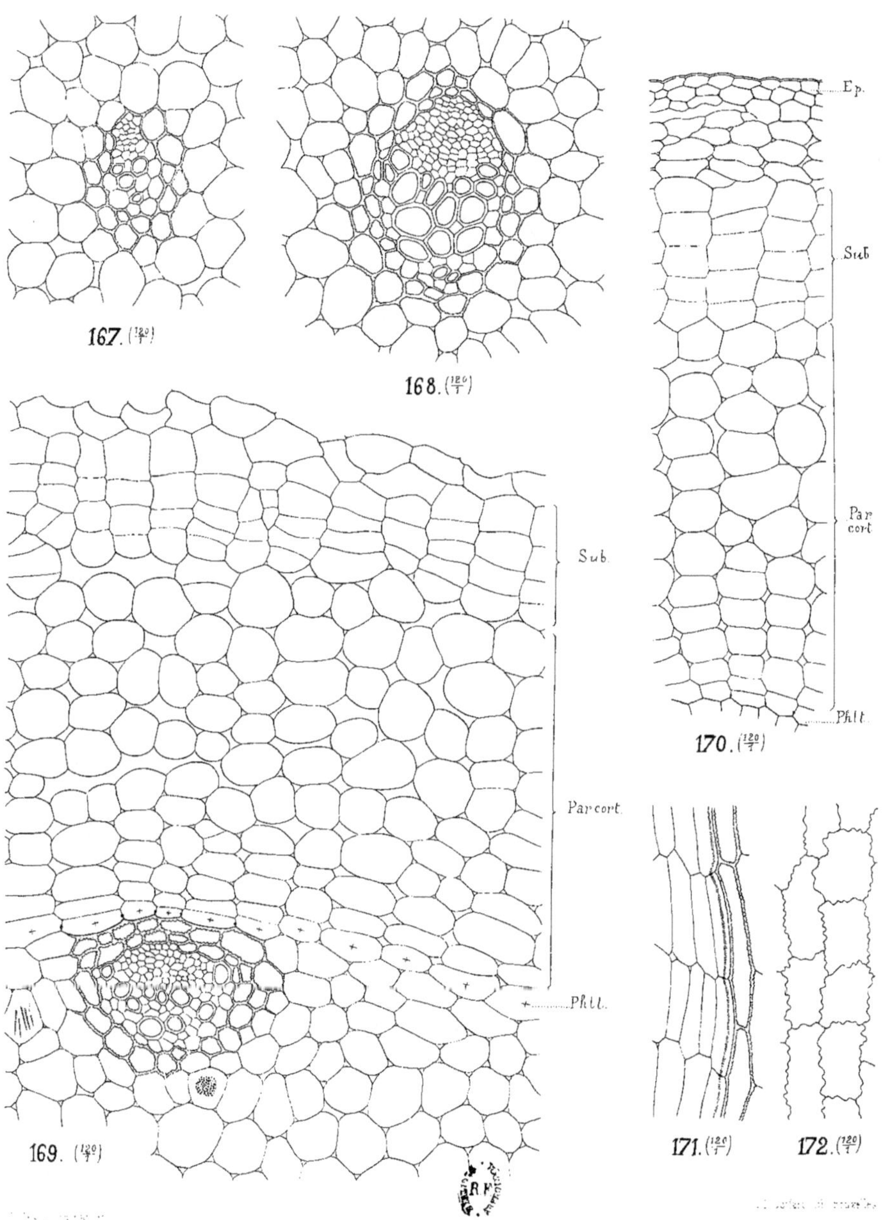

TRADESCANTIA VIRGINICA L.

HISTOLOGIE DES TIGES.

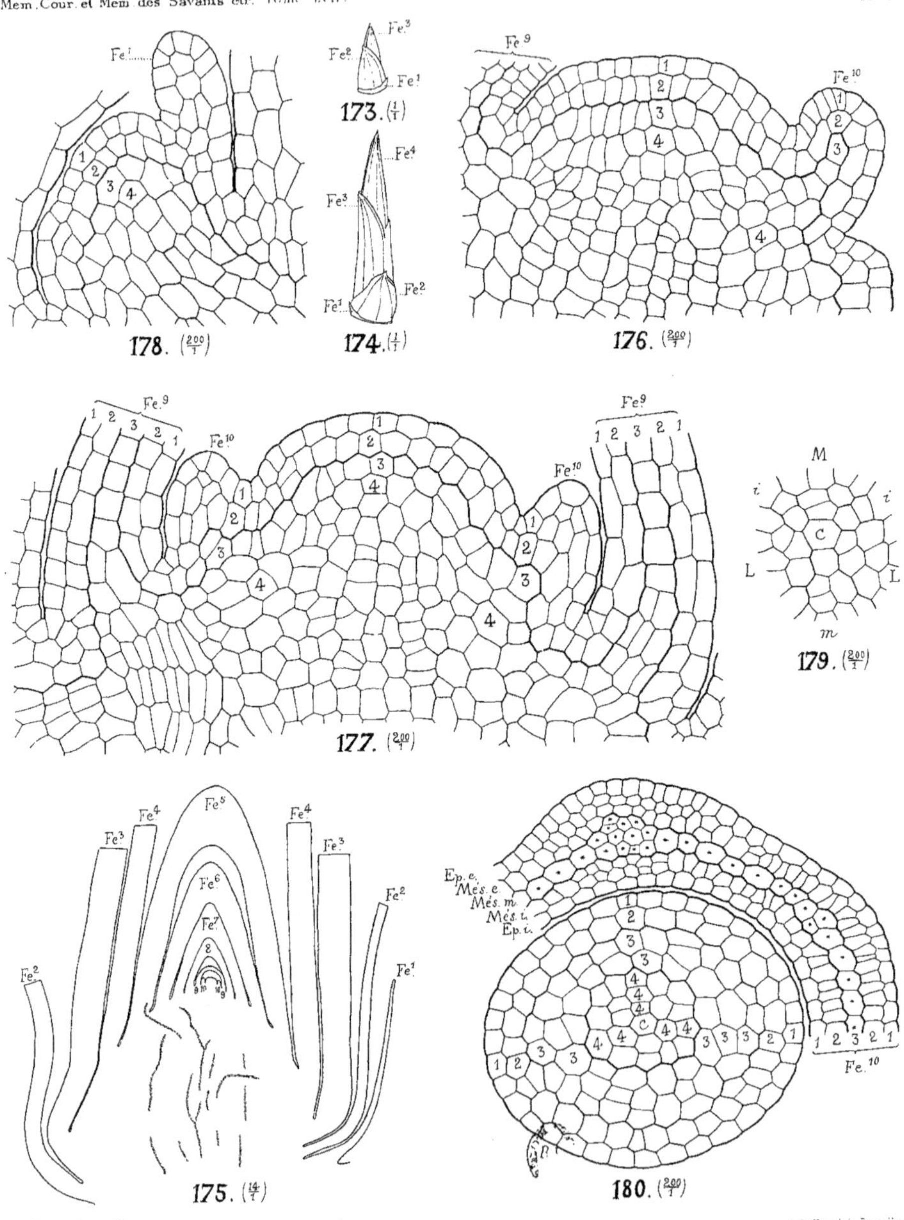

TRADESCANTIA VIRGINICA   L.
HISTOGENÈSE DES TIGES.

PLANCHE XVI.

TRADESCANTIA VIRGINICA L.

HISTOGENÈSE DES TIGES.

Tige primaire à l'état de bourgeon (pp. 110 à 112).

Fig. 173 et 174. Deux gros bourgeons détachés du rhizome et vus extérieurement.

— 175. Coupe longitudinale d'ensemble de l'un de ces bourgeons.

— 176. Sommet végétatif sectionné suivant le plan de symétrie de la feuille 10.

— 177. Sommet végétatif sectionné dans une direction perpendiculaire au plan de symétrie de la feuille 10.

— 178. Section longitudinale du petit bourgeon situé à l'aisselle de la feuille 5 de l'un des gros bourgeons.

— 179. Coupe transversale du dermatogène correspondant aux figures 176 et 177.

— 180. Coupe transversale du méristème et de la feuille 10 correspondant à ces mêmes figures.

PLANCHE XVII.

TRADESCANTIA VIRGINICA L.

HISTOGENÈSE DES TIGES.

Tige primaire à l'état de bourgeon (pp. 112 à 114).

Fig. 181 à 185. Coupes transversales dans un gros bourgeon semblable à celui de la figure 173.

— 186. Un faisceau au stade procambial.

— 187. Différenciation libéro-ligneuse et apparition d'une zone cambiale.

— 188. Le cambium s'éteint rapidement.

— 189. Différenciation des tissus du système fondamental.

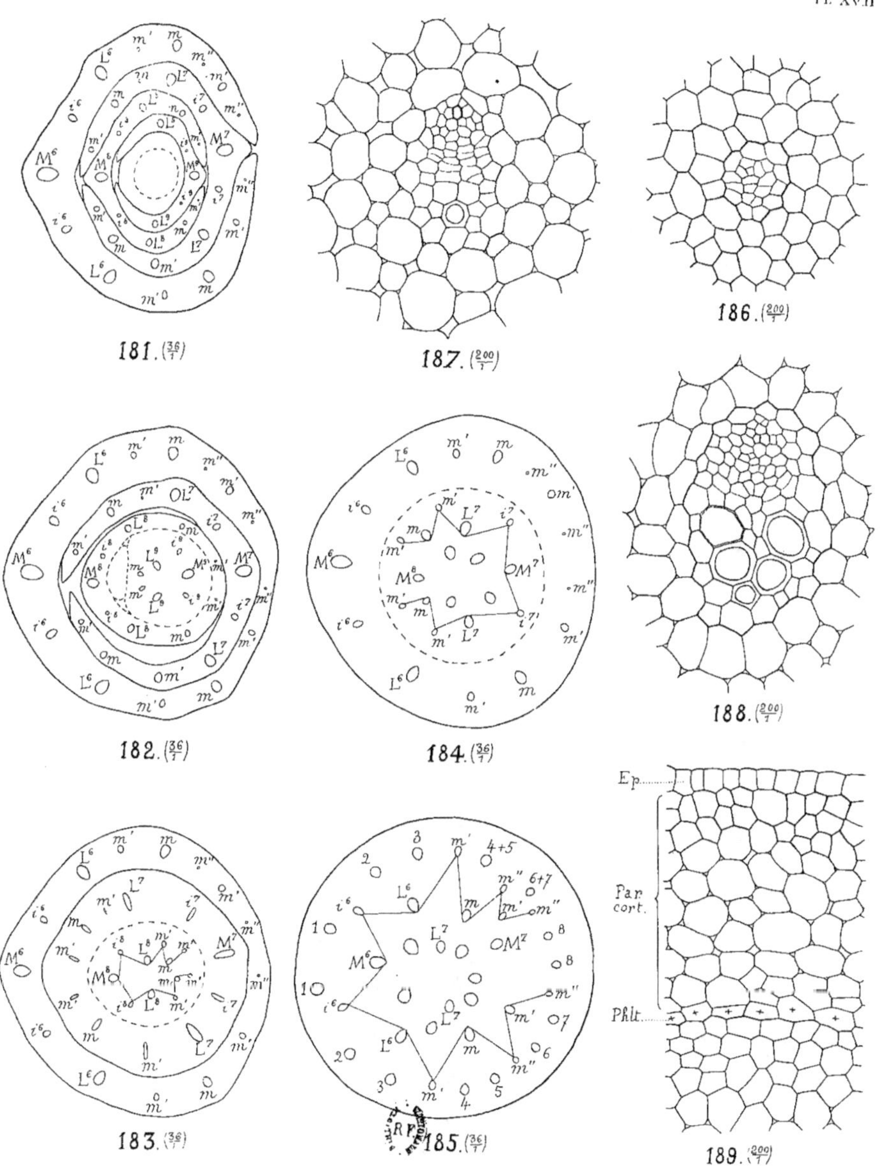

TRADESCANTIA VIRGINICA   L.

HISTOGENÈSE DES TIGES.

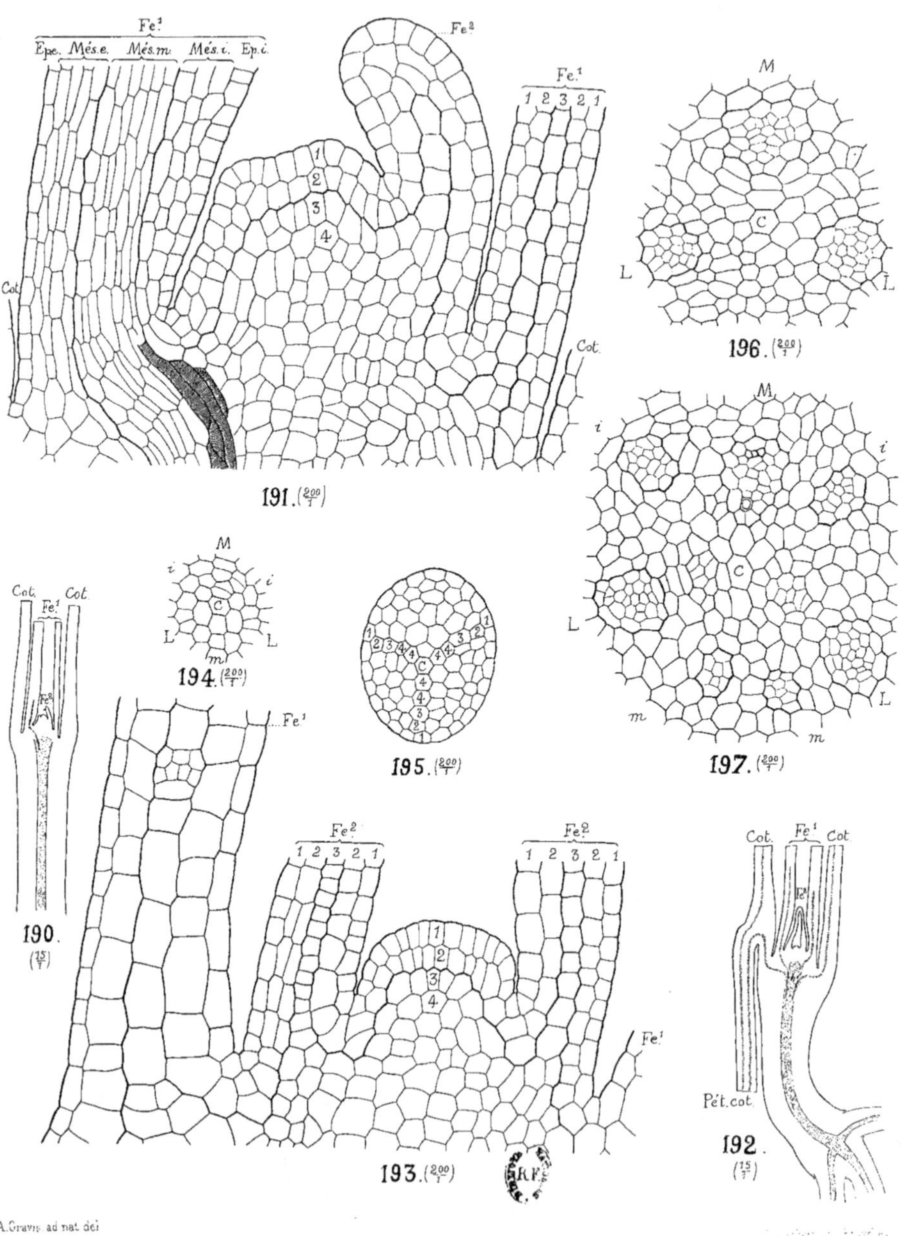

A. Gravis ad nat. del.

TRADESCANTIA VIRGINICA L.
HISTOGENÈSE DES TIGES.

PLANCHE XVIII.

TRADESCANTIA VIRGINICA L.

HISTOGENÈSE DES TIGES.

Tige principale à l'état de bourgeon (pp. 114 et 115).

Fig. 190. Coupe longitudinale d'une plantule suivant le plan de symétrie de la feuille [1].

— 191. Sommet végétatif de la précédente grossi davantage.

— 192. Coupe longitudinale d'une plantule suivant le plan perpendiculaire au plan de symétrie de la feuille [1].

— 193. Sommet végétatif de la précédente, grossi davantage.

— 194. Dermatogène d'une très jeune plantule, vu de face.

— 195. Coupe transversale du méristème de la même.

— 196. Les trois faisceaux du segment [3] d'une plantule plus âgée.

— 197. Les neuf faisceaux du segment [3] d'une plantule plus âgée encore.

PLANCHE XIX.

TRADESCANTIA VIRGINICA L.

NERVATION DES FEUILLES.

Fig. 198. Sommet de la feuille 1 d'une tige principale (p. 152).

— 199. Sommet de l'une des feuilles les plus larges d'une tige primaire (p. 152).

— 200. Préfeuille fendue par l'accroissement de la tige secondaire qu'elle enveloppait (p. 160).

— 201 et 202. Préfeuilles fendues longitudinalement et étalées (p. 152).

— 203. Préfeuille jeune encore laissée intacte et rendue transparente (p. 159).

— 204 et 205. Coupes transversales vers la base et vers le sommet d'une préfeuille à deux nervures (p. 160).

— 206 et 207. Idem d'une préfeuille à trois nervures (p. 160).

— 208. Coupe à la base d'une préfeuille à sept nervures (p. 161).

— 209. Jeune bourgeon de la région aérienne d'une tige primaire.

— 210 et 211. Deux bourgeons semblables plus développés : l'un porte la préfeuille à droite, l'autre à gauche (p. 160).

— 212. Coupe transversale d'une préfeuille à l'endroit où son mésophylle ne comprend qu'une seule assise cellulaire (p. 160).

— 213. Idem d'une autre préfeuille à l'endroit où le mésophylle manque entièrement (p. 161).

— 214. Pousse détachée du rhizome au printemps : les trois premières feuilles sont détruites (p. 159).

       N. B. — Les figures 204 à 208, 212 et 213 sont orientées par rapport à la tige mère supposée vers le bas de la planche.

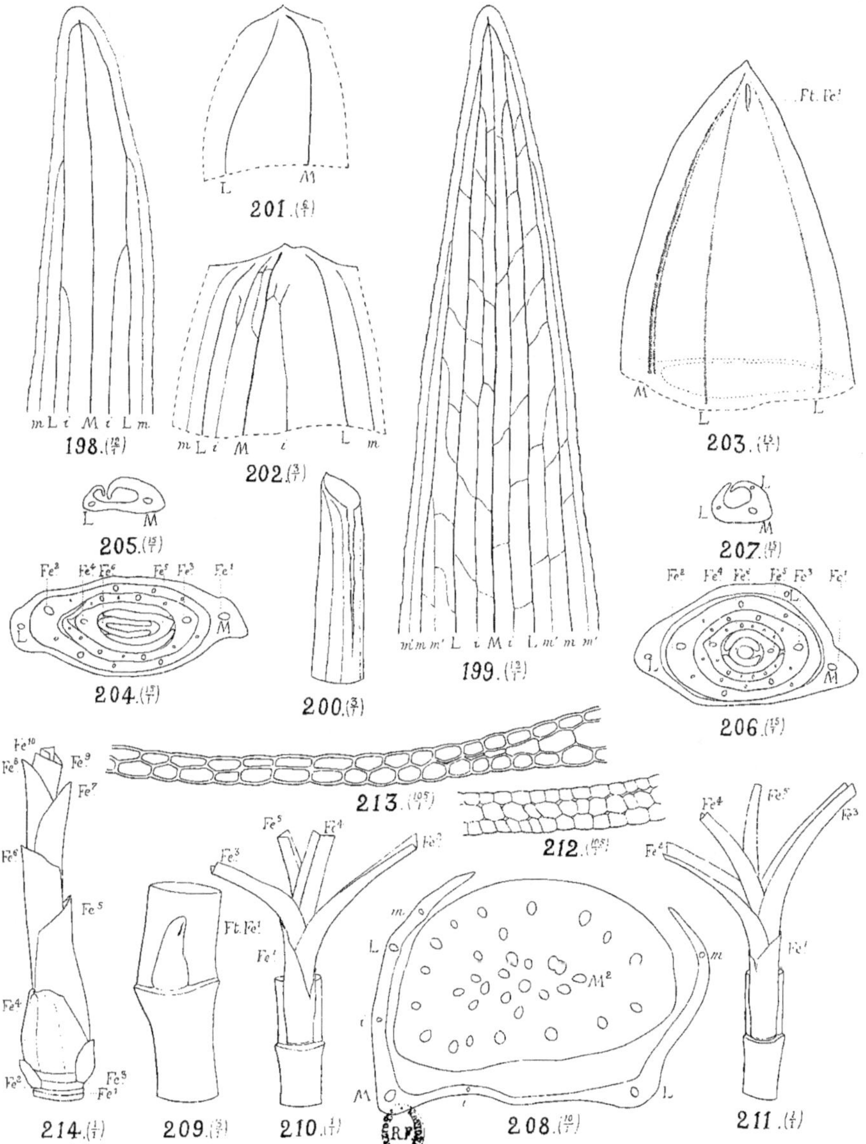

TRADESCANTIA VIRGINICA   L.
NERVATION DES FEUILLES.

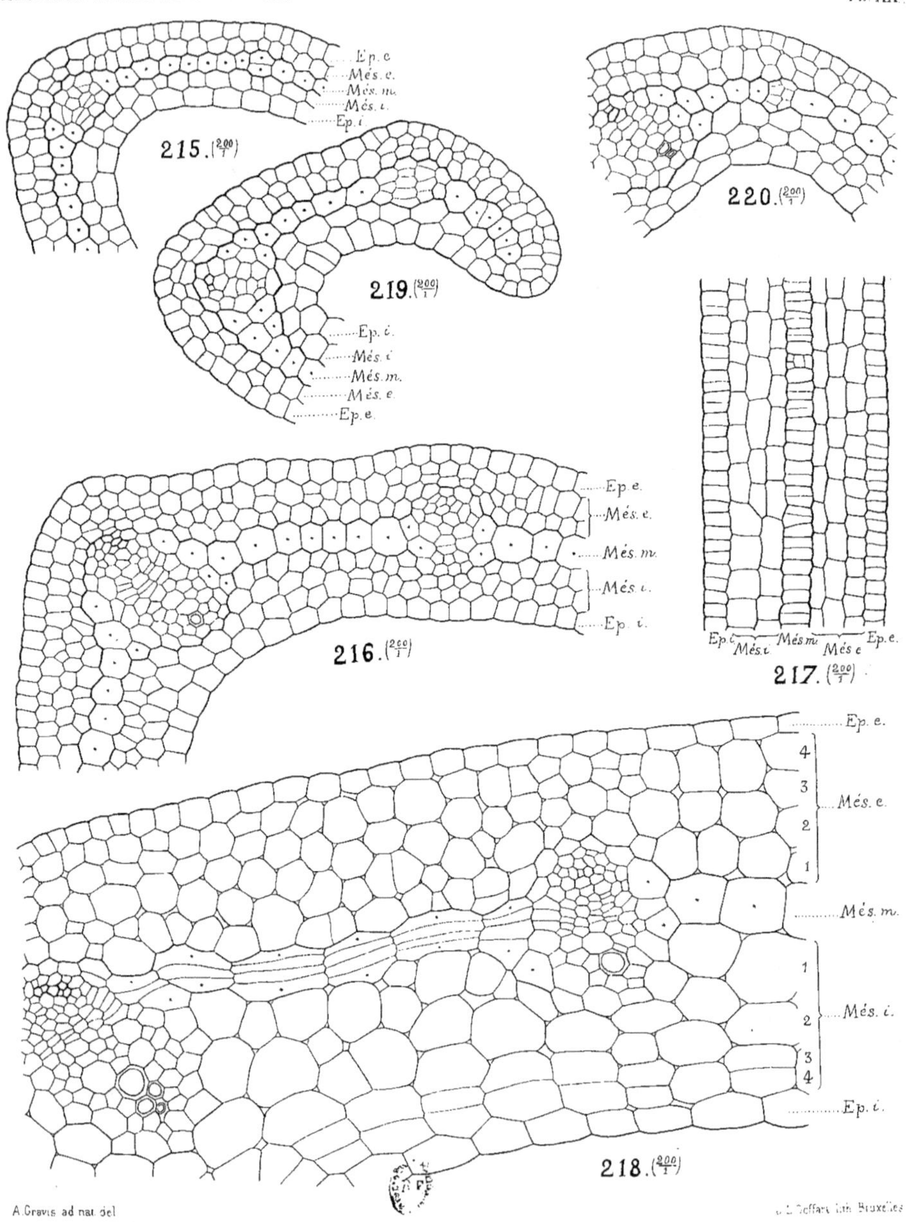

A. Gravis ad nat. del

L. Geffart lith Bruxelles

TRADESCANTIA VIRGINICA   L.
HISTOGENÈSE DES FEUILLES.

PLANCHE XX.

TRADESCANTIA VIRGINICA L.

HISTOGENÈSE DES FEUILLES.

Feuilles de la portion aérienne d'une tige primaire (p. 153).

Fig. 215. Premier stade.

— 216. Deuxième stade.

— 217. Idem en coupe longitudinale.

— 218. Troisième stade.

Feuille 1 de la tige principale (p. 154).

— 219. Feuille 1 très jeune.

— 220. Feuille 1 plus âgée.

PLANCHE XXI.

TRADESCANTIA VIRGINICA L.

HISTOLOGIE DES FEUILLES.

Feuilles de la portion aérienne d'une tige primaire (pp. 151 à 158).

FIG. 221. Ensemble de la moitié du limbe d'une feuille adulte choisie parmi les plus larges.

— 222. Une portion de la coupe précédente grossie davantage.

— 223. Coupe longitudinale radiale passant par une nervure.

— 224. Idem passant entre les nervures.

— 225. Coupe longitudinale tangentielle passant par le mésophylle interne.

— 226. Idem passant par le mésophylle moyen.

— 227. Idem passant par le mésophylle externe.

— 228. Épiderme interne vu de face entre les nervures i' et L.

— 229. Épiderme externe idem.

— 230[a, b, c]. Sections transversales de trois stomates montrant les divers degrés d'hydratation des parois cellulaires (p. 186).

— 231. Coupe transversale dans la gaine de la feuille dont le limbe a fourni la coupe de la figure 222.

Feuille [1] de la tige principale (pp. 158 et 159).

— 232. Ensemble de la moitié du limbe d'une feuille [1] adulte.

— 233. Une portion grossie davantage.

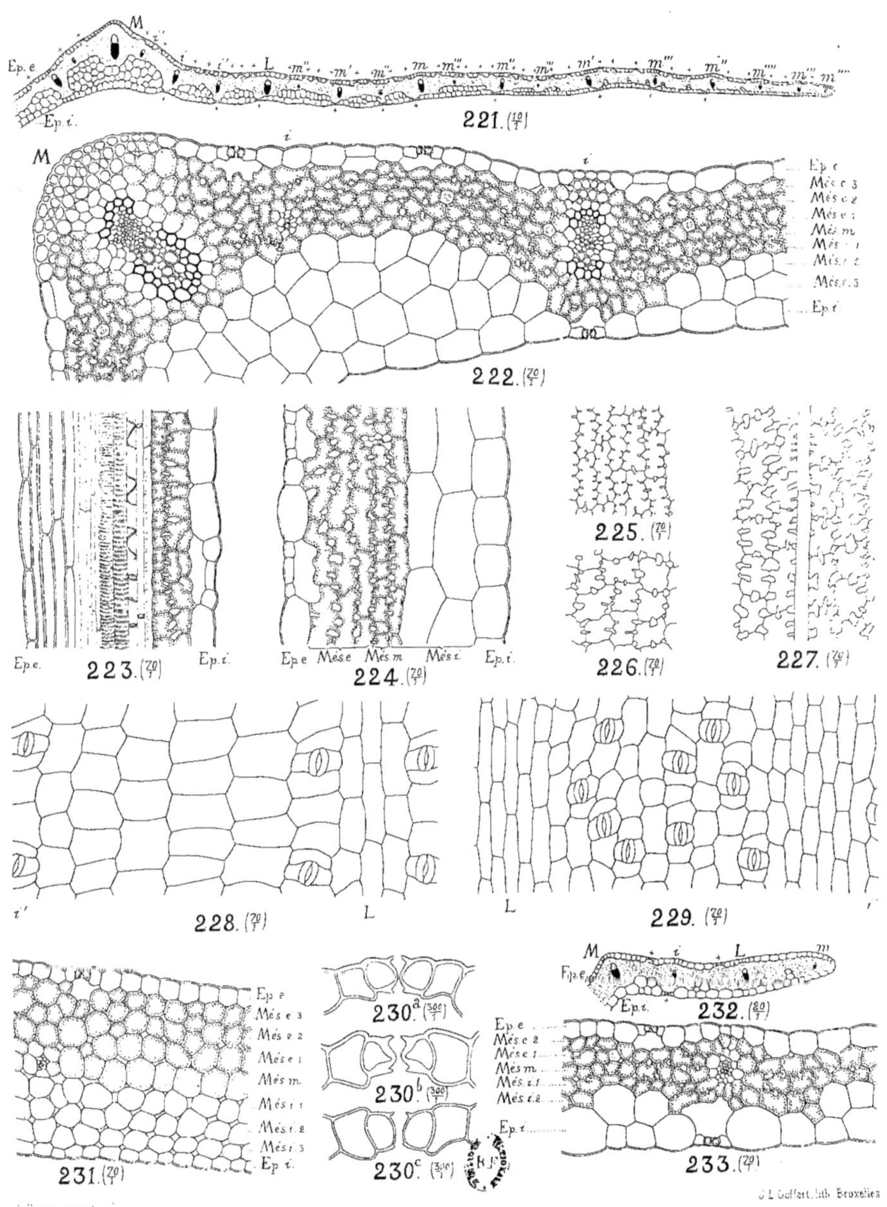

TRADESCANTIA VIRGINICA   L.

HISTOGENÈSE DES FEUILLES

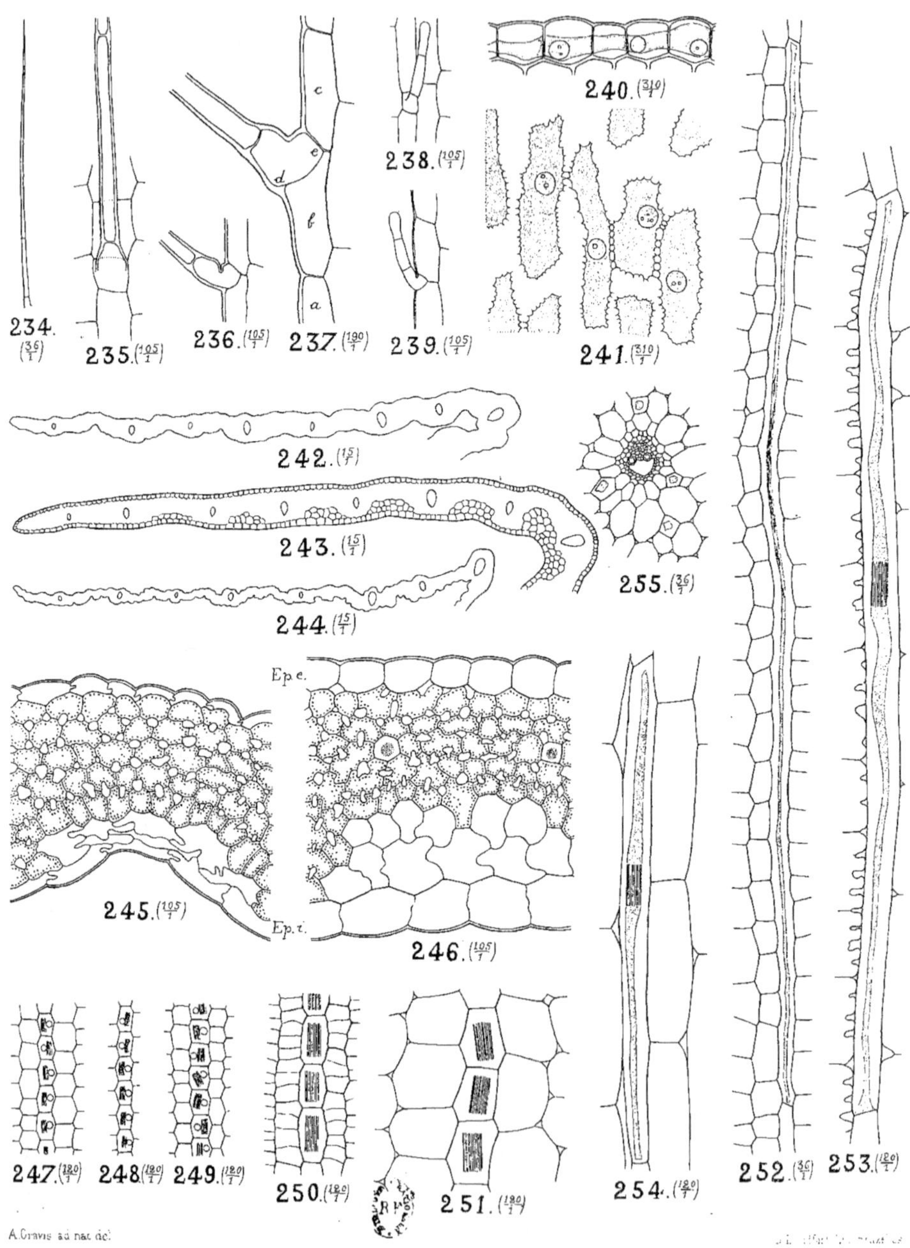

TRADESCANTIA VIRGINICA   L.

POILS, ÉPIDERME, HYPODERME, CELLULES A RAPHIDES.

PLANCHE XXII.

TRADESCANTIA VIRGINICA L.

Poils, épiderme, hypoderme.

Fig. 234 à 239. Poils des feuilles (pp. 157 et 158).

— 240 et 241. Continuité protoplasmique dans l'épiderme des feuilles (pp. 162 et 163).

— 242 à 244. Expériences sur la collabescence de l'épiderme et de l'hypoderme des feuilles (pp. 173 et 174). Dans la figure 243, toutes les cellules aquifères sont représentées, mais on n'a pu les indiquer dans les figures 242 et 244.

— 245. Portion grossie de la figure 242.

— 246. Portion grossie de la figure 243.

Cellules à raphides (pp. 129 à 135).

— 247 à 249. Cellules à raphides au moment de leur différenciation : elles proviennent respectivement d'un entrenœud aérien d'une tige primaire, du limbe d'une feuille et d'une racine (coupes longitudinales).

— 250. Idem d'une racine plus âgée.

— 251. Cellules à raphides d'une tige souterraine adulte (entrenœud long de 2^{mm}).

— 252. Idem d'une tige aérienne adulte (entrenœud long de 120^{mm}).

— 253. Idem du limbe d'une feuille adulte.

— 254. Idem d'une racine adulte.

— 255. Coupe transversale montrant quatre cellules à raphides dans le voisinage d'un faisceau d'une tige aérienne adulte.

    N. B. — On ne perdra pas de vue que, par suite de leurs dimensions énormes, les cellules à raphides de la tige aérienne (fig. 252 et 255) ont été représentées à un grossissement moindre que les autres figures.

PLANCHE XXIII.

TRADESCANTIA VIRGINICA L.

ÉPIDERME, STOMATES ET HYPODERME DES FEUILLES.

Cellules épidermiques (pp. 178 à 184).

Fig. 256 à 258. Début de la plasmolyse dans des cellules de divers âges.

— 259. Cellule adulte morte après avoir séjourné trois jours dans l'eau.

— 260 et 261. Coupes optiques des cellules adultes vivantes (épiderme replié) montrant la déturgescence qui précède la plasmolyse.

— 262. Premiers symptômes de plasmolyse dans les cellules adultes.

— 263 à 266. Divers aspects de la plasmolyse dans les cellules adultes.

— 267. Déturgescence brusque dans la glycérine anhydre.

Cellules hypodermiques (p. 184).

— 268. Plasmolyse par KNO^3 à 4 °/₀.

Cellules stomatiques (pp. 185 à 189).

— 269. Stomate ouvert observé dans KNO^3 à 1 °/₀.

— 270. Le même, fermé par KNO^3 à 2 °/₀.

— 271. Stomates fermés après un séjour de l'épiderme dans l'eau distillée pendant une heure.

— 272. Les mêmes ouverts par KNO^3 à 1 ^{1}/₂ °/₀ environ.

— 273. Diamètre longitudinal D et diamètre transversal d de l'appareil stomatique lorsque la fente est ouverte.

— 274. Idem du même lorsque la fente est fermée.

— 275. Stomates d'une feuille ayant séjourné pendant trente-six heures dans l'eau.

— 276. Idem pendant dix-neuf jours.

— 277. Stomates d'une feuille ayant séjourné une nuit dans KNO^3 à 3 °/₀.

— 278 à 280. Épiderme d'une feuille pourrissante, après un séjour de trois semaines sous cloche humide à la lumière diffuse.

— 281. Le stomate de la figure 279 traité par KNO^3 à 20 °/₀.

— 282. Un stomate de la figure 278 traité par NaCl à 35 °/₀.

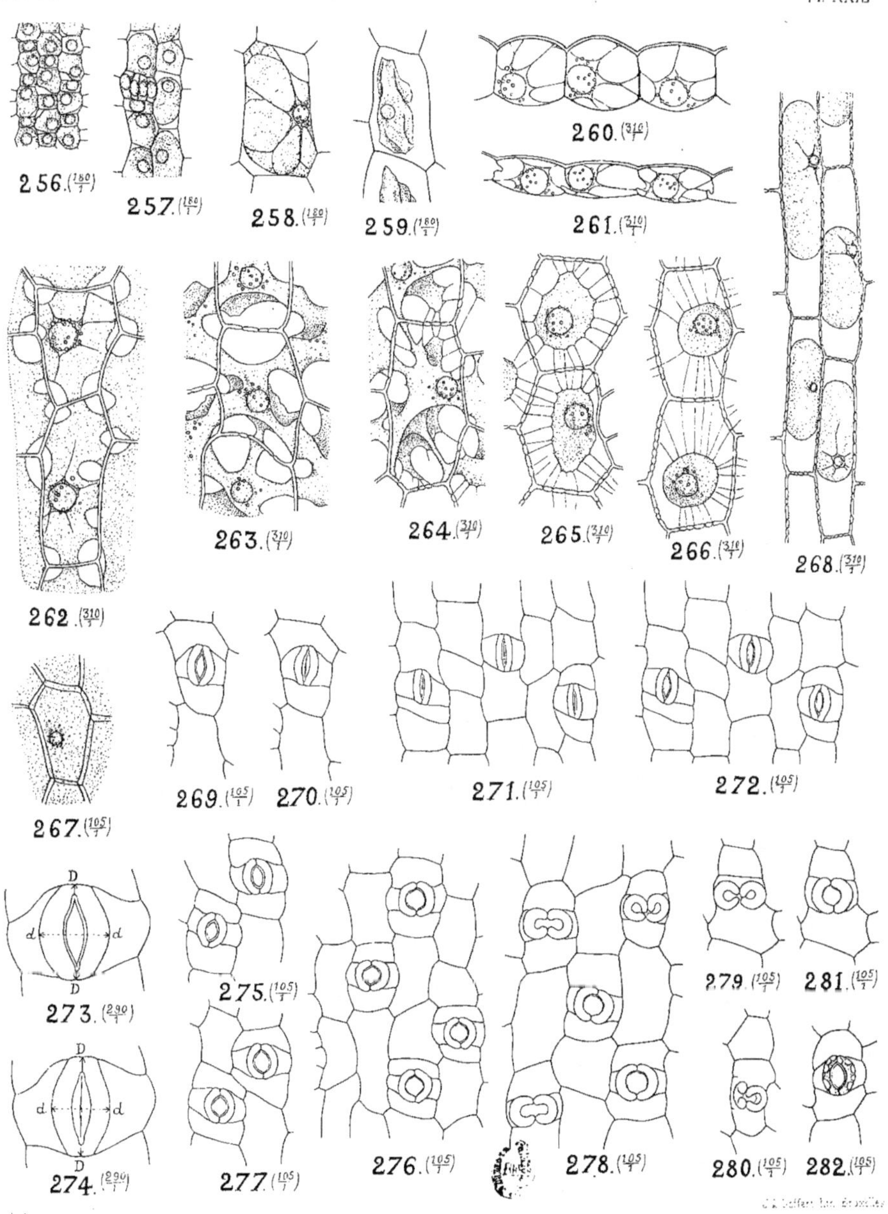

TRADESCANTIA VIRGINICA L.

ÉPIDERME, STOMATES ET HYPODERME DES FEUILLES

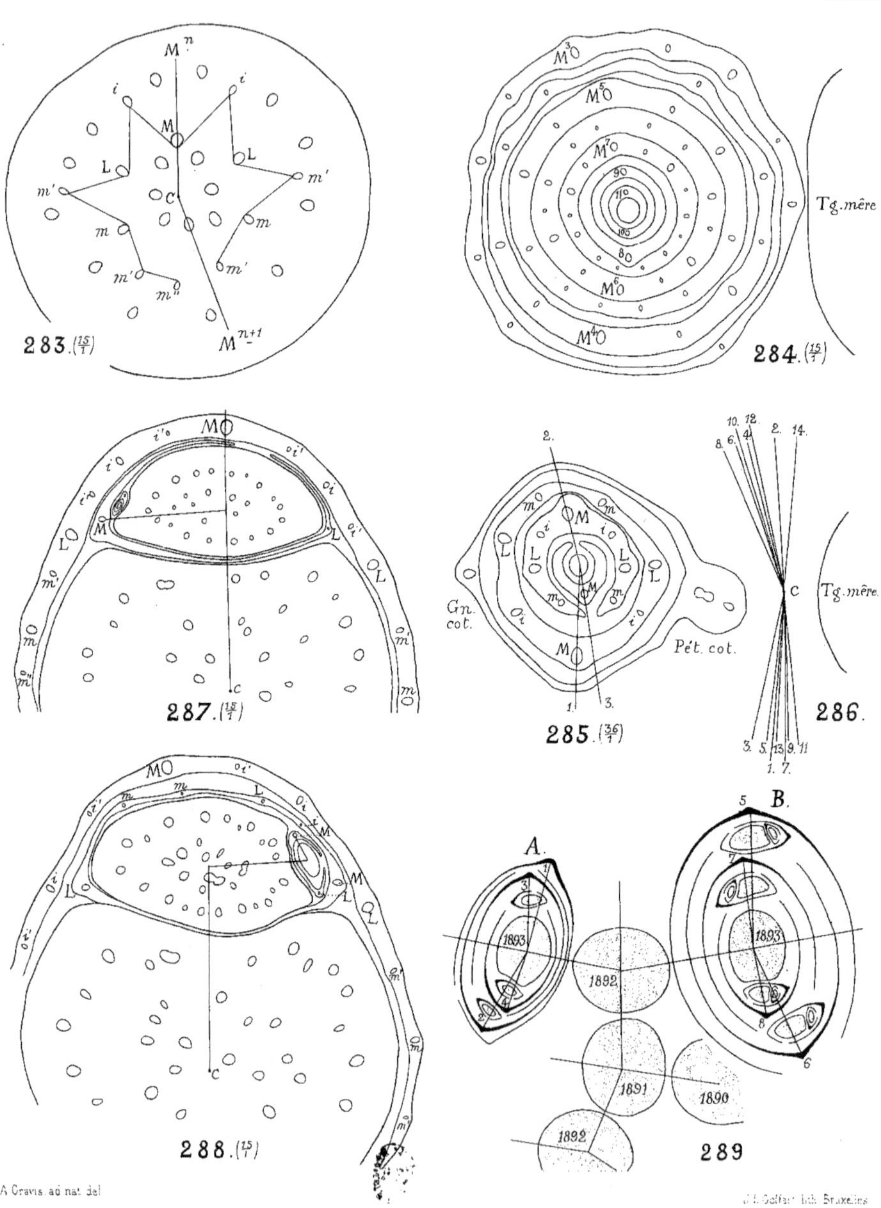

TRADESCANTIA VIRGINICA   L.

ORGANOTAXIE.

PLANCHE XXIV.

TRADESCANTIA VIRGINICA L.

ORGANOTAXIE (pp. 195 à 202).

Fig. 283. Coupe transversale d'un entrenœud souterrain : l'angle $M^nCM^{n+1} = 160°$.

— 284. Coupe transversale d'un gros bourgeon inséré sur le rhizome : vernation.

— 285. Coupe transversale d'une plantule dont le cotylédon est courbé à droite, tandis que les premières feuilles sont rejetées à gauche.

— 286. Relevé des angles phyllotaxiques d'une tige primaire.

— 287. Coupe transversale montrant la tige primaire, la feuille aissellière et la tige secondaire dont la préfeuille est senestre.

— 288. Idem, sauf que la préfeuille de la tige secondaire est dextre; la préfeuille du bourgeon tertiaire est senestre.

— 289. Schéma indiquant la position respective des axes de générations différentes pendant l'été 1893.

PLANCHE XXV.

TRADESCANTIA VIRGINICA L.

LES INFLORESCENCES (pp. 204 à 209).

Fig. 290. Coupe tranversale d'une hampe choisie parmi les plus fortes.

— 291. Idem d'une hampe plus grêle.

— 292. Idem d'une hampe terminant une tige principale

— 293. Coupe transversale d'une inflorescence après inclusion.

— 294. Inflorescence au premier jour de la floraison ; les deux grandes bractées foliiformes ont été partiellement supprimées.

— 295. Coupe longitudinale médiane d'une inflorescence.

— 296. Coupe longitudinale non médiane montrant mieux les bractéoles.

— 297 à 300. Schémas de diverses sortes d'inflorescences.

— 301. Trois bractéoles, vues de face.

— 302. Coupe transversale d'une bractéole.

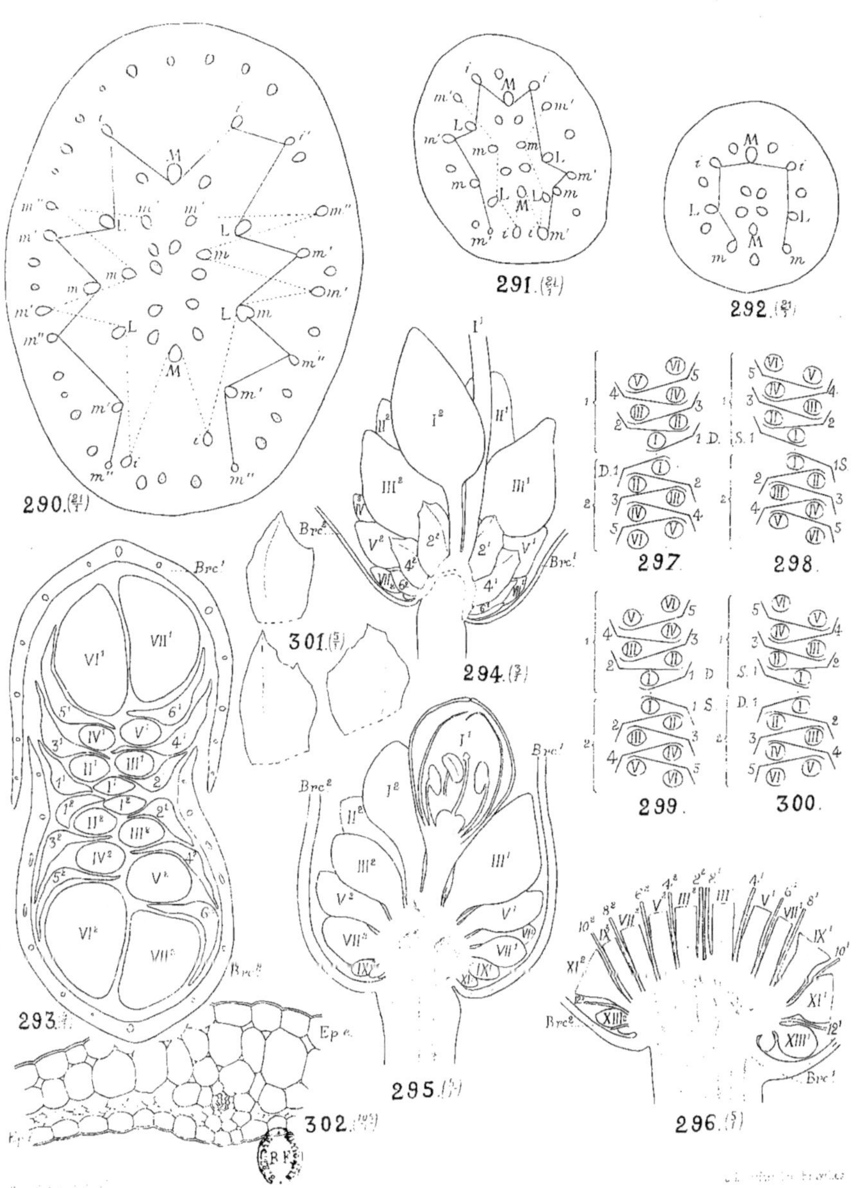

TRADESCANTIA VIRGINICA   L.
LES INFLORESCENCES.

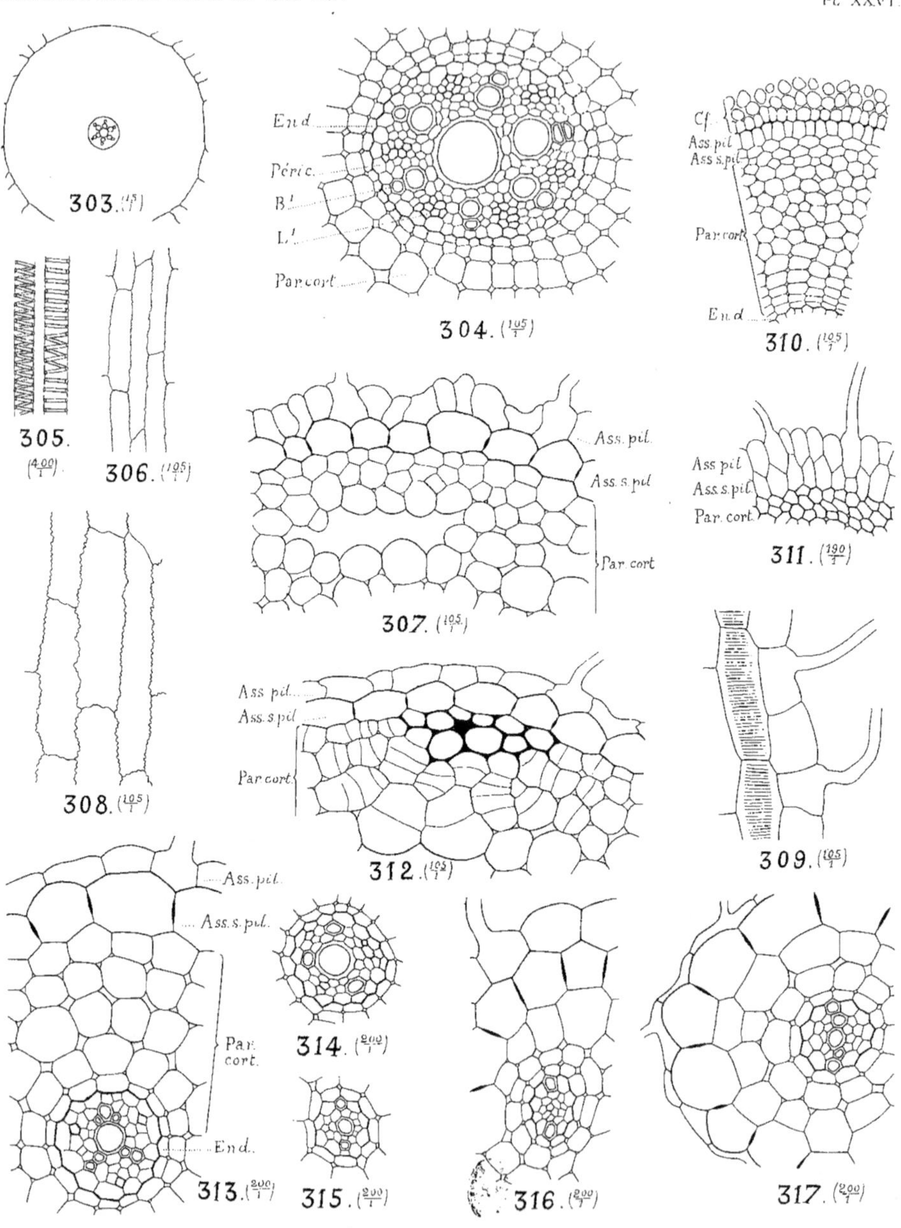

TRADESCANTIA VIRGINICA   L.
HISTOLOGIE DES RACINES.

PLANCHE XXVI.

TRADESCANTIA VIRGINICA L.

HISTOLOGIE DES RACINES.

Racines adventives (pp. 214 et 215).

Fig. 303. Coupe d'ensemble d'une racine adventive.

— 304. Le faisceau grossi davantage.

— 305. Trachée spiralée et trachée spiro-annelée.

— 306. Endoderme en coupe tangentielle.

— 307. Assise-pilifère, assise sous-pilifère et parenchyme cortical.

— 308. Assise sous-pilifère en coupe tangentielle.

— 309. Assise pilifère et assise sous-pilifère en coupe radiale.

— 310. Coupe transversale d'une racine dans la partie encore recouverte par la coiffe.

— 311. Assise pilifère et assise sous-pilifère dans la partie encore jeune d'une racine développée dans l'eau.

— 312. Coupe transversale d'une blessure cicatrisée.

Racine principale (p. 217).

— 313. Coupe transversale.

Radicelles (p. 217).

— 314 à 316. Radicelles insérées sur des racines adventives.

— 317. Radicelle insérée sur la racine principale.

PLANCHE XXVII.

TRADESCANTIA VIRGINICA L.

HISTOGENÈSE DES RACINES ET CYTOLOGIE.

Histogenèse (pp. 220 et 221).

Fig. 318 et 319. Coupes longitudinales radiales du sommet végétatif d'une racine adventive très vigoureuse.

— 320 et 321. Idem d'une racine adventive moins vigoureuse.

— 322 et 323. Idem d'une racine principale.

— 324 et 325. Idem d'une radicelle.

N. B. — Les figures 318, 320, 322 et 324, dessinées au même grossissement, sont destinées à montrer combien les racines étudiées sont différentes au point de vue de leur vigueur.

Cellules du parenchyme cortical des racines adventives (pp. 215 et 216).

— 326. Trois cellules vivantes dans une coupe longitudinale.

— 327 et 328. Plasmolyse.

— 329. Ponctuations des parois cellulaires coupées longitudinalement.

— 330. Idem coupées transversalement.

— 331. Continuité protoplasmique.

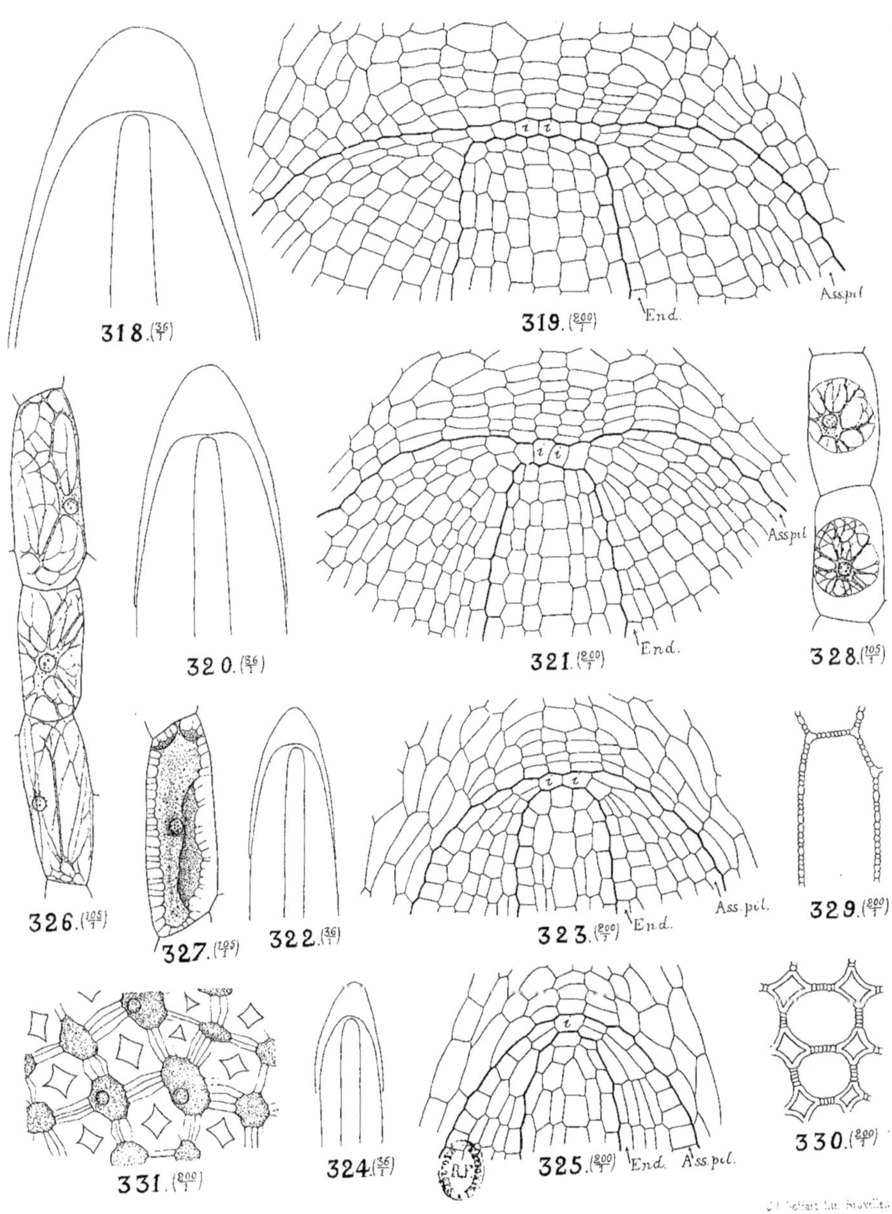

TRADESCANTIA VIRGINICA L.

HISTOGENÈSE DES RACINES ET CYTOLOGIE

TABLE DES MATIÈRES.

304 TABLE DES MATIÈRES.

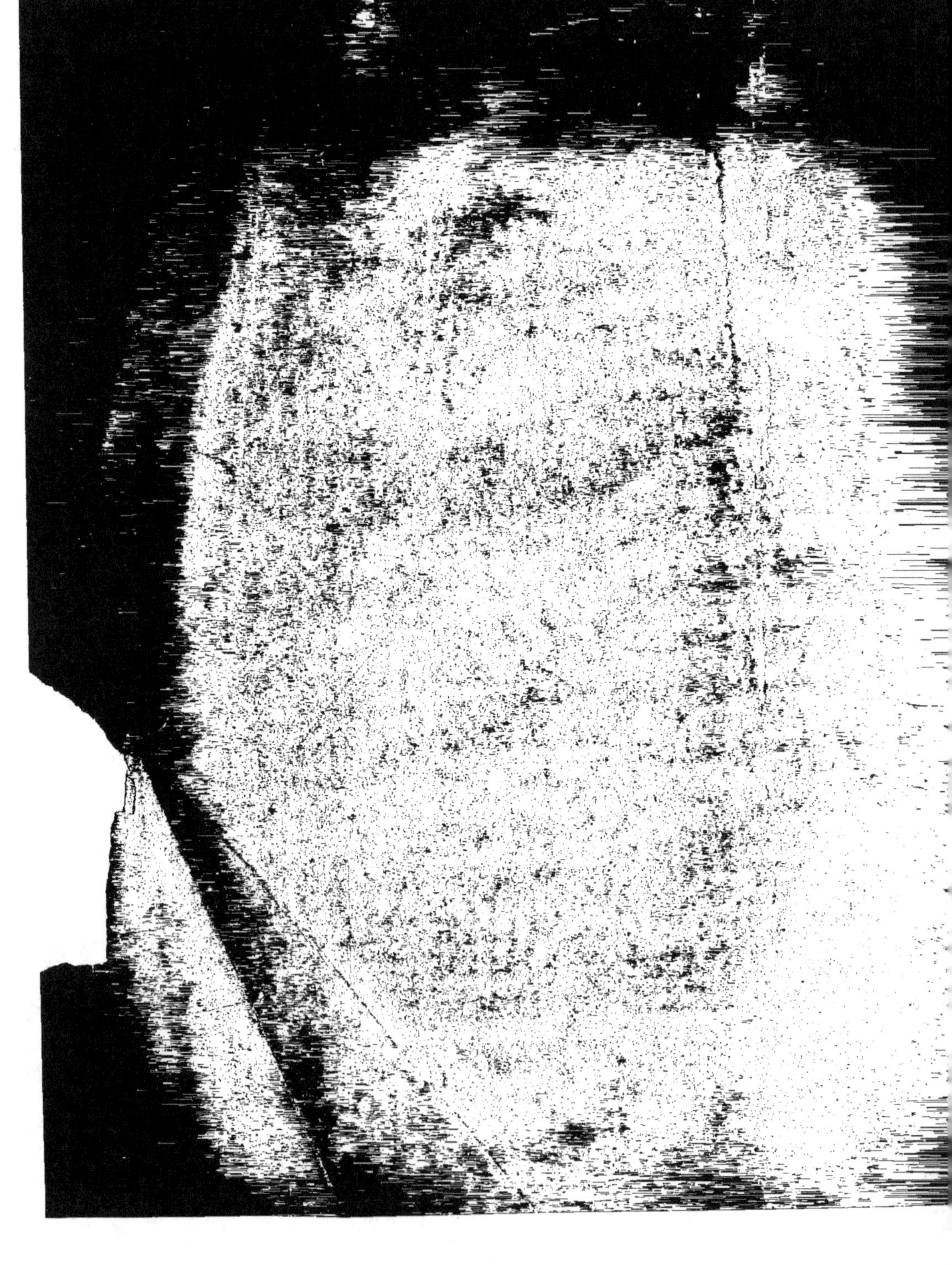